Génétiquement indéterminé

Le vivant auto-organisé

Sylvie Pouteau,
coordinatrice

Éditions Quæ
c/o Inra, RD 10, 78026 Versailles Cedex

Collection *Update Sciences & Technologies*

Conceptual Approach to the Study of Snow Avalanches,
Maurice Meunier, Christophe Ancey, Didier Richard,
2005, 262 p.

Qualité de l'eau en milieu rural
Savoirs et pratiques dans les bassins versants
Philippe Merot, coord.
2006, 352 p.

Biodiversity and Domestication of Yams in West Africa
Traditional Practices Leading to *Dioscorea rotundata* Poir.
Roland Dumont, Alexandre Dansi, Philippe Vernier, Jeanne Zoundjihèkpon
2006, 104 p.

*Cet ouvrage est dédié à tous ceux qui auront
l'enthousiasme et le courage de frayer de nouvelles
approches pour comprendre l'organisme vivant
et le délivrer du statut de machine dans lequel
il est resté confiné depuis les Lumières,
dont il est permis de penser qu'elles n'ont pas
suffisamment brillé en la matière.*

Sommaire

Préface – *Isabelle Stengers et Pierre Sonigo* 7

Remerciements 11

Introduction. **Voir, concevoir :**
le vivant-machine en question – *Sylvie Pouteau* 13
    La biologie en mutation 13
    La machine vivante héritée de la physique 15
    L'archétype et le modèle 17
    Le phénomène et l'idée 18
    L'ombre des idées préformées 20
    Du variable à l'émergent 21
    De nouveaux regards sur le vivant 22
    Résonances et convergences 23
    Références bibliographiques 25

Chapitre 1. **Du sens de la variabilité** – *Gérard Nissim Amzallag* 27
    La physique classique, une science du général 27
    La variabilité est-elle forcément la trace d'un bruit indésirable ? 29
        Les postulats de la biométrie 30
        La confrontation avec l'observation 33
    L'individualité, une réalité ignorée 35
        Les contresens de la moyenne 35
        La diversité émergente : expression d'un bruit ? 37
        Individuation et adaptation 39
        L'origine de l'individuation 40
    Le coefficient de variation, un paramètre biologique ? 41
        Variabilité adaptative, plasticité et canalisation 41
        Degré de redondance dans les régulations 42
        L'effet silencieux 44
        Effets directs et indirects 46
    La connectance, une quantification des réseaux d'interaction 46
        L'approche quantitative de la régression 47
        Sens des faibles valeurs de r 48
        Plasticité développementale et relations inter-organes 49
        Connectance et héritabilité 50

L'émergence d'une nouvelle réalité 51
Pour un retour au choix épistémologique 54
Références bibliographiques 56

Chapitre 2. Expression aléatoire des gènes au cours de la différenciation cellulaire – *Andràs Paldi* 59
Des facteurs de régulation par milliers 60
Pas de libre circulation autour des gènes 62
Des molécules en perpétuel mouvement 63
Des repères épigénétiques 66
La différenciation : un processus de variation-sélection ? 67
Une marche aléatoire vers une différenciation ordonnée 68
Des modulations métaboliques 70
Le flux métabolique comme force structurante 72
Conclusion 74
Références bibliographiques 75

Chapitre 3. Multistabilité et épigenèse dans les systèmes biologiques – *Michel Laurent* 77
L'exemple de l'opéron lactose 79
   Gènes on-off : une logique et une mécanique binaires 80
   Prigogine, ou l'opéron dissipatif 81
   L'effet de « maintenance » : l'expérience clé de Novick & Weiner 82
   Un modèle simple 83
   États stationnaires multiples et hystérèse 85
   Delbrück, une pensée visionnaire quelque peu oubliée 89
Bistabilité dans la dynamique des maladies à prions 91
   Construction du modèle dynamique 91
   Analyse du modèle : états stationnaires et isoclines nulles 93
   Des transitions entre états stationnaires extrêmement lentes 94
   Transitions hystérétiques et transitions irréversibles 95
   Implications biologiques 97
La dynamique, un concept ubiquiste et universel 100
   Dynamiques moléculaires 100
   Échelle supra-moléculaire 103
Références bibliographiques 109

Chapitre 4. Morphogenèse des structures arborisées et conditions physiques d'une croissance biologique auto-organisée – *Vincent Fleury* 111
Une petite introduction à l'histoire des formes 112
L'aspect matériel des formes 116
Les formes de croissance 120
La croissance du système vasculaire 122

La croissance des organes 127
La croissance par écoulement cellulaire 133
Conclusion 137
Références bibliographiques 140

Glossaire. **Des concepts
autour de quelques mots** – *Sylvie Pouteau* 141

Liste des auteurs 169

Préface

I. STENGERS ET P. SONIGO

La publication de la séquence complète du génome humain marque un tournant critique pour la biologie. Mais ce n'est pas celui que l'on attendait. Ce « texte », long de 3 milliards de lettres, utilisant un alphabet à quatre molécules, symbolisées par A, T, G et C, ne révèle pas grand chose de l'être humain et multiplie les problèmes plutôt qu'il ne les résout. Pour les plus pessimistes, « ce qui aurait dû être un triomphe est plutôt une impasse ». Les plus optimistes diront plutôt que « la séquence n'est pas un point d'arrivée mais un nouveau départ ». Quoi qu'il en soit, la fière assurance d'antan n'est plus de mise. Place aux doutes, aux regards critiques et à l'ouverture d'esprit, pour le plaisir d'explorer le vivant autrement et pour le plus grand bien de la biologie libérée de la dictature de l'ADN. Jusqu'où le changement nous portera-t-il ? Peut-être entrevoyons-nous un avenir pas si lointain où la grande distinction entre phénotype et génotype, qui a dominé la biologie depuis un siècle, prendra place, avec les modèles qui faisaient tourner les planètes en cercle autour de la terre, dans le musée des questions mal posées.

Cette distinction renvoie directement aux travaux des généticiens successeurs de Mendel. Phénotype veut dire « apparent », « observable », comme le caractère ridé ou non des petits pois, la couleur d'une fleur ou celle des yeux. Il arrive que de tels traits observables se transmettent en respectant les « lois de Mendel », ce qui permet de les corréler à des « déterminants génétiques ». La couleur des yeux est transmise par l'intermédiaire de quelque chose qui n'est pas la couleur elle-même : c'est le gène de la couleur des yeux. Nous avons là l'idée centrale de la génétique. Elle permet de distinguer le génotype (le déterminant de la couleur des yeux) du phénotype (la couleur des yeux elle-même). Mais cette distinction, pragmatiquement utile pour les généticiens, en est venue très rapidement à être identifiée avec une question qui, elle, intéresse tout le monde : l'hérédité.

Le mot latin *hereditas* désigne les biens, titres et fonctions qu'un homme laisse à sa mort et le droit pour ses enfants d'en prendre possession. Il s'est chargé de tout le poids de questions regardant les privilèges et les tares : sang noble ou lourde hérédité.

Qui sommes-nous ? D'où tenons-nous ce que nous sommes ? Quel destin pèse sur nous avant même notre naissance ? Et toutes ces questions ont pris une allure scientifique lorsqu'elles ont pu être traduites en termes génétiques. Ne demandez surtout pas ce qu'est un phénotype aujourd'hui. Cela n'a plus rien d'observable, c'est même l'indescriptible par excellence. C'est vous, depuis le fonctionnement de vos muscles cardiaques jusqu'à celui de vos milliards de neurones, en passant bien sûr par tout ce qui vous rend capables d'agir, de penser, de sentir. C'est le brin d'herbe ou bien l'arbre avec les branches, fleurs et fruits qu'ils n'auront peut-être pas, les difformités et maladies qu'ils auront peut-être.

On ne s'étonnera pas alors que grâce à la récolte inépuisable de corrélations statistiques, la responsabilité des gènes soit repérée partout. Gènes des maladies, gènes de prédisposition, gènes de comportement. Récemment, nous avons appris la découverte du gène de la fidélité conjugale (chez l'animal...), assortie de la mention légalement correcte, presque « en petits caractères », rappelant les limites d'une telle appellation. Bien sûr, nul ne nie qu'il y ait un peu d'« acquis », habitudes culturelles ou expérience de vie, dans tout cela et que les déterminants génétiques obéissant aux lois de Mendel sont l'exception plutôt que la règle. Mais il suffit d'une corrélation positive pour qu'on se sente autorisé à parler de gène de ceci ou de cela.

Ainsi, dans de nombreuses situations cliniques humaines, la connaissance des séquences génétiques n'informe que de la probabilité de maladie sans certitude quant à sa survenue ou sa gravité. Malgré cela, l'imperturbable machine à connecter génotype et phénotype s'emploie à transformer les probabilités en causalités. Dans une version atténuée, le gène causera au moins une « prédisposition ». Le milieu propose, le gène dispose. Bien des biologistes considèrent qu'un tel partage des rôles est merveilleusement équilibré. N'est-il pas satisfaisant que les gènes ne soient plus despotiques, que leur déterminisme soit éclairé par l'influence que le milieu souffle respectueusement dans leur oreille royale ? Cela revient à la formule « phénotype = génotype + environnement ». Le phénotype résulterait ainsi d'une combinaison du génotype, qui est transmissible, avec l'environnement, qui ne l'est pas. Certes, mais la formule n'est valide que si le terme « environnement » désigne à peu près n'importe quoi, des protéines les plus proches de l'ADN jusqu'au régime MacDo ou la centrale de Tchernobyl. Cela revient à dire que l'organisme est déterminé par l'ADN transmis par les parents en conjonction avec « tout le reste ». Étant donné que rien n'est laissé de côté, on est certain de ne pas se tromper ! La pirouette est habile mais la formule devient aussi infalsifiable qu'inutile et en appelle à d'autres acrobaties plutôt périlleuses : même si elle représente « tout le reste », hormis l'ADN, il ne faut pas que la composante environnementale devienne trop grosse, au risque d'y noyer l'importance du génotype, voire de la génétique toute entière.

Dans une situation aussi délicate, plutôt que de renoncer au génotype, certains biologistes essayent de le sauver en définissant des déterminants transmissibles qui ne sont pas de l'ADN : c'est l'épigénétique. Lorsqu'il ne donne pas immédiatement le tournis, le concept « d'éléments transmissibles qui ne sont pas des gènes » apparaît bien délicat. Par exemple, si les graines tombent toujours au pied de l'arbre, qui les produit doit-on considérer la nature du sol comme « un élément transmissible non génétique » ? L'épigénétique, cette nouvelle race de génotype, pourra-t-elle tout avaler ? Certains souhaitent déjà y inclure les appartenances culturelles. Dans la formule phénotype = génotype + épigénétique + interactions diverses + environnement, l'addition risque fort de s'allonger encore, aux frais de la biologie... Espérons que l'épigénétique soit le point de départ d'une remise en question constructive de ces éléments, comme le propose Andràs Paldi (cf. chap. 2).

À commencer par le génotype lui-même. On parle aujourd'hui de génomique, science du génome dans son ensemble, et c'est déjà l'aveu qu'un gène, isolément, ne mène pas bien loin. Si nous ne sommes pas une addition de traits indépendants liés à des gènes individuels, peut-être la complexité des interrelations entre les gènes permettra-t-elle de donner un sens un peu consistant à la fameuse « causalité génétique » ? L'accueil réservé à la génomique par la communauté scientifique est mitigé. Les plus enthousiastes considèrent qu'il s'agit d'une révolution qui va changer radicalement le travail des biologistes et permettre des avancées médicales et agronomiques majeures. Cet enthousiasme nourrit le développement des « start-ups » de biotechnologie, supposées prendre le relais de l'informatique pour porter l'économie du XXIe siècle. D'autres soulignent le caractère purement technologique des exploits attendus, leurs dangers éthiques, leur exploitation économique prévisible (les gènes et les programmes informatiques ayant ceci de commun qu'ils peuvent être soumis aux droits de propriété intellectuelle et appropriés par brevets). D'autres encore, avec les accents triomphaux des chercheurs qui trouvent, ont déjà identifié et nommé la prochaine « vraie » révolution. C'est la « protéomique », qui fait porter la couronne royale aux protéines sous le regard envieux et désespéré des autres composants cellulaires, glucides et lipides en tête, qui attendent leur heure en rêvant plutôt de « glucidomique » ou de « lipidomique ». Il existe heureusement une ligne modérée, qui tout en reconnaissant la valeur de l'outil pour la recherche et l'intérêt historique de l'aventure, s'inquiète des simplifications, médiatisations excessives et du triomphalisme et rappelle le point de départ de ces perspectives révolutionnaires : le programme génétique, qui aurait dû nous expliquer la vie, apparaît désormais bien plus déroutant encore que l'organisme lui-même.

L'impression d'immensité inaccessible se dégage effectivement des séquences publiées. On dispose de plusieurs dizaines de génomes bactériens, de celui de la levure de bière, de celui d'un ver, de celui de la drosophile, de plusieurs plantes, d'un poisson et finalement du génome humain. Mais qu'est-ce qu'un génome ? Le génome de l'homme, ou même de la drosophile n'existe pas, sauf à accepter l'idée dangereuse d'une norme ou d'un prototype, car tous les génomes sont différents. Même ceux des jumeaux, voire des clones, ne sont pas à 100 % identiques. Il faut donc séquencer un premier génome, puis de nombreuses variations de celui-ci. Par exemple, « la » séquence « du » virus du sida, conçue au départ comme s'il n'y en n'avait qu'un, a laissé place à d'infinies variations. Les virus ne sont pas l'exception et la question du statut de ces variations dans le vivant mérite d'être approfondie, comme le propose G. Nissim Amzallag (cf. chap. 1).

En fin de compte, depuis plus de vingt ans, les gènes ont bien constitué un outil de recherche et de technologie très précieux, mais les recherches qu'ils ont outillées ont contribué à rendre toujours plus compliquées les questions des biologistes. Nous ne sommes pas prêts d'expliquer, en partant du génome, comment s'organise un organisme vivant formé de centaines de milliards de cellules comportant chacune des dizaines de milliers de protéines. On peut même craindre que le réductionnisme moléculaire nous noie dans la complexité du vivant, pour ne pas dire la perplexité, et nous éloigne toujours plus de sa compréhension. Comme si cela ne suffisait pas, le séquençage révèle aussi l'immensité des exceptions aux lois de l'hérédité classique. Le vieil édifice de Mendel apparaît aujourd'hui gravement fissuré. Chez les plantes, des hérédités inexpliquées sont observées : chez l'arabette, un ADN absent chez les parents, mais présent chez des ancêtres plus éloignés, peut resurgir dans la descendance, comme s'il existait une mémoire moléculaire pour laquelle on ne connaît pour le moment aucun support. Quelle que soit la règle, les exceptions prolifèrent, et mettent en question l'idée même que les vivants respectent des règles. Il faut se rendre à l'évidence, la distinction entre génotype et phénotype ne permet pas de poser la question de ce que nous appelons hérédité, mais prolonge plutôt en biologie des oppositions qui fascinent et bloquent la pensée, telles que l'inné et l'acquis, la liberté et le déterminisme. Il est temps que « les gènes », qui ont permis de transférer au cœur de la biologie de telles oppositions d'origine théologico-philosophique (et dont il est inutile de rappeler les implications éthiques et sociales), soient renvoyés à la génétique quantitative et aux traits phénotypiques bien définis dont cette discipline modeste et probe suit la distribution de génération en génération. Les gènes hérités de Mendel ne sont pas les déterminants des petit pois « en tant que tels », mais les corrélats de certains traits présents dans une population de petits pois dans des versions distinctes, par exemple leur caractère ridé ou lisse. La biologie contemporaine est appelée à se reconstruire autour de l'idée que si l'ADN participe bien à la fabrication de l'individu, il n'est pas maître à bord : les autres constituants de l'organisme ou de son environnement en déterminent tout autant les caractères. Il n'y a pas un programme génétique inscrit dans l'ADN et plus ou moins modulé par « le reste ». La question devient de comprendre comment l'ensemble s'articule et s'organise.

Les auteurs de cet ouvrage ouvrent les pistes d'une telle reconstruction. Les premiers chapitres lancent la polémique et mettent en avant les problèmes – plutôt que les succès – de la biologie. G. Nissim Amzallag, spécialiste de physiologie végétale, pose la question essentielle de la variation. La variation omniprésente doit-elle être considérée comme un bruit de fond ou être dissoute dans une moyenne ? Procéder ainsi ne revient-il pas à masquer la dynamique que l'on explore ? Andràs Paldi, spécialiste de génétique et d'embryologie, explique que l'ADN est pris dans une structure qui le dépasse et à bien des égards le contrôle. Si l'ADN est gouverné par ce qui l'entoure, qui contrôle qui dans la cellule ? Qu'est-ce qui est transmis d'une génération à l'autre ? La physique pourrait bien apporter les concepts-clefs qui permettent de répondre à ces questions. Michel Laurent souligne l'importance des modèles dynamiques et leurs propriétés d'auto-organisation. Cela permet de réinterpréter un modèle fondateur de la génétique moléculaire déterministe – l'opéron lactose de Monod et Jacob – mais aussi d'analyser des questions qui y échappent – le prion, agent infectieux sans ADN. Pour finir, Vincent Fleury présente de nombreux exemples de morphogenèse dynamique, soulignant leur richesse et leur complexité, le tout sans ADN, bien entendu.

Remerciements

Cet ouvrage n'a bien sûr pu être réalisé qu'avec la collaboration des quatre chercheurs qui apportent ici leur expérience et leur analyse. Il n'a aussi été possible que grâce au soutien du groupe Sciences en Questions de l'Inra, en particulier Raphaël Larrère et Françoise Lescourret – co-directeurs de la collection – ainsi que François Rodolphe et Elena Rivkine. Je remercie également Herman Höfte, directeur du laboratoire de biologie cellulaire de l'Institut Jean-Pierre Bourgin et Yves Chupeau, président du centre Inra de Versailles, pour avoir permis l'organisation des conférences à l'origine de cet ouvrage. Les échanges avec plusieurs collègues qui ont manifesté leur intérêt au cours de ce travail, en particulier Catherine Albertini, Sylvie Dinant, Muriel Mambrini, Camille Raichon, Olivier Réchauchère et Christine Viallon, ont aussi eu une part significative dans l'évolution de cette réflexion. Toute notre reconnaissance leur est due pour leurs encouragements dans cette difficile entreprise visant au fond un renouvellement, aussi modeste soit-il, de notre vision du vivant.

Je n'oublierai pas de remercier Nicole Houba-Hérin, Daniel Moncelon et Annie Boulesteix qui ont apporté leur soutien logistique pour l'organisation, la diffusion, l'enregistrement et la retranscription des conférences. Enfin, une mention spéciale est due à Pierre Sonigo, directeur de recherches à l'Institut Cochin, qui fort de sa longue expérience de coordination de l'école inter-disciplinaire du vivant au CNRS, a accepté d'apporter son avis éclairé sur cet ouvrage. Sur la qualité des apports épistémologiques, le regard d'une philosophe et historienne des sciences était incontournable et je remercie vivement Isabelle Stengers, professeur à l'Université Libre de Bruxelles, d'avoir associé son appréciation à celle de Pierre Sonigo.

Introduction
Voir, concevoir : le vivant-machine en question

S. Pouteau

La biologie en mutation

L'importance accordée au déterminisme génétique s'est traduite au cours des dernières décennies par l'utilisation croissante des approches de génétique moléculaire dans toutes les disciplines de la biologie, que ce soit la taxonomie, l'écologie, l'évolution, la physiologie, l'écophysiologie, la biologie cellulaire, etc. Cette tendance s'est accentuée avec le développement de la génomique visant un décryptage exhaustif des mécanismes génétiques, en particulier au travers de programmes de séquençage systématique de génomes. Loin de réduire la complexité des systèmes vivants, ces approches ont en fait contribué à en accuser l'ampleur en mettant en avant tout un niveau d'interactions jusqu'alors analysées au cas par cas et de façon isolée. La nécessité de prendre en compte non seulement l'information portée par l'ADN, mais aussi les autres composants moléculaires (ARN, protéines, métabolites, etc.), a conduit à la systématisation des approches de profilage moléculaire, qualifié de « omique »[1] (transcriptomique, protéomique, métabolomique, etc.). Cet essor du « haut-débit » en biologie s'est organisé autour de la robotisation et d'une automatisation croissante de l'activité expérimentale, ce qui impose une concentration des moyens à la fois technologiques, financiers, et humains. De plus, la démultiplication du volume de données produites par ces différents types d'inventaire moléculaire s'est accompagnée de besoins accrus en outils d'analyse, en particulier en bio-informatique.

---

[1] Les méthodes de profilage moléculaire « omique » comprennent en particulier la génomique, la transcriptomique, la protéomique et la métabolomique : elles visent l'inventaire systématique de tous les composants chimiques – gènes et autres séquences d'ADN, produits transcrits des gènes, protéines, et autres substances du métabolisme dit « secondaire » respectivement – ainsi que l'interprétation de leurs activités et interactions multiples.

Cette percée rapide de la biologie moléculaire a contribué à promouvoir une vision réductionniste de l'organisme vivant au détriment d'approches plus holistes, prenant en compte la cohérence globale du tout et employées en particulier dans le domaine de l'écologie émergentiste. Jusqu'à présent, les schémas d'interprétation basés sur une approche réductionniste se sont avérés satisfaisants pour l'analyse des parties isolées de l'ensemble, dans la mesure où celles-ci se prêtaient à une compression expérimentale de la complexité réelle. Mais lorsqu'il s'agit d'intégrer de multiples interactions intriquées dans des réseaux complexes et inter-dépendants, ces schémas commencent néanmoins à se révéler insuffisants. D'abord évoquée par la notion de « biologie intégrative » au cours des dernières années, cette visée d'intégration est aujourd'hui re-baptisée « biologie des systèmes ». La notion de « propriétés émergentes » est intimement liée à ces nouveaux schémas d'interprétation. Elle s'applique aux propriétés qui ne peuvent être révélées par l'étude des parties isolées, c'est-à-dire par une démarche réductionniste, mais caractérisent le fonctionnement d'ensemble des parties en interaction au niveau global des systèmes. La notion de réseau auto-organisé, qui remet en cause un déterminisme génétique strictement linéaire, est ainsi en train d'acquérir de plus en plus d'importance.

Cette évolution fait apparaître de nouveaux besoins dans la recherche en biologie, des besoins qui ne sont plus seulement bio-informatiques, mais aussi théoriques et mathématiques – bio-statistiques et modélisation. La transdisciplinarité souvent invoquée au cours des dernières années n'est plus seulement nécessaire pour rapprocher des disciplines comme la génétique et l'agronomie, mais aussi des domaines plus vastes comme la biologie et la physique. Ces rapprochements viennent à leur tour profondément modifier les schémas d'interprétation habituellement utilisés en biologie. En effet, jusqu'à présent, la biologie a opéré selon des cadres de mathématiques classiques : géométrie euclidienne (espace linéaire à trois dimensions, temps ramené à une quatrième dimension de l'espace) et de lois régulières de type newtonien. Pour une grande part, les évolutions de la physique du XXe siècle, telles qu'espaces non-linéaires, théorie de la relativité, physique du désordre ou du chaos, ont eu très peu d'impact sur le cadre théorique des approches de la biologie. Or, les nouveaux rapprochements entre biologie et physique sont en train d'introduire toutes ces notions jusqu'à présent laissées de côté par la biologie, contribuant ainsi à la remise en cause progressive des interprétations déterministes. Par exemple, la physique du désordre offre des outils d'analyse de plus en plus utilisés pour aborder la complexité des réseaux dynamiques vivants et interpréter l'auto-organisation de systèmes chaotiques. Ce niveau de complexité déjà bien présent dans certaines branches des sciences sociales et de l'écologie dans les années 1970-1980, commence seulement à être pris en compte dans l'analyse de l'unité biologique que constitue l'organisme, ou la cellule.

La biologie des systèmes est un moment de rencontre entre certains concepts de la physique moderne et une discipline biologique somme toute arrêtée dans des schémas newtoniens. Elle reste toutefois un outil, qualifié par certains de réductionnisme à haut-débit[2], et ne prétend pas constituer en soi une démarche holiste. Ses mérites sont ceux de la confrontation des notions, qui permet de renouveler le regard de l'observateur et ses questions. Les rapprochements disciplinaires qu'elle encourage ne sont encore qu'esquissés, mais ils pourraient prendre de plus en plus d'ampleur dans les prochaines années. C'est donc toute une nouvelle culture qu'il devient nécessaire d'acquérir en biologie pour

---

[2] Katagiri, 2003.

faire face à ces évolutions. Il est bien sûr difficile de prédire la rapidité de ces évolutions, d'autant que la génération actuelle des biologistes, de par sa formation, n'a pas été préparée à les intégrer. Il est donc probable qu'une phase de prospection et de tâtonnement soit nécessaire pour permettre l'appropriation des nouvelles notions et leur intégration dans les démarches expérimentales. Ce n'est pas seulement la communauté actuelle des biologistes qui est concernée, mais aussi la prochaine génération de jeunes chercheurs qui seront vraisemblablement plus directement encore confrontés à ces changements au cours de leur carrière.

La machine vivante héritée de la physique

Pour aborder la biologie des systèmes complexes, certains chercheurs auront peut-être la vocation de se former plus formellement aux approches mathématiques, comme d'autres ont avant eux choisi de se reconvertir en bio-informatique. D'autres pourraient s'inquiéter de voir ainsi la biologie se transformer en annexe des sciences physiques. Ce serait ignorer l'origine des concepts que les biologistes utilisent depuis la Révolution copernicienne, dès lors que Descartes eut posé explicitement le postulat de l'animal-machine dans le *Discours sur la Méthode*[3]. Le modèle de la machine appliqué indistinctement à tous les domaines : mécanique céleste, mécanique biologique, mécanique sociale, n'a-t-il pas durablement inféodé ces divers domaines aux concepts de la physique dite « classique » (mécanique, thermodynamique, etc.) ? La situation ne serait donc pas nouvelle, mais il est aussi permis d'espérer que l'écueil d'un physicalisme étroit n'est pas inéluctable et que les nouveaux référentiels seront moins déformants et mieux à même de favoriser une compréhension du vivant. Mais la crainte de nouveaux maîtres ne trahit-elle pas avant tout le manque d'émancipation et de maturité de la biologie selon sa nature propre, c'est-à-dire son défaut de concepts et de représentations aptes à rendre justice au caractère spécifique des organismes vivants ?

La formulation de questions biologiques s'appuie sur un *corpus* de représentations de départ, lui-même suscité par les connaissances préalables, mais aussi et surtout par une vision du monde, qui est de nature culturelle. Les représentations, ou schémas d'interprétation (concepts, modèles) orientent les observations jugées pertinentes selon le domaine disciplinaire et le niveau d'échelle étudié. Elles déterminent le choix des stratégies et dispositifs expérimentaux, ainsi que les modalités d'acquisition de données. Les critères observés représentent en fait une sous-fraction de la réalité et répondent à des choix fixés par l'expérimentateur, mais qui ne sont ni absolus ni définitifs. Les représentations conditionnent aussi les choix faits pour la description des données (photographies, graphes, statistiques, modélisations, etc.) qui à leur tour alimentent les représentations. Par exemple, selon que l'on suit un schéma déterministe ou stochastique, l'organisation et le traitement des données sont différents, chaque schéma apportant une information qualitativement différente. Suivant les dispositifs expérimentaux, les possibilités de description sont plus ou moins étendues. Ainsi, selon que l'on traite une population individu par individu ou en masse, des analyses de variabilité sont ou non rendues accessibles. Les différents niveaux, représentation, observation, stratégie, et description, sont interdépendants (cf. figure ci-après). En toute logique, ils devraient contribuer à un incessant

---

[3] Descartes, édition 1998.

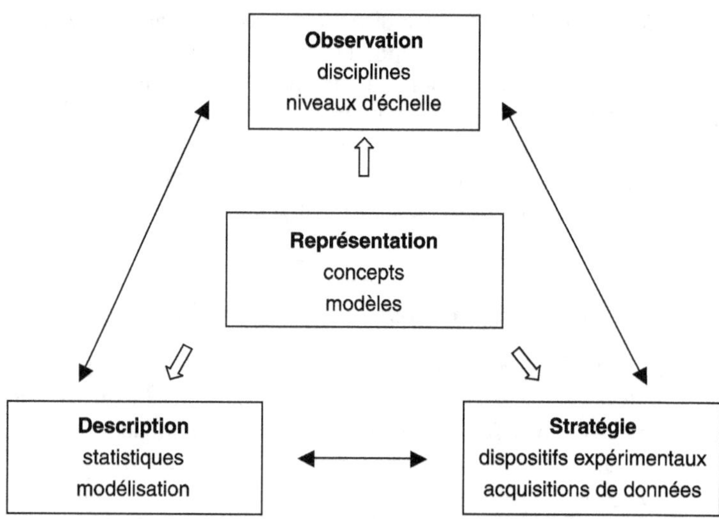

Influence des schémas conceptuels sur les différentes étapes de l'investigation expérimentale.

remodelage de l'ensemble. Ce serait oublier la prévalence des concepts de départ dans l'édifice, en raison d'une part de l'influence puissante imprimée par le courant platonicien évoqué plus loin et d'autre part de la visée propre à la science qui est justement de se saisir des idées qui sous-tendent le monde. Ce serait aussi faire abstraction du fait qu'aucune étape de l'investigation scientifique n'est indépendante de tout concept ou représentation et que les visions du monde sont intrinsèquement réfractaires au changement. Les représentations ont ainsi tendance à s'auto-alimenter par les choix expérimentaux qu'elles supposent et donc à se consolider de façon quasi-auto-catalytique. La représentation du vivant-machine s'est ainsi perpétuée jusqu'à aujourd'hui, sans remise en cause fondamentale.

Loin de réduire la biologie seulement à des technologies innovantes et toujours plus performantes et sophistiquées d'automatisation et de bio-analyses, la confrontation des limites des approches réductionnistes pourrait être en fait une opportunité de (re)saisir la spécificité de la biologie par un retour aux phénomènes biologiques eux-mêmes, à une phénoménologie véritable du vivant. Car quels que soient les cadres théoriques mis à l'épreuve, ceux-ci doivent en dernier recours se soumettre à l'observation des phénomènes, domaine où ni physicien, ni mathématicien, ni informaticien ne saurait prétendre aux compétences du biologiste.

Or, si l'on considère l'influence croissante de la génomique, on s'aperçoit que ces compétences ne visent plus à ordonner les phénomènes à partir d'une observation tangible (morphologique, anatomique, histologique), mais à partir d'objets conceptuels (les gènes). La génomique opère ainsi une véritable reconstruction de notre mode de relation au monde, qui entérine l'idée du vivant-machine piloté par un déterminisme génétique contraignant. Mais sur une base phénoménologique, le vivant répond-il en fait aux caractéristiques d'une machine ? Jusqu'où le déterminisme génétique constitue-t-il un cadre de lecture approprié pour les organismes vivants ?

L'archétype et le modèle

Les premiers biologistes qui multiplièrent les croisements entre variétés et entre espèces de plantes s'intéressaient à l'aspect qualitatif de l'hybridation. Certains caractères phénotypiques de l'un des parents peuvent disparaître chez l'hybride, puis ré-apparaître dans la descendance de ce dernier : il n'y a donc ni mélange, ni dilution de ces caractères. Mendel fit le choix de ne s'intéresser qu'à cette catégorie de caractères (dits mendéliens) et, ayant fait ce choix – c'est-à-dire un choix qualitatif – il se tourna vers leur aspect quantitatif, en déduisant les célèbres « lois de Mendel ». Mais ces lois s'écartent notablement des lois de la physique classique. En accord avec Newton, on ne peut que constater qu'une pomme tombe infailliblement si on la lâche. Par contre, les lois de Mendel sont statistiques, c'est-à-dire qu'elles ne permettent pas de connaître a priori le devenir d'un individu particulier. De façon générale, tout phénomène biologique observable au niveau de l'individu se décrit en termes statistiques. Il se peut même qu'aucun individu ne se comporte comme la moyenne de la population à laquelle il appartient[4].

Bien sûr, certains phénomènes se rapprochent des lois de la physique classique : une baleine n'engendre pas des veaux. Même si actuellement la notion d'espèce a tendance à se dissoudre, même si les catégories d'organes ou de cellules présentent des frontières diffuses, la stéréotypie reste le domaine par excellence où l'on peut avoir une prédictibilité individuelle et non statistique sur le vivant. C'est sans doute ce qui contribue à remettre sur le devant de la scène la fameuse notion de forme primordiale, ou archétype, de la plante (*Urpflantze* en allemand) avancée par Goethe en 1790[5]. Ce que le génie fondateur de la morphologie avait perçu par la seule observation – la feuille comme forme primordiale du végétal – est aujourd'hui matérialisé par les généticiens par la combinaison de mutations florales : la trame de fond de toutes les parties de la plante – l'état par défaut – au moins au niveau aérien, est de nature foliaire[6]. De plus, l'adjonction simultanée par transgenèse de plusieurs gènes qui influencent le développement normal de la fleur est capable de conférer à des feuilles des caractères propres aux pétales ou aux étamines[7].

Depuis plus d'une décennie, les biologistes du développement végétal s'étonnent de retrouver sous leurs yeux une idée avancée deux siècles plus tôt et tentent de la reformuler selon l'hypothèse du plan de construction qui inspire leurs travaux[8]. Ce faisant, ils ne retiennent que l'aspect théorique de la feuille comme modèle de la plante, et non le phénomène dynamique de la transition continue des formes les unes dans les autres, ou métamorphose. Pourtant, l'archétype de Goethe n'a rien à voir avec la notion de modèle, de prototype, ou de patron, qui sert, tant sur un plan physique que conceptuel, de support explicatif à la conformité ou à la stéréotypie. L'idée d'archétype est inséparable de celle de métamorphose comme flux de transformation, comme biographie ou trajectoire ontogénique – c'est-à-dire un processus invisible à l'œil, mais perceptible pour l'observateur qui examine la succession de formes certes discrètes, mais graduellement modifiées depuis les feuilles embryonnaires jusqu'à la fleur.

---

[4] Voir chapitres 1 et 4.
[5] Goethe, édition 2003.
[6] Ditta *et al.*, 2004 ; Surridge, 2004.
[7] Honma, Goto, 2001 ; Theissen, Saedler, 2001.
[8] Coen, Carpenter, 1993 ; voir aussi notes 6 et 7.

Promu par la modernité, le modèle abonde sous diverses formes en biologie. Il est d'abord expérimental, au sens général – tout dispositif expérimental, plus particulièrement en conditions artificielles, se justifie par l'hypothèse qu'une reconstitution d'un phénomène abstrait de la réalité globale à laquelle il appartient est à même de rendre compte de ce phénomène. Il est ensuite synonyme de système biologique d'étude – on parle d'« organisme-modèle » tel le colibacille, la levure, la drosophile, la souris, la crucifère *Arabidopsis*, ou encore de « système cellulaire-modèle », etc. ; ces modèles apparaissent le plus souvent par effet fédérateur autour de techniques ou de thèmes d'étude communs ; mais ils sont aussi couramment considérés pouvoir livrer des connaissances générales et transposables à d'autres systèmes biologiques, ou du moins présentés comme tels. Le modèle est encore métaphorique ou symbolique – c'est le cas notamment des représentations de mécanismes physico-chimiques (cascades de réactions enzymatiques, voies de régulation génétiques) à l'aide de schémas cybernétiques ou de plans de constructions d'architecte. Il est enfin mathématique – la modélisation à proprement parler étant une tentative de mathématisation du vivant, à des fins non seulement de connaissance, mais aussi de prédiction et d'exploitation.

Le phénomène et l'idée

La différence entre archétype et modèle est à la mesure de ce qui sépare les visions aristotélicienne et platonicienne du monde, une séparation qui n'est pas sans rapport avec les questions évoquées dans cet ouvrage. Ces deux visions ont en commun de distinguer deux sources de connaissance humaine, la perception des sens et la pensée pure indépendante de toute expérience. Elles s'accordent aussi pour reconnaître aux formes idéelles une existence propre, non relative à une dénomination ou construction humaine, et placent leur conquête au cœur même de l'aspiration cognitive. Mais elles divergent pour ce qui concerne la relation entre idée et phénomène, ou chose. Pour Platon, l'idée est transcendante et le phénomène n'est qu'une ombre projetée, un reflet de l'idée, il est dénué d'existence propre et les formes idéelles sont donc seules à remplir les conditions nécessaires à l'établissement d'une connaissance fondée dans l'existence en soi et la permanence. Pour Aristote, cette disjonction n'a pas de sens : l'idée est immanente dans le phénomène, le phénomène contient l'idée. Les choses du monde ne sont pas trompeuses par nature, comme l'ont affirmé les Éléates[9] : en dehors de l'expérience humaine, il n'existe pas de séparation entre idée et phénomène, les deux procèdent d'une seule et même source. Si illusion il y a, celle-ci ne se produit qu'à l'intérieur de l'homme quand celui-ci ne parvient pas à accorder ce qui se révèle à lui par la perception avec l'idée qui est suscitée par sa pensée : l'acte de connaître consiste justement en la réunion de ces deux sources de connaissance.

Le courant platonicien a laissé une empreinte puissante et durable qui a largement influencé toute la culture occidentale dans ses multiples facettes et jusque dans les développements de la science. La loi, le modèle en sont une extension : les choses étant

---

[9] Voir note 1 du chapitre 3. L'école d'Élée en Grèce a exercé une forte influence sur les grandes écoles mécanistes, en particulier l'atomisme, ainsi que sur Platon dont la théorie des idées procède directement des principes éléatiques. Le monde sensible étant multiple et changeant, en contradiction avec la nature unitaire de l'Être prônée par les Éléates, il ne peut avoir d'existence réelle et n'est au mieux qu'une apparence. Le monde de la raison seul peut répondre aux exigences d'éternité, d'indestructibilité et d'immuabilité de l'Être.

imparfaites, impermanentes et variables, et leurs particularités des avatars dénués de signification propre, il convient de les soumettre à des concepts directeurs. N'oublions pas toutefois que pour Platon, les idées sont des essences qui ont une réalité en soi, alors qu'aujourd'hui elles sont majoritairement conçues (lorsqu'elles le sont) comme des constructions abstraites de l'esprit humain. L'aspiration platonicienne à la conquête des idées qui sous-tendent le monde trouve en partie son compte dans ces constructions, mais non sans quelques entorses au principe d'objectivité visant à rendre également justice à toutes les particularités exprimées. Le modèle est une théorie ou idée matérialisée, qui subordonne *de facto* le phénomène à une généralité : on n'étudie pas le modèle pour lui-même, en tant que phénomène en soi (*Dasein* en allemand), mais pour l'idée géné-rale qu'il est censé représenter. Le recours à un modèle relève par nature d'une théorie de la connaissance qui place le phénomène au second plan. La démarche scientifique goethéenne par contre est une phénoménologie, c'est-à-dire une appréhension du phéno-mène en soi, et non en tant que ce qu'il représente. L'archétype relève ainsi de la vision aristotélicienne en ce qu'il ne réduit pas le phénomène individuel à une généralité idéale, transcendante[10].

La phénoménologie goethéenne peut être ainsi évoquée : « Qu'on ne cherche rien derrière les phénomènes, ils sont eux-mêmes l'enseignement »[11]. Ce qui rend notre envi-ronnement transparent à notre compréhension quotidienne, c'est la quasi-immédiateté dans l'apparition des concepts au contact des phénomènes familiers : cette chose verte aux formes plus ou moins découpées est une plante, une laitue par exemple. Ce n'est qu'en des circonstances particulières – éloignement, obscurité, fugacité du contact, etc. – que l'on peut constater qu'il n'y a pas simultanéité et que la perception précède l'idée, qui la rejoint. Cette précédence peut être mise à l'épreuve à l'aide de certains effets optiques ne permettant pas une saisie immédiate de l'image présentée à l'œil. L'idée n'est pas constitutive de la perception, c'est pourquoi l'illusion est possible, non du fait de l'action perceptive par elle-même, mais de l'accolement d'une idée abstraite qui peut lui être faite. C'est donc à la conjonction entre perception et concept qu'il convient de porter toute notre attention, entreprise rendue difficile du fait de la quasi-simultanéité des deux et qui doit donc être exercée. Il faut pour cela renoncer à la prétendue positivité des choses : « la nature est à l'intérieur » dit Cézanne[12], cité par Merleau-Ponty, l'un des principaux promoteurs de la phénoménologie en France. « Il n'y a pas de vision sans pensée. Mais il ne suffit pas de penser pour voir »[13].

L'originalité de la démarche goethéenne consiste ainsi à observer la formation des idées qui surgissent au contact des phénomènes : il ne suffit pas que les faits soient don-nés, ils doivent encore être reçus. C'est l'invisible à l'œil qui demande à être perçu par l'observateur attentif, comme la métamorphose de la feuille en fleur[14]. « Le propre du visible est d'avoir une doublure d'invisible au sens strict, qu'il rend présent comme une absence »[15]. Une absence, un manque, que l'esprit vient combler, rétablissant la continuité

---

[10] Steiner, 2002.
[11] D'après Goethe, édition 2001, p. 73. Original en allemand : "Man suche nur nichts hinter den Phänomenen : Sie selbst sind die Lehre." *In* : Goethe, 1967, p. 44.
[12] Merleau-Ponty, 1964, p. 22.
[13] Merleau-Ponty, *op. cit.*, p. 51.
[14] Bortoft, 2001.
[15] Merleau-Ponty, *op. cit.*, p. 85.

des processus – chaînons manquants, intervalles de transition, et tous ces « entre-deux » imperceptibles qui rendent le tout cohérent dans l'instant, entre un passé et un devenir ; ce faisant, l'esprit peut retrouver le mouvement propre, le geste – son amplitude, sa gravité, sa forme – de la manifestation du phénomène. Une absence parfois rendue visible par des singularités, formes intermédiaires, chaînons retrouvés, où deux étapes se mêlent, comme par exemple lorsqu'on observe des appendices mi-feuilles mi-pétales.

L'ombre des idées préformées

Les deux théories de la connaissance qui viennent d'être évoquées ont leurs mérites respectifs, leurs complémentarités. Mais si l'on va au bout des visions philosophiques qui les animent, on ne peut que constater une confrontation entre deux mondes très différents. L'un s'est imposé de toute évidence depuis la Révolution copernicienne, celui du modèle et de la généralité[16]. L'autre n'a fait que peu d'émules jusqu'à ce jour, mais la résurgence de la pensée goethéenne au tournant du 3e millénaire (du moins parmi les biologistes du développement végétal) contribuera peut-être à son déploiement futur. Pour l'heure, l'union de la perception et de la pensée par l'idée qui fonde la nature des phénomènes n'est pas chose aisée. En témoignent les principales tendances de l'investigation biologique actuelle, qui pérennisent la dichotomie platonicienne entre idée et phénomène, marquée par une tendance croissante à l'abstraction.

L'accumulation de données ne nuit pas, mais ne constitue pas un acte cognitif en soi : l'observation des phénomènes ne livre qu'une partie de la nature des choses. Encore faut-il être conscient que le choix des données recueillies, la méthode d'observation, les instruments utilisés, ne sont pas exempts d'idées qui sont incorporées avant même que l'observation ne commence. Ainsi, pourquoi accumuler des données de séquences génomiques, de profils d'expression des gènes, si ce n'est en vertu de l'idée préalable du « livre de vie »[17] que serait l'ADN ? Ici l'idée ne vient pas éclairer l'observation, elle la précède, elle la devance. L'accumulation des données n'a pas pour objectif de la mettre à l'épreuve, mais de la confirmer, ou plutôt de l'exploiter. Elle ne vise pas à fournir matière à l'expression des idées tirées de l'activité pensante dans un acte de connaissance authentique, mais à des utilisations biotechnologiques fondées sur une idée préconçue. La formulation d'idées indépendantes de l'observation ne livre elle aussi qu'une partie de la nature du monde. Elle n'est pas non plus un acte de connaissance en soi. La modélisation, la simulation numérique ou cybernétique ont leurs mérites, mais ne fournissent que des objets virtuels qui n'éclairent en rien notre savoir tant qu'elles ne viennent pas s'unir à la perception des phénomènes. Là encore, l'idée devance l'observation et projette sur le phénomène ce qui à son tour peut être considéré comme une ombre, une apparence.

L'ombre, le voile de l'abstraction est devenu si épais qu'il n'apparaît même plus que le tout – les deux extrêmes que constituent l'accumulation massive de données imprégnées de concepts préformés et la modélisation détachée de l'expérience et de l'observation – pour l'essentiel ne tient qu'en vertu de l'hypothèse préalable du vivant-machine. Pour certains, l'ambition n'est rien moins que de reconstituer des organismes vivants *in silico*, entités virtuelles « cliquables » à volonté et matérialisant le plan de construction, la

---

[16] Voir chapitre 1.
[17] Walbot, 2000.

mécanique complexe, le déterminisme qui les anime[18]. La notion de déterminisme génétique, stipulant que les gènes dirigent, contrôlent, ou gouvernent le fonctionnement du
vivant, reste le socle de ces entreprises portées par la nouvelle biologie des systèmes.

Du variable à l'émergent

L'optique déterministe inhérente à l'hypothèse de mécanique vivante traite les lois
biologiques comme si elles étaient uniformes et porteuses d'une causalité absolue. Or, la
propriété du vivant la plus évidente et que des générations de biologistes se sont échinées
à juguler pour se rapprocher de l'idéal des lois physiques d'homogénéité, de répétabilité,
de prédictibilité, c'est… la variabilité ! Pour aucun germe, œuf ou graine de génotype
connu, dans des conditions connues, avec une histoire connue, il n'est possible d'antici-
per avec exactitude ce que sera le phénotype adulte. Chaque population d'organismes,
d'organes, de cellules, chaque individu à chaque niveau d'échelle de la complexité, est
susceptible d'un comportement unique et autonome. La référence à un bruit de fond
revient à invoquer le hasard comme axiome explicatif, c'est un moyen commode d'éva-
cuer des théories tout ce qui refuse de se plier aux exigences d'une machine universelle[19]. Par contre, si la variabilité développementale n'est pas un bruit de fond, mais une
propriété intrinsèque du vivant, alors la notion de déterminisme est inappropriée. Plus
encore, elle pourrait bien se révéler un obstacle à la progression des connaissances et à
la formation d'une éthique du vivant.

Comment résoudre la contradiction apparente entre généralité et singularité ? D'abord
en reconnaissant que la physique classique sur laquelle s'appuie le paradigme mécaniste
du déterminisme génétique est incapable de rendre justice à l'une des propriétés fondamentales du vivant : la variabilité. Depuis l'époque de Newton, principalement au cours
du XXe siècle, la physique s'est penchée sur la relativité, l'imprédictibilité, la stochasticité.
Intégrer ces connaissances à l'intérieur de la biologie n'est pas simplement une question
de culture générale ou d'érudition, mais une question… de biologie ! Cet apport – sans
prétendre couvrir toute la spécificité du vivant – permet d'élargir la capacité du biologiste
à reconnaître la nature des organismes vivants, avec des propriétés jusqu'alors ignorées,
propriétés dites émergentes : le tout n'est pas simplement la somme des parties. De plus,
l'irréductibilité des propriétés d'un niveau d'échelle à celles du niveau inférieur ou supérieur est aujourd'hui non plus seulement un constat, mais constitue le moteur même de
l'essor des nanotechnologies. De fait, les constituants à une échelle nano présentent des
propriétés le plus souvent nouvelles et imprédictibles par rapport à ce qui est connu à une
échelle macro[20]. Réciproquement, les propriétés émergentes à un niveau supérieur d'organisation ne peuvent être prédites à partir des propriétés du ou des niveau(x) inférieur(s).

Si le vivant se caractérise avant tout par des propriétés émergentes telles que robustesse, flexibilité, plasticité, l'inventaire intensif des parties, en l'occurrence des composants moléculaires, par les méthodes de profilage à haut-débit peut certainement apporter
de nouvelles connaissances. Mais celles-ci n'ont guère de raison d'être très informatives
sur la nature propre du vivant qui n'est pas additive. Si un niveau d'organisation ne peut

---

[18] Chory *et al.*, 2000.

[19] Voir chapitre 1.

[20] Bensaude-Vincent, 2004.

rendre compte de l'organisation ni des propriétés à un autre niveau, la métaphore du « livre de la vie » attribuée à l'ADN s'avère infondée. Le vivant semble plutôt procéder par auto-organisation à partir des propriétés stochastiques des niveaux inférieurs d'organisation : c'est le cas des sociétés élaborées d'insectes (abeilles, fourmis, termites[21]), de la morphogenèse des formes arborisées[22], de l'organisation tissulaire saine des organes[23]. Qui plus est, le contexte (environnement au sens large) n'opère pas seulement comme sélecteur d'un programme prédéfini porté par la cellule ou l'organisme, il est une composante de l'auto-organisation des systèmes biologiques complexes. L'environnement intra-cellulaire, tissulaire, et même externe, contribue tout autant que les composés moléculaires à l'émergence d'une organisation cohérente selon un mode non hiérarchique, mais distribué. Ceci suppose une vision élargie du système biologique étudié, qu'il soit cellule, organe, organisme, population, etc., une vision dans laquelle l'environnement est un membre à part entière, autant qu'une feuille ou une branche peut l'être sur un arbre.

De nouveaux regards sur le vivant

L'hypothèse du déterminisme génétique ne permet plus de faire avancer les connaissances en biologie. C'est sur ce constat de départ qu'un cycle de conférences a été organisé à l'Institut Jean-Pierre Bourgin de l'INRA à Versailles, autour du thème de la complexité et des nouvelles approches en biologie. Cet ouvrage reprend le contenu de quatre d'entre elles. Dans l'esprit de débat scientifique et d'élargissement épistémologique avec lequel ces conférences ont été tenues, son objectif est de contribuer au questionnement des chercheurs. Son ambition n'est pas de faire une synthèse des données actuelles sur la complexité du vivant, les propriétés émergentes, l'auto-organisation, etc. Il s'agit plutôt de fournir des éléments constructifs de réflexion pour aborder les limites des approches réductionnistes, envisager d'y répondre et faire ainsi face aux nécessités d'évolution qui ne vont pas manquer de s'introduire dans les approches des biologistes. En s'appuyant sur leur expérience originale, quatre chercheurs d'horizons différents apportent ici des éclairages complémentaires sur la singularité et l'auto-organisation des systèmes vivants.

G. Nissim Amzallag, parti en Israël pour effectuer son doctorat en physiologie végétale, se consacre depuis 20 ans à l'étude de la variabilité. Après avoir travaillé au Department of Plant Sciences, The Hebrew University of Jerusalem, il se trouve depuis quelques années au Judea Centre for Research and Development à Carmel. Ses travaux portent principalement sur la résistance au stress salin et l'adaptation à la salinité chez le sorgho. Il s'intéresse à l'interprétation des données dans le cadre des systèmes non-linéaires. En particulier, quelle signification biologique donner à la variabilité phénotypique par rapport aux variations de moyennes ? Comment comprendre les discontinuités dans le développement végétal (transitions de phases) et ce qui fait qu'un organisme change beaucoup au cours de son développement ? Son intérêt porte également sur la canalisation et l'auto-organisation des systèmes de développement, ainsi que la redondance des systèmes de régulations chez les plantes et ses implications pour l'étude de mutants. Il

---

[21] Théraulaz *et al.*, 2003.

[22] Voir chapitre 4.

[23] Sonnenschein, Soto, 2000.

propose une compréhension des phénomènes adaptatifs en réponse à des variations de l'environnement.

Andràs Paldi, venu de Hongrie après son doctorat en biochimie sur la cinétique des enzymes, se consacre depuis 20 ans à l'étude de la différenciation cellulaire animale et est professeur depuis 10 ans à l'École Pratique des Hautes Études. Après avoir travaillé à l'Institut Cochin puis à l'Institut Jacques Monod, il poursuit depuis peu ses recherches au Génethon. Ses travaux portent principalement sur l'empreinte génomique. L'étude embryologique et moléculaire de ce phénomène épigénétique l'a conduit à s'interroger sur le rôle de l'épigénétique en général dans la genèse de diversité inter- et intra-individuelle. D'une façon générale, il tente de comprendre comment un ordre macroscopique apparaît dans un système biologique caractérisé par un désordre à l'échelle microscopique.

Michel Laurent, biochimiste de formation, consacre ses travaux, depuis une quinzaine d'années, à la modélisation de la dynamique des processus biologiques, principalement à l'échelle cellulaire et moléculaire. Après avoir exercé la fonction de directeur de recherche au CNRS, il est depuis 4 ans professeur de biologie à l'Université de Paris-Sud à Orsay. La théorie des systèmes dynamiques à laquelle il fait appel permet en particulier d'expliquer comment des variations continues peuvent donner lieu à des états discontinus des systèmes étudiés. Il existe trois grands types de comportements dynamiques : la multi-stabilité, les oscillations périodiques et les évolutions chaotiques. Le premier concerne des changements brutaux d'état par l'amplification de fluctuations à partir d'un état stable et attraction vers un autre état stable. Il s'applique aussi bien à des modèles métaboliques cellulaires qu'à des écosystèmes. D'un point de vue analytique, les systèmes bi-stables sont très proches des systèmes oscillants (ex. opéron lactose, rythmes circadiens). Il a surtout appliqué ce type d'approche à l'étude des changements d'état du prion et propose sur cette base une réflexion sur l'analyse épidémiologique.

Vincent Fleury, chercheur en physique à l'École Polytechnique pendant 15 ans, travaille depuis peu à l'Université de Rennes. Il étudie la croissance de la matière et la morphogenèse des plantes comme des animaux, ce qui l'amène fréquemment à interagir avec des biologistes dans le domaine végétal ou animal. Il s'intéresse en particulier aux formes ramifiées et aux arborescences qui sont fractales et auto-organisées. D'une façon générale, il tente de comprendre d'où viennent les règles itératives de construction de la matière. Ses travaux touchent à la formation des vaisseaux sanguins, à la formation du poumon et du rein (et plus généralement des organes arborisés) et à l'effet des fibres sur la structuration des tissus. Dans le domaine végétal, ses réflexions portent en particulier sur la forme des navets, des citrons, des oignons, etc. Il travaille actuellement sur des projets de micro-pompes visant à fabriquer des vaisseaux sanguins, ou à régénérer les organes ; plus largement, il étudie les conditions physiques d'un développement normal ou tumoral.

Résonances et convergences

Au cours des dernières années, ces quatre chercheurs ont apporté une contribution significative à la diffusion d'idées nouvelles en biologie par la publication – en plus des articles dans des revues à comité de lecture – d'ouvrages et/ou d'articles de vulgarisation[24]. Dans cet ouvrage, G. Nissim Amzallag et Andràs Paldi nous livrent leur analyse

---

[24] Amzallag, 2002a et 2002b ; Paldi, 2003 ; Laurent, 1999 ; Fleury, 1998 ; Fleury, 2003.

et leur réflexion sur la stochasticité et la variabilité pour l'interprétation des phénomènes biologiques. Michel Laurent et Vincent Fleury nous font part des données physiques et mathématiques permettant des interprétations alternatives au déterminisme génétique. Celles-ci tiennent compte en particulier des propriétés physiques des phénomènes biologiques et de leur dynamique, ou encore de leur écoulement spatial et temporel. Chaque contribution intègre les questions qui ont été posées par l'auditoire lors des conférences, faisant part des interrogations de chercheurs essentiellement issus du domaine de la biologie végétale.

Stochasticité, variabilité, dynamique et croissance de la matière constituent autant d'aspects ignorés jusqu'à présent par l'hypothèse du déterminisme génétique. Les caractéristiques physiques conditionnent les formes possibles : il existe un aspect matériel à la morphogenèse, à la fois en termes d'encombrement spatial et de champ de forces (cf. chap. 4). Dès lors qu'il y a écoulement, déroulement dans le temps, les phénomènes se trouvent aussi conditionnés par leur histoire (cf. chap. 3). Toute variation aura donc des conséquences physiques, auto-catalytiques et suffisantes pour expliquer l'auto-organisation d'un système vivant (une fois données ses caractéristiques chimiques, et surtout sa capacité à croître) sans qu'il soit besoin d'avoir recours à l'hypothèse d'un poste de commandes génétiques. Tenant compte des forces physiques, il est clair que toutes les variations ne sont pas possibles et qu'elles n'apparaissent pas au hasard, ce qui est vrai par exemple pour les mutations. Les possibles sont auto-catalytiquement sélectionnés à mesure qu'ils émergent. Les événements stochastiques induits par l'agitation thermique, ou mouvement brownien, évoluent spontanément vers une dynamique collective coordonnée à partir d'un certain seuil, ou d'un événement élémentaire de nucléation qui sert de catalyseur en quelque sorte, par un effet boule de neige. La dynamique des systèmes multistables offre un support conceptuel à ce type de processus (cf. chap. 3). De même, la physique de l'aspect matériel des structures vivantes (cf. chap. 4) peut aider à comprendre comment des événements aléatoires à un certain niveau peuvent se trouver canalisés en direction d'un devenir prédictible. Dans ce contexte, il est nécessaire de reconsidérer le schéma d'adaptation dérivé du modèle darwinien (cf. chap. 2). On ne peut véritablement séparer dans le temps les phénomènes de variation et de sélection : plutôt qu'une augmentation aléatoire de la variabilité en réponse à une perturbation ou un changement de l'environnement, et donc un préalable à l'adaptation sur lequel peut s'exercer ensuite la sélection, il semble que la variation soit elle-même une adaptation découlant des interconnections entre caractères biologiques (cf. chap. 1).

On le voit, les questions soulevées par G. Nissim Amzallag, Andràs Paldi, Michel Laurent et Vincent Fleury se font écho mutuellement. Comme pour les propriétés émergentes, les différents apports de cet ouvrage mis en regard les uns des autres apportent un éclairage plus large que la seule somme de leurs informations. Ils laissent deviner une cohérence globale à partir de laquelle il devient possible de dégager de nouvelles perspectives pour l'analyse et la compréhension des phénomènes biolo-giques. Les styles sont différents, les langages ont chacun leurs spécificités, pourtant les contributions font corps autour de notions qui soutiennent le renouvellement du regard porté sur le vivant. Pour rendre plus perceptibles ces convergences, un lexique discursif sous forme de repères commentés termine cet ouvrage (cf. glossaire). Autour d'une trentaine de termes choisis, il vise à prolonger les questions des auteurs et, par leur mise en résonance, peut-être en susciter de nouvelles.

Références bibliographiques

AMZALLAG G. 2002a. *L'homme végétal, pour une autonomie du vivant.* Albin Michel Paris, 376 p.

AMZALLAG G., 2002b. *La raison malmenée.* Éditions CNRS, Paris, 264 p.

BENSAUDE-VINCENT B., 2004. *Se libérer de la matière ? Fantasmes autour des nouvelles technologies.* INRA Éditions, Sciences en Questions, Paris. 94 p.

BORTOFT H., 2001. *La démarche scientifique de Goethe.* Triades, Paris, 158 p.

CHORY *et al.*, 2000. National Science Foundation-sponsored workshop report : « The 2010 project ». Functional genomics and the virtual plant. A blueprint for understanding how plants are built and how to improve them. *Plant Physiol.* 123, 423-426.

COEN E.S., CARPENTER R.,1993.The metamorphosis of flowers. *Plant Cell* 5, 1175-1181.

DESCARTES R., édition 1998. *Discours de la méthode.* Nathan, Paris, 143 p.

DITTA G., PINYOPICH A., ROBLES P., PELAZ S., YANOFSKY M.F., 2004. The *SEP4* gene of *Arabidopsis thaliana* functions in floral organ and meristem identity. *Curr. Biol.*, 14, 1935-1940.

FLEURY V., 1998. *Arbres de pierre, la croissance fractale de la matière.* Flammarion, Nouvelle Bibliothèque Scientifique, Paris, 336 p.

FLEURY V., 2003. *Des pieds et des mains. Genèse des formes de la nature.* Flammarion, Paris, 200 p.

GOETHE J. W., 1967. *Sprüche in Prosa. Einleitung und Anmerkungen von Rudolf. Steiner.* Verlag Freies Geistesleben, Stuttgart, 216 p.

GOETHE J. W., 2001. *Maximes et réflexions.* Payot et Rivages, Paris, 144 p.

GOETHE J. W., 2003. *La métamorphose des plantes.* Triades, Paris, 340 p.

HONMA T., GOTO K., 2001. Complexes of MADS-box proteins are sufficient to convert leaves into floral organs. *Nature* 409, 525-529.

KATAGIRI F., 2003. Attacking complex problems with the power of systems biology. *Plant Physiol.* 132, 417- 419.

LAURENT M., 1999. *La puissance du vivant.* Hermann, Paris, 138 p.

MERLEAU-PONTY M., 1964. *L'œil et l'esprit.* Gallimard, Paris.

PALDI A., 2003. Des gènes improbables. *Sciences et Avenir,* hors-série, n° 136, octobre-novembre, 58-63.

SONNENSCHEIN C., SOTO A. M., 2000. Somatic mutation theory of carcinogenesis : Why it should be dropped and replaced. *Mol. Carcinog.* 29, 205-211.

STEINER R., 2002. *Goethe, le Galilée de la science du vivant.* Novalis, Montesson, 325 p.

SURRIDGE C., 2004. Plant development : A bunch of leaves. *Nature* 432, 161.

THEISSEN G. , SAEDLER H., 2001. Plant biology : Floral quartets. *Nature* 409, 469-471.

THÉRAULAZ G., GAUTRAY J., BLANCO S., FOURNIER R., DENEUBOURG J.L., 2003. Le comportement collectif des insectes. *Pour la Science* 314, 116-121.

WALBOT V., 2000. A green chapter in the book of life. *Nature* 408, 794-795.

Chapitre 1
Du sens de la variabilité

G.N. AMZALLAG

Dans la pratique de la science, nous opérons tous des choix. Certains d'entre eux sont guidés par notre hypothèse de départ, et d'autres par les contingences expérimentales. Il est indispensable de conserver ce point à l'esprit pour que la confrontation entre théorie et observations reste féconde. Sinon, l'hypothèse se transforme en dogme, et les résultats qui la contredisent deviennent des artéfacts. Mais il existe un choix qui n'a pour ainsi dire jamais été remis en cause en biologie : celui considérant la variabilité comme l'expression d'un bruit. C'est pourquoi les données mesurées d'une variable sont spontanément condensées en une valeur moyenne représentative de la population, et d'un écart type exprimant la quantité de bruit inhérente à la mesure expérimentale. Cette transformation fait de la valeur moyenne la *réponse vraie* du système expérimental face au stimulus appliqué, et de la variabilité calculée autour de la moyenne un *phénomène parasite*.

Ce traitement des données est tout à fait légitime tant qu'il représente une approche parmi d'autres. Mais il s'est progressivement transformé en un « dogme épistémologique » de la biologie expérimentale. Ce dernier conditionne aujourd'hui non seulement l'expérimentation et le traitement des données, mais encore le type d'hypothèses émises et même le type de conclusions que l'on tire de l'expérience. L'objectif de ce présent exposé est d'inviter à une remise en question de ce dogme, pour des raisons épistémologiques autant qu'expérimentales, et de montrer en quoi son usage inconditionnel conduit à une vision erronée de la réalité biologique.

La physique classique, une science du général

La physique classique est généralement considérée comme référence en matière de scientificité. Et les raisons ne manquent pas pour justifier ce choix. Historiquement, la physique classique est bien le domaine dans lequel s'est pour la première fois épanouie une méthodologie fondée sur la confrontation entre une hypothèse et l'observation. De plus, il est incontestable que cette approche conduisit en physique à des résultats spectaculaires, entre autres une maîtrise des processus de transformation de la matière qui bouleversa littéralement le monde dans lequel nous vivons. Les spécialistes des autres disciplines avaient donc toutes les raisons de s'intéresser de près à la méthodologie instaurée par les premiers physiciens.

En physique, la dynamique d'accroissement progressif des connaissances obéit à un principe que Poincaré prend soin de préciser[1] : « Il faut que chaque expérience nous permette le plus grand nombre possible de prévisions et avec le plus haut degré de probabilité qu'il se pourra. Le problème est pour ainsi dire d'augmenter le rendement de la machine scientifique ».

La progression des connaissances (ce que Poincaré nomme le rendement de la machine scientifique, selon un processus schématisé en figure 1.1) semble ici dépendre du *passage de la vérification à la généralisation*. En effet, Poincaré définit une bonne expérience comme celle « qui permet de prévoir, c'est-à-dire celle qui permet de généraliser. Car sans généralisation, la prévision est impossible »[2].

Sans généralisation, le « rendement » de la machine scientifique serait minime parce que l'expérience n'engendrerait pas de nouvelles hypothèses susceptibles d'englober les précédentes vérifications. Dans ce cas, la science se transformerait en un recensement des facteurs influençant un système, sans aucune possibilité de les hiérarchiser, de dégager une quelconque vision d'ensemble et surtout d'accroître la maîtrise du système. C'est pourquoi la généralisation est bien l'étape cruciale du processus générateur de « science ordonnée et organisée ».

Poincaré décrit en quoi consiste la généralisation : « L'expérience ne nous donne qu'un certain nombre de points isolés ; il faut les réunir par un trait continu. C'est là une véritable généralisation. Mais on fait plus, la courbe que l'on tracera passera entre les points observés et près de ces points ; elle ne passera pas par ces points eux-mêmes. Ainsi, on ne se borne pas à généraliser l'expérience, on la corrige ; et le physicien qui voudrait s'abstenir de ces corrections et se contenter vraiment de l'expérience toute nue serait forcé d'énoncer des lois bien extraordinaires »[3]. Cette manière dont Poincaré décrit ce processus implique bien sûr une prévalence des mathématiques. Mais elle traduit également un présupposé dont la portée épistémologique est considérable : l'expérience ne fournirait qu'une *approximation* de la nature véritable d'un phénomène, et ce en raison de l'imprécision des conditions expérimentales ou de mesure. En corollaire, la signification de la variation expérimentalement mesurée ne peut se réduire qu'à celle d'un bruit parasite. Ainsi, la physique classique s'est construite sur une négation de l'individualité. Et son succès eut un prix : celui de la transformation de toutes les singularités en des perturbations circonstancielles de l'expression d'un archétype idéalisé.

À vrai dire, il serait difficile de blâmer les physiciens d'avoir fait un tel choix. Les objets d'étude ont en physique une dimension infinitésimale et ils se transforment à une échelle de temps qu'il est pratiquement impossible à l'esprit humain d'appréhender. En contrepartie, l'immense quantité d'unités en présence dans n'importe quel système expérimental élimine pratiquement d'emblée les problèmes inhérents à l'individualité (du moins jusqu'à ce que l'on s'intéresse aux phénomènes d'auto-émergence).

Par exemple, la formule $PV = nRT$ de la thermodynamique décrit avec fiabilité le comportement d'un gaz. Elle permet de construire de nouvelles hypothèses, et de prédire le devenir du système avec suffisamment de précision pour construire des moteurs à

---

[1] H. Poincaré, 1997, p. 160.

[2] *Ibid.* p. 158

[3] *Ibid.* p. 159.

explosion. Pourtant, elle n'est d'aucune utilité pour entrevoir le comportement d'une des molécules du gaz. Cette formule doit son existence uniquement au fait que le nombre de molécules est toujours infiniment grand, ce qui permet d'éluder systématiquement les problèmes posés à l'échelle individuelle.

Mais cette approche trahit un souci de prédire le devenir d'un système avec un maximum de fiabilité plutôt que de comprendre son évolution en profondeur. Les premiers physiciens étaient motivés par une exigence de prédictibilité du devenir d'un système. Mais en prenant pour modèle ces pionniers, la science moderne s'est focalisée sur une dimension qui n'était pas la sienne, celle de l'ingénierie.

Les physiciens se sont progressivement émancipés de l'héritage des premiers fondateurs pour se pencher sur des questions fondamentales quant à la matière et ses propriétés. Mais l'ère des pionniers en physique a imprimé à toute la science un souci de généralisation. Et c'est leur démarche que les spécialistes des autres disciplines ont entrepris d'imiter, espérant ainsi transposer dans leur domaine le « miracle scientifique » propre à la physique classique.

La variabilité est-elle forcément la trace d'un bruit indésirable ?

Mus par des considérations d'ordre pratique, les premiers physiciens exprimaient l'exigence de dégager des « lois » au travers desquelles le devenir d'un système devenait prédictible, *dans son ensemble*. Paradoxalement, les raisons pratiques auraient dû orienter les biologistes vers un choix diamétralement opposé. En effet, les médecins sont bien plus intéressés à guérir leur patient, c'est-à-dire *un individu particulier*, que d'améliorer de quelques décimales une statistique pluriannuelle quant à l'état de santé d'une population donnée. Et pourtant, c'est bien l'approche scientifique propre à la physique classique qui s'imposa progressivement dans ce domaine.

En réalité, le principe relatif au fonctionnement de la « machine scientifique » n'est pas immédiatement transposable à la biologie, tout simplement parce qu'il est beaucoup plus difficile d'y dégager des lois, les supports conceptuels à de nouvelles hypothèses. En effet, la taille des « objets » biologiques est telle que le nombre d'unités en présence dans un système expérimental n'est jamais infini. Pour cette raison, le bruit expérimental est nécessairement bien plus fort en biologie qu'en physique. Or la loi faible des grands nombres, implicitement appliquée en physique classique, s'avère inopérante quand il s'agit de prédire le comportement d'un petit nombre d'unités en présence.

L'existence de « lois » ou « principes généraux » se trouve également compromise par la très grande diversité des comportements des unités biologiques, et ce à toutes les échelles d'organisation. Par exemple, de par leur taille, les macromolécules d'ADN sont le siège d'interactions entre atomes distants qui engendre une structure tridimensionnelle d'autant plus difficilement prédictible que le nombre d'états d'équilibres possibles est très grand[4]. De plus, une molécule d'ADN agit dans une cellule au travers des propriétés

---

[4] Dans ce cas, une approche imitée de la physique exigerait de travailler sur un nombre plus grand encore de molécules identiques (dans leur composition, conformation et environnement), ce qui est d'autant plus irréaliste qu'une cellule ne renferme pas une population colossale de molécules identiques d'ADN dont la conformation peut se trouver condensée en une formule moyenne.

qui découlent de sa conformation. Cette unicité de la réponse se répercute bien entendu aux autres échelles d'organisation, depuis la cellule jusqu'à l'organisme entier.

Un simple aperçu de la réalité biologique révèle l'existence d'au moins deux options épistémologiques. La première (la transposition de l'approche de la physique classique à la biologie) s'appuie sur le postulat de validité de la condensation des données au travers de la moyenne. Dans ce cas, l'écart-type représente la quantité de bruit dans l'expression de la valeur moyenne. Au contraire, la variabilité n'est pas un simple bruit isotrope dans la seconde approche. Elle est l'expression d'une *individualité* de la réponse. Celle-ci découle de l'imprédictibilité du comportement de systèmes biologiques, depuis l'échelle moléculaire jusqu'à celle de l'organisme. Ainsi, la variabilité non seulement renseigne sur le fonctionnement du système étudié, mais encore en conditionne la réponse. Dans ce cas, la valeur moyenne perd de sa représentativité, et ce au profit de la structure particulière des valeurs de la population. Or il est impossible de décider à l'avance de l'approche à adopter en regard de la variabilité.

Les postulats de la biométrie

La généralisation du résultat de l'expérience (fig. 1.1) représente le point crucial de la méthode développée par les premiers physiciens. C'est donc sur lui que les biologistes ont focalisé leurs efforts. De cette exigence est née la *biométrie*, une démarche qui se déploya ensuite depuis la biologie vers les sciences humaines.

La biométrie se définit comme une méthodologie consistant d'un côté à créer des modèles susceptibles de remplacer les observations par un nombre réduit de paramètres, et de l'autre à tester la légitimité de l'extrapolation des données observées au modèle, et ce grâce à l'outil statistique[5].

La décomposition de la réalité observée entre un modèle et une partie inexpliquée (le *résidu*) n'est possible que sous la condition qu'il existe bien un modèle susceptible de décrire la réalité, c'est-à-dire de *prédire* son devenir. En imitation de la physique classique, ce présupposé est implicitement accepté *en amont* de l'investigation. C'est pourquoi, au-delà de sa dimension pratique, « la biométrie est une *philosophie* de l'approche des phénomènes vivants »[6]. C'est le fruit d'un *choix épistémologique* qui conditionne le devenir de notre compréhension du vivant[7]. Ce point est souligné par Sokal et Rholf[8] : « Selon une boucle de rétroaction positive, les statistiques, créées pour répondre à un besoin en sciences naturelles, ont elles-mêmes modifié la philosophie des sciences de la vie ». On ne saurait trop méditer une telle sentence.

En regard de la physique, ce sont les statistiques qui font l'originalité de la biométrie. En effet, ce sont elles qui autorisent la généralisation dans une situation où la variation observée est importante. Par les statistiques, les biométriciens ont œuvré de façon à

---

[5] Tomassone *et al.,* 1993 (p. 3), définissent ainsi la biométrie : « La biométrie s'appuie sur un ensemble de connaissances déjà connues ; elle essaie ensuite de préciser une question à laquelle elle est capable de répondre. Ensuite, elle construit une description plus ou moins schématique de la réalité afin de prévoir quelle sera l'évolution du système étudié ».

[6] Tomassone *et al., op.cit.,* p. 1.

[7] La biométrie s'est évidemment développée dans des directions variées, dont certaines échappent totalement aux « postulats fondateurs » de la discipline.

[8] Sokal et Rohlf, 1981, p. 7.

pouvoir généraliser lorsque les résultats ne s'y prêtaient pas de façon évidente. Certes, de telles généralisations ne sont plus entachées d'absolu, comme c'était le cas en physique classique. Elles sont restreintes à un *intervalle de confiance*, l'expression d'un degré de plausibilité de l'assimilation entre observations et modèle. Mais en cela, les statistiques répondent bien au critère de positivité établi par Poincaré, dans le sens où elles permettent « le plus grand nombre possible de prévisions avec le plus haut degré de probabilité qu'il se pourra »[9]. L'outil statistique semble ainsi approprié à faire « tourner » la machine de la connaissance scientifique. C'est l'instrument permettant de dépasser le simple contexte de l'observation. En témoigne le jugement de certains biométriciens en regard des expérimentateurs réfractaires à leur approche : « Il faut en effet se garder de l'attitude, trop fréquente chez les expérimentateurs, qui consiste à accumuler des observations sans avoir au préalable précisé pourquoi. En général, dans ce cas, les observations ne servent à rien d'autre qu'à des études *post-mortem*, c'est-à-dire des études dont le résultat essentiel est de fournir des éléments pour une étude scientifique véritable »[10].

Cette approche biométrique, que je qualifierai ici de « classique », orienta l'investigation vers la recherche d'une prédiction, ce qui entraîna une représentation des processus propres au vivant au travers des fonctions traduisant des relations simples de cause à effet. Mais elle influença également l'approche expérimentale. Afin de réduire au possible le nombre d'inconnues, l'investigation en biologie se focalisa sur l'étude d'entités isolées de leur environnement naturel, même si une pareille exigence conduisit à créer des conditions très artificielles. En parallèle, les scientifiques se sont vus obligés de travailler sur des populations à effectifs réduits, afin que tous les individus soient soumis à des conditions rigoureusement identiques. En cela, l'expérimentation s'éloigna encore davantage des conditions requises pour une généralisation.

En corollaire, la variabilité observée dans ces conditions d'homogénéisation extrême fut systématiquement considérée comme indésirable. Une trop grande variabilité invalidait toute tentative de généralisation. De plus, elle devint la marque d'une mauvaise expérimentation, soit par manque d'homogénéité du matériel biologique, soit par manque de maîtrise de l'environnement lors de l'expérience. Comme toutes ces assertions furent formulées en amont de l'expérience, elles ne furent pas remises en question par les résultats expérimentaux. Elles servirent plutôt de cadre à leur interprétation. Par exemple, l'usage immodéré de la régression linéaire conduisit à envisager la réalité biologique selon une représentation linéaire. Par ailleurs, l'analyse de variance (two-way ANOVA), utilisée depuis des décennies pour quantifier une « composante génétique » dans la réponse de populations à des environnements différents, est en grande partie responsable du rôle attribué à l'information génétique dans l'expression de caractères les plus divers. Or la séparation de la variance en trois composantes (génétique, environnementale et mixte) par ANOVA découle avant tout de contingences mathématiques, indépendamment de toute réalité biologique[11].

Les analyses statistiques d'usage courant en biologie ne sont valables que dans le cas d'une distribution aléatoire centrée sur une moyenne (distribution dite gaussienne). La vérification de la nature de la distribution des valeurs de la variable dans la population

---

[9] Poincaré, *op. cit.*, p. 160.
[10] Tomassone *et al.*, 1993, p. 5.
[11] Lewontin, 1974.

est donc une condition *préalable* à leur usage. Mais une telle vérification exige la mesure du paramètre sur un grand nombre d'individus, condition généralement rendue impossible de par l'exigence d'homogénéité de l'expérience. En toute rigueur, l'ignorance de la nature de la distribution des valeurs mesurées dans les populations devrait conduire à l'usage d'un autre type de statistiques, dites *non-paramétriques*. Cependant, fondés sur une hiérarchisation qualitative des individus selon un critère donné, ces outils statistiques n'utilisent qu'une faible partie de l'information contenue dans les données, si bien que leur usage aboutit à une généralisation de portée très limitée. Elle réduit ainsi le « rendement » de la machine scientifique. C'est pourquoi, en biologie, la condition de normalité est non pas vérifiée par l'expérimentateur, mais pratiquement tout le temps *implicitement entendue*.

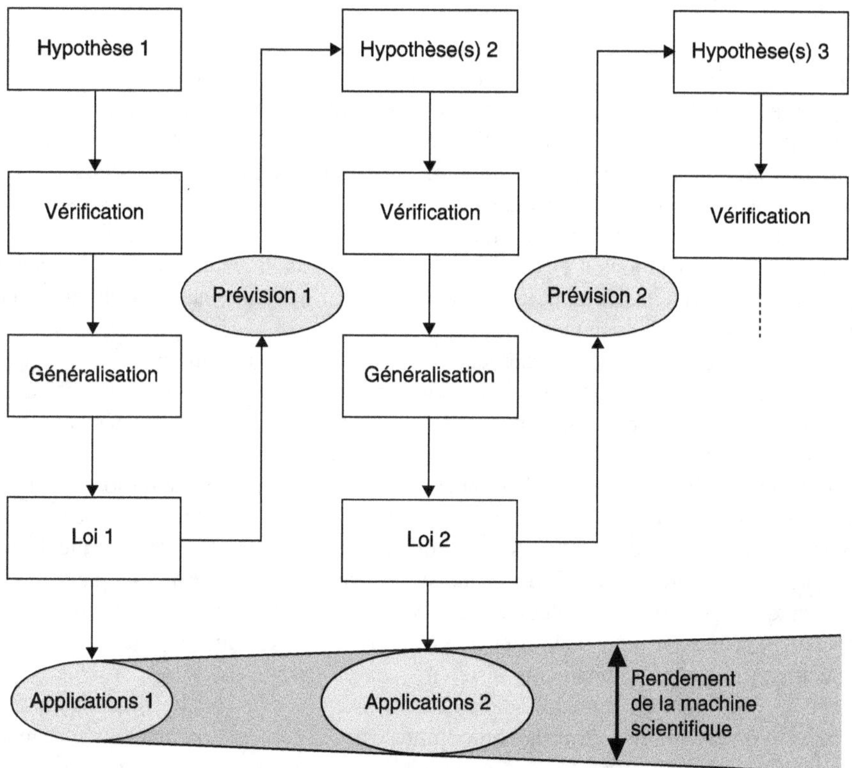

Figure 1.1. Le fonctionnement de la machine scientifique selon Poincaré.
La vérification expérimentale d'une hypothèse 1 invite l'expérimentateur à une généralisation, étape indispensable à une formulation mathématique, la loi. De cette loi découlent, par exploitation des propriétés mathématiques de la formule, les applications. On en tire également une série de prévisions possibles quant à la partie du réel encore inexpliquée par la loi 1, conduisant à une (ou plusieurs) hypothèse(s) 2. Cette dynamique élargit à chaque étape le champ des applications, par lequel est évalué le « rendement » de la machine scientifique. Dans ce schéma, seule l'étape initiale, celle qui est à l'origine de la formulation de la toute première hypothèse, sort du cadre de fonctionnement de la « machine scientifique ».

De ce postulat découlent deux conséquences. La première est que l'absence de variations significatives de la valeur moyenne du caractère examiné est interprétée comme une absence d'effet du facteur testé. La seconde est que l'influence « mesurable » est traduite par une relation de cause à effet, interprétation qui finit, après que de multiples facteurs aient été testés, par engendrer un « schéma fléché » construit en imitation de la cybernétique. Ce type de représentation abonde dans les ouvrages de référence en biologie. De par leur « valeur didactique », ils constituent le support de la « conceptualisation », étape cruciale dans la formulation de nouvelles hypothèses sur lesquelles se bâtissent les prochaines expériences. Si, comme l'énonce Poincaré, c'est bien la qualité de la conceptualisation qui détermine le « rendement de la machine scientifique », alors il n'est pas étonnant que celui-ci soit minime en biologie. La « conceptualisation » par schéma fléché représente tout au plus un support permettant à l'intuition de tâtonner un peu plus en avant. Mais, ce genre purement qualitatif de raisonnement ne peut en aucune façon servir à prédire le comportement d'un système. C'est pourquoi, en biologie, les hypothèses se ramènent pratiquement toutes à « l'étude » de l'effet d'un facteur élémentaire sur un ou plusieurs caractères. Elles ne permettent pas de dépasser la première étape schématisée en figure 1.1.

La confrontation avec l'observation

L'idée que la variabilité est l'expression d'un bruit dénie d'emblée toute signification à la réponse individuelle. Ce présupposé détermine non seulement l'approche expérimentale, mais encore le genre de questions et le type de conclusions vers lesquelles sont « conduits » les expérimentateurs, *et ce indépendamment de la réalité biologique*. Ainsi, l'adoption systématique de l'approche biométrique et son exigence de modélisation focalise l'attention sur des phénomènes généraux, en laissant délibérément de côté les phénomènes excentriques, alors que ceux-ci représentent parfois l'événement majeur.

Par exemple, la différenciation du point de gastrulation dans un embryon au stade de morula est un événement complètement insignifiant d'un point de vue statistique, puisqu'il ne concerne à ses débuts qu'un tout petit groupe de cellules. Ou du moins, il devient significatif, statistiquement parlant, uniquement après aboutissement des processus déterminants du point de vue de l'induction. Cette réalité est si triviale que les embryologistes ne tenteront jamais de comprendre la gastrulation ou tout autre événement capital du développement précoce en analysant de façon statistique les phénomènes se produisant dans toutes les cellules de l'embryon au stade *morula*. Ils opèrent d'emblée une approche leur permettant de mettre en valeur un événement singulier, parce que l'observation leur a révélé son importance, *et ce en amont de l'expérience*.

Cette « échappée » hors du dogme épistémologique inspiré de la physique classique n'est possible que dans des cas très limités, ceux où l'observation visuelle souligne le caractère incontournable d'un événement singulier. Mais en dehors de ces cas, l'opportunité de considérer la variabilité comme une manifestation d'individualité ne fut jamais réellement envisagée. Pis encore, l'évocation d'une telle éventualité, lorsque l'observation visuelle ne l'imposait pas, fut interprétée comme une « déviation » par rapport à la démarche scientifique. Et cette attitude conduisit parfois à des situations proches de l'absurde.

Afin d'élucider les mécanismes sous-jacents aux comportements des mammifères, les éthologistes de l'école de Skinner adoptèrent d'emblée les postulats de la biométrie. Ils œuvrèrent à réduire au maximum la variabilité individuelle en ne travaillant que sur une lignée pure de rats blancs, et en choisissant des rats de même âge, de même poids et de même sexe, tous élevés dans les mêmes conditions. Le comportement de ces rats fut testé dans des cages dites « de Skinner », où aucun objet n'existe en dehors d'un levier que le rat peut actionner en réponse à un stimulus.

Bien entendu, comme l'uniformisation ne peut jamais être absolue, les chercheurs de l'école de Skinner ont pris soin d'éliminer de leurs expériences les individus jugés *excentriques*, que ce jugement soit émis avant ou après l'expérience. Par ce biais, la variabilité dans la réponse se trouva réduite à son minimum, ce qui permit d'obtenir des réponses tranchées aux questions posées. Dans de telles conditions, Skinner et ses disciples élaborèrent une théorie du comportement fondée sur la conjonction de comportements élémentaires, chacun activé par un stimulus. Mais malgré l'accumulation de milliers d'observations, le « rendement » d'une telle machine scientifique s'est révélé complètement nul le jour où l'on a demandé à ces éthologistes de mettre en application leur savoir[12]. Il fut immédiatement évident aux yeux de tous que le modèle élaboré par de telles méthodes n'était pas extrapolable aux conditions naturelles, tout simplement parce que la réponse à une multitude de stimuli conjoints n'est pas la résultante des réponses élémentaires à chacun des stimuli.

Un pareil constat a stimulé le développement d'une alternative « objectiviste », dans laquelle les éthologistes essayèrent de dégager des principes généraux de comportement de l'animal lorsque celui-ci est maintenu dans son milieu naturel. Mais là encore, l'idée de découvrir des couples stimuli-réponses fut ruinée par le fait que, eu égard à l'individualité de la réponse, les comportements (même les plus simples) sont irréductibles à des lois. En cela, les éthologistes ont fini par rejeter le dogme épistémologique postulant la validité d'une réduction des comportements individuels à ceux d'un individu moyen. Résumant une telle situation, Rémy Chauvin[13] affirmait ainsi : « On ne peut plus négliger l'individu. On ne peut plus parler de « la » souris, « du » rat blanc, « du » pigeon sans se faire interpeller aussitôt par l'éthologiste qui vous demandera de quoi au juste vous voulez traiter. Mais ce que nous avons perdu en généralité, nous l'avons gagné en précision ».

Ce qui est devenu évident aux yeux des éthologistes, du moins pour quelque temps[14], est pourtant loin de faire l'unanimité. Pour l'ensemble des biologistes, le choix épistémologique promu par la biométrie classique fait encore office de dogme. Pour prendre l'exemple de la biologie végétale, les plantes d'*Arabidopsis* cultivées en petites chambres de culture entièrement contrôlées ressemblent en tout point aux rats blancs de « lignée pure » enfermés dans des cages de Skinner. Les leviers y sont simplement remplacés par des mutations, mais les méthodes, les questions et les conclusions sont rigoureusement du même type. Et ce n'est pas là un cas isolé, ni même caricatural.

---

[12] Il fut demandé aux éthologistes skinnériens d'augmenter l'efficacité des méthodes de dératisation dans les grandes villes américaines.

[13] Chauvin, 1986. p. 266.

[14] Le cadre scientifique moderne en biologie a encore une fois eu raison de l'observation, puisque les méthodes statistiques classiques (telles l'analyse de variance) sont devenues à nouveau le moyen privilégié d'investigation du comportement, et plus exactement de la distinction entre la fraction « génétique » et « environnementale », séparation imposée par l'analyse elle-même. C'est pourquoi des voix s'élèvent à nouveau de nos jours pour ramener l'éthologie à une dimension plus réaliste. Gottlieb écrivait (p. 353) en 2003 « In order to make behavioral genetics truly developmental, the purely statistical population view will have to be abandoned in favor of the study of individuals ».

Et pourtant, la variabilité demeure une réalité incontournable en biologie. En témoigne, par exemple, la variation inter-individuelle de l'ordre de 1000 fois qui est mesurée dans la sécrétion de l'endomannanase par l'extrémité de jeunes racines de tomates pourtant génétiquement identiques et exposées aux mêmes conditions[15]. Un tel écart rend impossible l'usage de moyennes, du moins tant que l'hypothèse de normalité n'est pas vérifiée. Mais une telle vérification n'est généralement même pas envisagée pour deux raisons. Tout d'abord, elle exigerait d'effectuer la mesure sur plusieurs centaines d'individus, ce qui représente un travail fastidieux. Ensuite, une absence de normalité n'est même pas concevable dans la perspective réductionniste servant généralement de support à l'hypothèse testée.

Au-delà des fluctuations immenses de variabilité parfois enregistrées, il peut également apparaître des distributions plurimodales (c'est-à-dire l'existence de plusieurs pics dans une distribution de fréquences), et ce même sur des systèmes biologiques très homogènes. Par exemple, dans les embryons de graines de tournesol, la quantité d'ADN (1C) par cellule suit une distribution bimodale. Celle-ci correspond au fait que les plantules issues de graines situées en périphérie du capitule contiennent en moyenne 20 % d'ADN en moins que les plantules issues de graines développées au centre[16]. Ce phénomène ne peut être regardé comme un artéfact parce qu'il se reproduit systématiquement sur chaque inflorescence. C'est pourquoi le calcul d'une quantité moyenne d'ADN (1C) ne reflète ici rien d'autre qu'un état virtuel. Non seulement la valeur moyenne ne représente *aucun* des individus de la population, mais en plus elle occulte un phénomène remarquable d'autocompensation de la quantité d'ADN à un moment donné du développement, dont l'existence est révélée par l'impossibilité de sélectionner des lignées à faible ou haute quantité d'ADN[17].

L'indifférence, sinon la suspicion avec laquelle sont accueillis les travaux mettant en avant des phénomènes de variabilité fait qu'il est extrêmement difficile aujourd'hui de les publier. Par ailleurs, dans la majorité des articles, les résultats sont généralement présentés sous une forme si condensée qu'il est impossible d'en extraire des informations au-delà des fluctuations des valeurs de la moyenne. Cette situation rend pratiquement impossible un questionnement fondé sur un large ensemble de données quant à la signification de la variabilité. C'est pourquoi une réflexion sur la variabilité ne peut aujourd'hui qu'être très lacunaire, s'appuyant essentiellement sur une « expérience personnelle » du phénomène. C'est donc sur la base de mes propres observations que je m'emploierai ici à soutenir l'idée d'une nécessité épistémologique d'approfondir la question de la variabilité, et ce afin de développer de nouvelles méthodes d'analyse et de nouveaux concepts propres à réconcilier la biologie avec son objet d'étude.

L'individualité, une réalité ignorée

Les contresens de la moyenne

La présence de stéroïdes dans les tissus végétaux est connue depuis longtemps par leur activité pharmacologique. Mais leur effet chez les végétaux, en tant que régulateurs

---

[15] Still *et al.*, 1997 ; Trewavas, 1999.

[16] Cavallini *et al.*, 1989 ; une pareille différence se retrouve chez *Festuca arundinacea* entre graines situées en haut et en bas de l'épi, voir Ceccarelli *et al.*, 1992.

[17] Cavallini *et al.*, 1996.

de croissance n'est reconnu que depuis une vingtaine d'années. La raison est que ces molécules ne répondent pas vraiment au schéma classique de l'hormone, tel qu'il est hérité de la physiologie animale. Tout d'abord, les phytostéroïdes actifs chez les végétaux (encore nommés *brassinostéroïdes*, en abrégé BRs) ne circulent pratiquement pas, si bien qu'il est souvent impossible de séparer le tissu émetteur du tissu récepteur de l'information. Ensuite, le contenu de l'information véhiculé est plutôt vague, puisque les BRs sont susceptibles de mimer l'effet de pratiquement toutes les substances informatives recensées dans la plante[18].

Les BRs ont réellement commencé leur carrière de régulateurs de croissance à partir du moment où l'on a pu identifier quelques situations dans lesquelles l'effet des BRs était proportionnel à la concentration administrée. Les BRs seraient donc bien des hormones dont l'action se combinerait avec celles des autres régulateurs de croissance, ce qui justifie le vaste spectre d'influence observé. Initialement réfractaires au modèle traditionnel de l'hormone, les phytostéroïdes semblent lentement s'y plier.

Afin de vérifier l'effet des BRs sur le gravitropisme, j'ai entrepris de mesurer l'intervalle de temps nécessaire à l'initiation de la courbure d'une extrémité de racine de pois placée à l'horizontale. Une diminution progressive du temps moyen requis s'observe bien après un traitement aux BRs, dans un intervalle de concentrations de 0.1 pM à 100 nM. Le test statistique comparant les valeurs moyennes révèle que l'effet est significatif à partir de l'application de 1 nM. En apparence, tout porte donc à conclure que les BRs stimulent l'initiation de la réponse gravitropique dans l'extrémité de la racine du pois, selon un mode d'action typique des substances hormonales.

Mais les choses apparaissent sous un jour très différent dès que l'on se penche sur la variabilité. Un histogramme de fréquence de la réponse par unité de temps révèle l'existence de deux pics (l'un à 120 et l'autre à 240 minutes) dans la population de plantes témoins. La population n'est donc pas homogène dans sa réponse. Or, en pratiquant la même analyse sur les plantes traitées aux stéroïdes, on remarque que la position des deux pics reste inchangée *dans tous les cas* (fig. 1.2). La baisse de la valeur moyenne proportionnelle à la concentration provient du fait que le traitement aux BRs augmente les effectifs de la première sous-population au détriment de ceux de la seconde. En fin de compte, cette analyse révèle que les BRs n'ont *aucun* effet accélérateur sur l'initiation du gravitropisme chez le pois. Ils n'ont qu'un *effet unificateur* sur une population hétérogène, exprimant une réponse plurimodale. En l'occurrence, il s'agit d'une bimodalité puisque la population manifeste deux types distincts de réponses. Dans une population homogène soumise à un traitement uniforme, l'existence d'une plurimodalité est l'indication d'une individualité, c'est-à-dire la capacité à exprimer une multiplicité de réponses distinctes en regard d'un même stimulus.

Dans cet exemple, l'effet sur la moyenne est reproductible à loisir, à condition de travailler sur des populations suffisamment grandes. Il peut de ce fait être utilisé afin de déceler la présence de BRs dans un extrait. *Mais cette prédictibilité de l'effet ne préjuge en rien de l'action des BRs dans le gravitropisme*[19]. Cet exemple illustre la coexistence

---

[18] Sasse (1991) affirmait que les brassinostéroïdes ne rentrent dans aucune catégorie connue de facteurs de croissance « parce qu'ils peuvent être considérés comme rattachés à tous les facteurs de croissance ».

[19] Les BRs ne sont pas les seuls composés dans ce cas. Une même dualité se retrouve en ce qui concerne l'effet de l'éthylène sur la maturation des fruits (Trewavas, 1999).

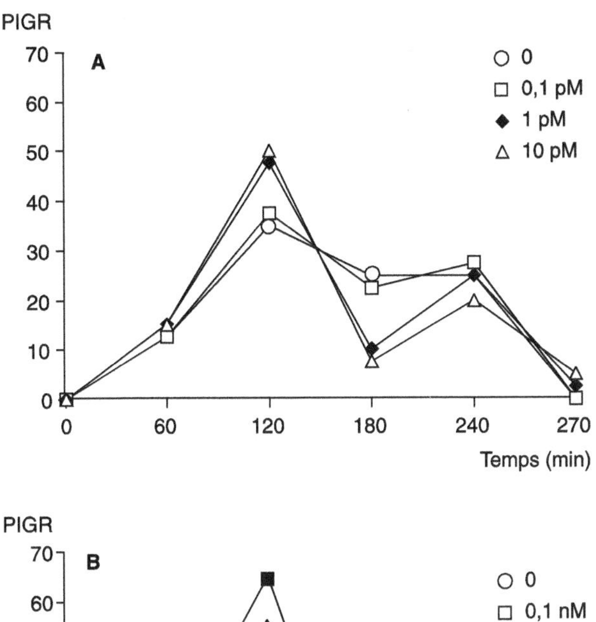

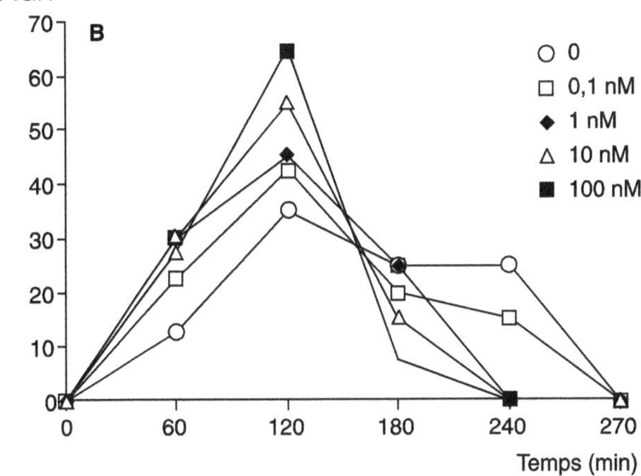

Figure 1.2. Effet des brassinostéroïdes sur le temps nécessaire à l'initiation de la réponse gravitropique chez le pois. PIGR : pourcentage de la population initiant la réponse gravitropique dans l'intervalle de temps indiqué en abscisse. D'après Amzallag G.N. et Vaisman J., 2006.

de deux niveaux de réalité complètement indépendants, un niveau ingéniérique (la mise au point d'un essai biologique fiable) et un niveau scientifique (le mode d'action des BRs sur la racine). Ainsi, la restriction de l'analyse à une comparaison de moyennes revient à extrapoler le niveau ingéniérique à la réalité biologique. Il n'est pas étonnant que cette approche conduise à une représentation des transformations propres au vivant sous la forme de « mécanismes » ressemblant à s'y méprendre à ceux développés par les ingénieurs cybernéticiens.

La diversité émergente : expression d'un bruit ?

Une distribution plurimodale exprime une hétérogénéité soit dans les conditions initiales (c'est-à-dire dans le « matériel biologique »), soit dans les conditions dans lesquelles se déroule l'expérience, soit encore dans les réponses biologiques. Seul le dernier cas permet de considérer la variabilité (ou du moins une de ses composantes), comme le fruit d'un processus d'individuation. Si l'on voulait mettre rigoureusement à l'épreuve la première explication, il faudrait vérifier l'homogénéité de *tous* les facteurs en jeu, sans exception. Or une telle entreprise est non seulement éminemment fastidieuse, mais encore impossible du fait que l'ensemble des facteurs n'est pas identifié (le but de l'expérience étant justement de déceler l'influence d'un nouveau facteur non encore recensé). C'est pourquoi les deux premières explications sont généralement admises *a priori*, et l'hypothèse d'individualité devient alors superflue.

Il existe toutefois des cas où les phénomènes d'individualité ne peuvent être ignorés, en particulier lorsqu'on observe la genèse d'une distribution plurimodale au sein d'une population initialement homogène. Ce phénomène est décrit depuis fort longtemps. Dans un bref article publié en 1959, Heslop-Harrison[20] mentionne plusieurs exemples « d'explosion de diversité phénotypique » dans des populations initialement homogènes, lorsque celles-ci sont exposées à des conditions sub-optimales à un moment précis de leur développement. Par exemple, le changement brutal de photopériode chez *Cannabis sativa* provoque une explosion de variabilité phénotypique. Une expérience similaire conduite sur des plantes de *Perilla ocymoides* (Labiée) âgées de deux à trois semaines provoque également une « désintégration » de la population initialement homogène en types morphobiologiques distincts. Dans ces cas, le brusque changement de conditions induit non seulement une grande variabilité, mais encore une distribution plurimodale dans une population initialement homogène. Selon Heslop-Harrison : « Il est probable que ce cas d'augmentation de variabilité phénotypique n'est pas consécutif à une variation génétique latente, mais à une dislocation profonde des régulations développementales chez les individus exposés à un changement si abrupt et artificiel de photopériode ». Des observations similaires se sont multipliées durant les dernières décenies, mais elles n'ont pas renforcé cette interprétation. Aujourd'hui, l'explosion subite de variabilité à la suite d'un stress est regardée comme l'expression de variations génétiques stimulées par le stress[21], ou encore comme l'expression d'une variabilité cryptique, masquée lorsque l'organisme est maintenu en conditions optimales[22]. La variabilité observée devient ainsi un indicateur du niveau de stress au cours du développement, mais elle reste avant tout un bruit isotrope dont l'amplitude peut être éventuellement contrôlée par l'organisme[23].

---

[20] Heslop-Harrison, 1959.

[21] L'activation d'éléments transposables à la suite d'un stress est en effet susceptible d'induire une variabilité se répercutant au niveau phénotypique (McClintock, 1984). Chez *Antirrhinum majus*, par exemple, la fréquence d'excision d'un des éléments transposables est multipliée par 1000 suite à un changement de température de croissance de la plante (Coen et Carpenter, 1986).

[22] Rutherford et Lindquist (1998) ont observé une explosion de variabilité phénotypique chez la drosophile exposée à un stress de température à la suite du blocage fonctionnel des protéines Hsp90 par addition d'un antagoniste, la geldanamycine. Or Hsp90 est impliquée dans l'élaboration de la structure tertiaire des protéines. En cela, cette protéine est interprétée comme un facteur d'homogénéité de la structure finale des protéines en dépit des variations dans la séquence protéique inhérentes à la diversité génétique. Ainsi, la baisse d'activité des Hsp90 consécutive à l'addition de geldanamycine (tout comme à la suite d'un stress) serait la cause des multiples variations phénotypiques masquées en conditions normales.

[23] C'est elle qui est invoquée afin d'interpréter l'émergence de mutations adaptatives chez les bactéries exposées à des conditions subléthales, en tant que diversité génétique induite par les bactéries elles-mêmes sur laquelle est censée s'exercer la sélection (Foster, 1993).

Dans ce cas, la diversité reflète avant tout une incapacité à exprimer l'information originelle à la suite de perturbations. Cette explication reste compatible avec le cadre épistémologique postulant une relation déterministe entre le « génotype » et le « phénotype ». Par contre, la diversité évoquée par Heslop Harrison, phénomène que je qualifie ici d'*individualité*, est d'un autre ordre. Elle résulte de l'orientation de l'individu vers une trajectoire particulière dans un champ de possibilités qui s'ouvre à un moment précis du développement. L'individualité s'inscrit ainsi dans un processus dynamique de développement. Mais elle ne concerne pas seulement l'organisme intégré : on peut concevoir également une individualité au niveau cellulaire, qui pourrait rendre compte de la métamorphose subite d'un groupe homogène de cellules en des types cellulaires distincts, comme c'est souvent le cas durant le développement embryonnaire.

La variation stochastique reflète une perturbation dans le fonctionnement normal du système, alors que l'individuation exprime un cheminement développemental particulier. Dans ce cas, les différences entre individus ne peuvent être considérées comme des écarts à une quelconque norme d'expression. Cette différence entre variation stochastique et individuation sera particulièrement exacerbée dans le cas ou les organismes sont exposés à un stress. En effet, si l'explosion de diversité est due au hasard des perturbations dans la séquence génétique comme dans le fonctionnement des protéines, on est en droit de s'attendre à de grandes différences de viabilité entre individus de par le fait que la plupart des modifications au hasard sont neutres ou délétères. Par contre, si la variabilité reflète une réorganisation individuelle des régulations développementales en réponse à un changement abrupt, alors les différences de viabilité devraient être relativement réduites, le développement aboutissant à l'émergence de formes généralement viables et harmonieuses.

Individuation et adaptation

Chez le sorgho, l'exposition à une concentration en sel (NaCl) de 150 mM durant trois semaines « induit » une augmentation de tolérance : les plantes sont désormais capables de croître en présence de 300 mM de NaCl, une concentration létale pour les individus non-exposés à un tel prétraitement[24]. Cette tolérance n'est induite que si le prétraitement est amorcé pendant une courte période, dite de compétence, durant le développement précoce[25]. Même dans ces conditions, le degré d'augmentation de tolérance varie en fonction du génotype considéré[26]. Cette tolérance induite sera qualifiée ici d'adaptation à la salinité.

En parallèle avec l'augmentation de tolérance, le prétraitement augmente considérablement le niveau de variabilité phénotypique dans la population[27]. Mais en dépit de cette diversité, *tous* les individus se montrent capables de survivre à un transfert à 300 mM de NaCl une fois achevé le prétraitement. Comme le niveau de variabilité du poids des plantes se maintient constant après le transfert à haute salinité, les différences de croissance enregistrées durant le processus de maturation de la réponse paraissent se stabiliser en dépit de l'augmentation de NaCl dans le milieu. Deux conclusions s'imposent :

– l'augmentation de variabilité se produit durant une phase déterminée de la réponse ;

---

[24] Amzallag *et al.,* 1990.

[25] Amzallag *et al.*, 1993.

[26] Amzallag et Lerner, 1994.

[27] Amzallag *et al.*, 1995.

– il n'existe aucune différence notable de tolérance induite, et ce en dépit de l'augmentation de variation phénotypique.

La diversité observée ici s'accompagne entre autres de différences considérables d'accumulation de sodium dans les tissus, traduisant deux modes différents d'osmorégulation dans la population, l'un (dit Na-includers) utilisant les ions sodium comme osmolytes dans la vacuole, et l'autre (dit Na-excluders) utilisant à la place les ions potassium ou des composés organiques[28]. Cette dualité confirme que la variabilité observée n'est pas l'expression d'un bruit dans l'expression d'une réponse normative à la salinité, mais bien la trace d'un processus d'*individuation*.

La prise en compte du facteur d'individuation modifie l'interprétation d'un certain nombre de résultats. Par exemple, les cytokinines (CKs) sont des facteurs de croissance identifiés depuis fort longtemps pour leur effet réduisant l'accumulation de sel dans les tissus aériens[29]. Cette caractéristique focalisa l'étude de l'effet des CKs sur la stimulation de mécanismes divers, depuis le pompage sélectif des ions dans les racines jusqu'à la recirculation du sodium depuis les parties aériennes vers le milieu extérieur, *via* les racines.

L'addition de CKs dans la solution nutritive de plantes de sorgho adaptées induit bien une baisse moyenne d'accumulation des ions Na^+ dans les tissus. Mais si l'on tient compte de la plurimodalité de la réponse, l'effet des CKs apparaît sous un jour nouveau. Tout comme dans le cas de l'influence des BRs sur le gravitropisme (voir ce qui précède), les CKs ne font que modifier la structure de la population en favorisant un mode d'osmorégulation plutôt que l'autre[30]. Ainsi, le lien traditionnellement établi entre les CKs et les mécanismes limitant l'accumulation de sodium dans les tissus dérive avant tout des méthodes classiques d'analyse[31].

L'origine de l'individuation

Si l'individuation résultait de l'amplification de l'effet sur les organismes de l'hétérogénéité de l'environnement, alors on devrait observer une continuité d'influence du microenvironnement tout au long du traitement induisant l'adaptation au sel chez le sorgho. Au vu des petites variations apparaissant entre plantes issues de différents bacs de culture, il semble bien que l'environnement affecte quelque peu l'accumulation de Na dans les tissus. Mais ces faibles différences ne sont statistiquement significatives que quelques jours après le début de l'expérience. Curieusement, cet effet disparaît ensuite complètement au fil du processus d'individuation[32]. La variation dérive donc ici d'une hypersensibilité des plantes aux conditions extérieures durant la toute première phase du

---

[28] Voir fig. 3 et 4, Amzallag, 1999a.

[29] Stark, 1997. Cet auteur qualifie même les cytokinines d'hormone anti-stress salin.

[30] Voir fig. 2-5, Amzallag, 2001a.

[31] On remarquera cependant que l'interprétation s'appuie ici sur une ségrégation des points en deux tendances aisément visibles à l'œil nu. Cependant, hormis les cas les plus flagrants de ségrégation en groupes distincts, aucune conclusion ne peut être appuyée par ce type de présentation, parce que les outils statistiques permettant de déceler deux comportements distincts dans un même nuage de points, tels le *smoothing*, ne sont pas encore utilisés couramment en biologie.

[32] Une telle différence est toutefois décelable en ce qui concerne l'accumulation de potassium, ce qui confirme que les petites différences entre bacs se sont maintenues durant toute l'expérience. (Voir tabl. 2, Amzallag, 1999a).

processus d'adaptation, qui s'efface ensuite. Or une hypersensibilité aux conditions initiales dans laquelle la relation de causalité s'estompe rapidement est une caractéristique des processus *auto-organisés*.

L'individuation semble donc le fruit d'un processus d'auto-organisation amorcé durant une phase de compétence bien définie du développement du sorgho. Et l'adaptation au sel ne semble pas constituer une exception. Ces mêmes plantes sont également susceptibles de s'adapter à d'autres conditions suboptimales (comme une carence en sels minéraux dans la solution racinaire) selon exactement le même processus[33]. Une semblable « plasticité » adaptative est décrite chez de très nombreuses espèces[34]. Elle correspond bien à l'idée de l'élaboration d'une réponse adaptative en fonction du milieu, plutôt qu'à l'expression d'une réponse stéréotypée, génétiquement programmée.

Le coefficient de variation, un paramètre biologique ?

Dans le contexte des « statistiques qualitatives », l'écart-type sert à déterminer si la différence entre deux moyennes calculées est significative. Cette approche est possible uniquement si les valeurs mesurées dans chacune des populations présentent une distribution monomodale, ou normale. Mais l'écart-type peut également servir d'indicateur de la « quantité de variabilité » d'un caractère exprimé. Dans ce cas, l'usage de l'écart-type devient indépendant de la nature, monomodale ou plurimodale, de la distribution du caractère.

L'écart-type étant calculé sur la base de la distance entre chaque valeur observée et la valeur moyenne, il est nécessaire de le diviser par la valeur moyenne afin de « quantifier » la variabilité. En multipliant ce quotient par 100, on obtient le *coefficient de variation* (CV). Bien entendu, cet indicateur exprime sans distinction toutes les sources de variations que sont l'individuation, le polymorphisme génétique, l'hétérogénéité environnementale ou encore les phénomènes d'origine stochastique. Cependant, en comparant des séries de données homologues, le CV révèle les éventuelles fluctuations de stabilité d'un caractère durant le développement, soit encore de sa *canalisation*. Il devient alors un outil d'analyse de la réponse biologique.

Variabilité adaptative, plasticité et canalisation

Lorsque les populations sont génétiquement homogènes, et exposées ensemble à des conditions expérimentales similaires, la part de variation d'origine développementale est vraisemblablement une composante majeure du CV. On peut en évaluer l'importance dans le cas du sorgho, où une augmentation continue de la variabilité est observée durant l'adaptation au sel, suivi de sa stabilisation une fois achevé le processus[35]. Une corrélation positive existe entre le degré de tolérance induite chez les divers génotypes[36] et le

---

[33] Amzallag, 2002a.

[34] Voir exemples cités par Sultan, 1992.

[35] Amzallag *et al.*, 1995. Ce dernier résultat exprime l'équivalence du niveau de tolérance de toutes les plantes de la population, en dépit de la variabilité émergente.

[36] Quantifié par la capacité à tolérer la présence de 300 mM de NaCl après trois semaines de traitement.

niveau de variation exprimé durant la période de maturation de la réponse adaptative[37]. La variabilité stimulée durant l'adaptation n'est donc pas un simple épiphénomène : elle est intimement liée à l'élaboration de la réponse adaptative.

Même en conditions naturelles, où l'hétérogénéité génétique et environnementale est importante, le CV peut refléter une réalité biologique. Ce point est illustré par l'analyse d'une Labiée pluriannuelle, *Origanum dayi*, plante endémique du versant est des montagnes de Judée, vivant à la limite de la zone désertique. Les plantes de cette espèce produisent une huile essentielle dont il est possible d'analyser les composés principaux (22 molécules volatiles distinctes) dans chaque individu.

En échantillonnant les individus dans dix stations dispersées sur l'aire de répartition de cette espèce, il est possible de calculer la moyenne de la représentation de chacun des 22 composés volatiles de l'huile essentielle. L'amplitude des différences environnementales entre stations n'est pas connue, mais on constate qu'elle agit exactement de la même façon sur tous les composés volatils mesurés. C'est pourquoi on peut considérer, en première approche, que la fluctuation inter-stations dans la moyenne (soit encore le CV calculé sur la base des 10 moyennes intra-station) reflète le degré de plasticité des composés volatils. Par ailleurs, le niveau de canalisation dans l'accumulation d'un composé volatil peut être considéré comme inversement proportionnel au CV intra-station (ou plus exactement à la moyenne des CV intra-stations).

Puisque tous les composés sont recueillis sur les mêmes individus, il devient possible d'ordonner l'ensemble des composés volatils en fonction de leur degré de plasticité (CV des 10 moyennes intra-stations), et de leur degré de canalisation (la moyenne de l'inverse des CVs intra-station). Cette analyse des 22 couples de valeurs révèle une corrélation hautement significative[38] entre la plasticité et la canalisation. Même calculé sur des variables mesurées dans des populations sauvages, on voit donc que le CV conserve pleinement sa signification biologique.

Degré de redondance dans les régulations

Les phénomènes de redondance sont couramment observés en biologie, aussi bien dans l'étude des voies métaboliques, dans l'expression génétique que dans les interactions entre organes au cours du développement. Ils confèrent une stabilité exceptionnelle à l'expression des caractères en neutralisant les variations par des effets de compensation[39]. S'il est impossible d'approcher les phénomènes de redondance par comparaison de moyennes, les changements de variabilité, quant à eux, sont de précieux instruments d'analyse de leurs effets ou leur manifestation.

Sans modification de la valeur moyenne, une distribution monomodale – typiquement caractérisée par une courbe en cloche – est susceptible de se transformer de trois façons différentes : elle peut s'uniformiser tout en restant monomodale (rétrécissement de l'empattement de la courbe en cloche, cas I), se diversifier tout en conservant sa structure

---

[37] Voir fig. 5, Amzallag *et al.*, 1995. Pour cette analyse, la variabilité est quantifiée comme une différence de CV, dans le même génotype, entre une population témoin et une population exposée au prétraitement inducteur. Cette expression de la variabilité induite réduit au maximum la variabilité résiduelle et ses fluctuations d'un génotype à l'autre.

[38] Voir fig. 1, Amzallag *et al.*, 2005.

[39] Wagner, 2000 ; Wagner, 2005.

monomodale (élargissement de la base de la courbe en cloche, cas II), ou encore se transformer en une distribution plurimodale (élargissement de la base et disparition de l'allure générale de courbe en cloche, cas III).

Pour entrevoir la signification de ces transformations dans un contexte de régulations redondantes, prenons l'exemple d'une double chaîne métabolique (A et B) aboutissant à la synthèse du composé C, dont la concentration représente le caractère mesuré (fig. 1.3). Schématisé ici de façon très simpliste, ce cas n'est pas du tout hypothétique. De nombreux processus métaboliques sont construits sous forme de réseaux aux interactions et interférences multiples[40].

Dans une situation optimale, les deux voix métaboliques sont régulées de façon indépendante par C et par les métabolites d'entrée (X_A et X_B). Comme il n'y a aucune raison de supposer une équivalence dans leurs régulations, ces deux voies contribuent spontanément de façon inégale à la production de C. Ce sont ici les correspondances *ab* et *ba* entre les deux voies de régulation qui génèrent l'allure monomodale de la distribution du caractère C. L'uniformisation de la population (cas I) se rencontre lorsque le facteur testé stimule préférentiellement la *même voie métabolique* chez tous les individus de la population. Au contraire, l'augmentation de variabilité autour d'un même point d'équilibre (cas II) se rencontre lorsque le facteur testé stimule préférentiellement l'une des deux voies, mais de façon non pré-établie. Dans ce cas, le facteur testé ne fait qu'amplifier une différence qui existait intrinsèquement entre les deux voies, mais de façon non-conditionnée pour l'ensemble de la population.

Comme la concentration de C est déterminée par les boucles de régulation a' et b' (fig. 1.3), il serait logique de penser que des changements dans les flux relatifs des voies a et b induisent un changement dans la moyenne. Mais ce cas ne se rencontre que lorsque les interférences *ab* et *ba* entre les deux voies se trouvent réduites par l'effet du traitement au point de ne pas pouvoir compenser les différences de flux. Sinon, la comparaison de moyennes ne laisse rien transparaître. L'émergence d'une plurimodalité (cas III) sans modification de la valeur moyenne se produit lorsqu'il s'installe également une asymétrie entre les flux symbolisés par les flèches *ab* et *ba*.

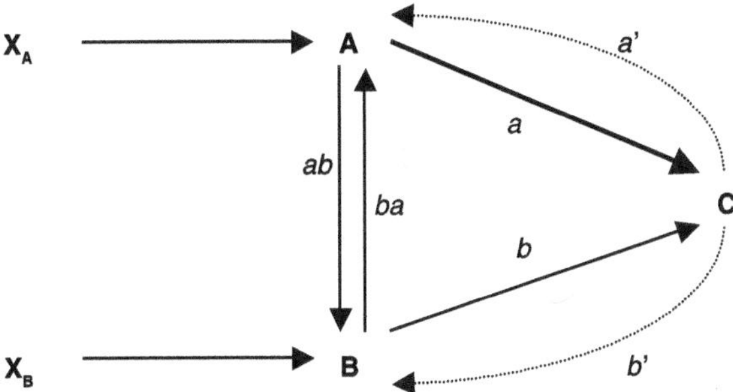

Figure 1.3. Schéma d'interactions dans un processus redondant de régulations et/ou de transformations. X_A et X_B : métabolites d'entrée. A et B : précurseurs du produit final C ; ab et ba : voies de conversion de A en B et réciproquement ; a et b : voies de synthèse de C ; a' et b' : voies de rétroaction de C sur ses précurseurs.

---

[40] Fell, 1997 ; Igamberdiev, 1999.

Ces quelques considérations permettent, par exemple, d'appréhender le mode d'action des BRs dans le gravitropisme de la racine de pois (fig. 1.2) : il existerait deux voies parallèles de stimulation de la réponse de la racine mettant chacune en jeu un mécanisme plus ou moins rapide de courbure, la première des deux voies exprimée éliminant l'effet de l'autre. Dans ce cas, l'effet des BRs serait l'annulation de l'inhibition de la réponse rapide par la réponse lente. Si l'effet biologique défini par un changement statistiquement significatif dans la valeur moyenne exprime une réduction du niveau de redondance, il est probable que la focalisation sur les changements dans la valeur moyenne conduit à une représentation non pas simplifiée, mais bien *erronée* de la réalité.

L'effet silencieux

Le changement de moyenne, lorsqu'il est statistiquement significatif, correspond souvent à la rupture de la redondance originelle, la transformation d'un réseau en une chaîne de régulation. Il est bien évident que de telles situations se produisent spontanément dans le vivant. Mais dans beaucoup de cas, la comparaison de moyennes ne montre aucune variation statistiquement significative et le changement de variabilité est la seule réponse mesurable à la suite d'un stimulus. C'est ce que j'appellerai ici « l'effet silencieux ».

Ainsi par exemple, les BRs appliquées à des concentrations de 0,1 à 10 nM ne modifient pas de façon significative le rapport entre les deux types de racines (adventives et séminales) chez le sorgho. On est donc porté à conclure que les BRs n'ont aucune influence sur l'allocation des ressources entre ces deux organes. Mais c'est là ignorer les changements induits par le traitement aux BRs dans la variabilité : le CV augmente considérablement après application de 0,1 nM BRs, alors qu'il diminue après addition de BRs à 1 et 10 nM[41]. Il y a donc ici un effet silencieux. Il suffit de changer le sens des flèches dans la figure 1.3 pour le représenter, puisque les deux types de racines dépendent pour leur croissance des mêmes ressources produites par les parties aériennes. Ainsi, l'étude de la variabilité révèle que les BRs jouent d'une façon très subtile sur les relations source-puits entre tiges et racines. À faible concentration (0,1 nM), ils accentuent l'asymétrie de distribution des tiges vers les deux types de racines, mais ils imposent ensuite (à partir d'une concentration de 1 nM) un mode de relation stabilisé[42]. Les BRs n'exercent une influence sur le rapport tige/racine qu'à partir d'une concentration de l'ordre de 10 nM. Or cette concentration est très éloignée de la concentration physiologique (sauf exception, les concentrations de BRs mesurées dans les tissus végétaux sont généralement en deçà de 0,1 nM). Il semble donc que l'effet sur la moyenne reflète une linéarisation des processus de contrôle, qui est ici probablement un *artefact*[43]. C'est donc en fait l'influence silencieuse sur le CV qui révèle ici le véritable mode d'action des BRs.

On pourrait penser que de tels résultats tiennent au fait que les BRs sont des substances informatives relativement atypiques. Mais de semblables phénomènes sont

---

[41] Amzallag, 2001b.

[42] Ce point est confirmé par l'effet sur le rapport tige/racine, puisque la réduction du CV observé dans le tableau 1.1, montre là aussi une constriction des relations source-puits autour d'un même point d'équilibre.

[43] Du fait que seules les différences significatives entre valeurs moyennes sont prises en considération, le seuil de concentration auquel on observe un changement dans la moyenne n'est cependant pas interprété comme artéfact. Si la concentration utilisée n'est pas physiologique, on suppose alors *nécessairement* que les tissus concernés ne sont en contact en fait qu'avec une faible proportion de l'hormone administrée.

également observables en réponse à des substances informatives considérées comme beaucoup plus « classiques ». Prenons l'exemple de la réponse à l'addition de gibberellines (GAs) sur la concentration en Na des tissus aériens de plantes de sorgho exposées à un traitement inducteur de l'adaptation au sel.

Pour comprendre l'effet des GAs sur l'accumulation de Na dans les tissus, il est tout d'abord nécessaire de prendre en considération les discontinuités qui se manifestent durant le processus d'adaptation, elles-mêmes révélées par une étude de la variabilité. Trois périodes se distinguent alors nettement : une première période de 10 jours (période I, début du traitement à 150 mM de sel) durant laquelle l'exposition au sel ne provoque pas encore d'individuation. Une seconde période de 10 jours (période II) où s'exprime le processus d'individuation, et enfin une troisième période de 10 jours (période III) durant laquelle le processus d'individuation est achevé, et où les plantes montrent une augmentation de tolérance au sel.

La comparaison de moyennes indique une absence d'effet des GAs sur la concentration des ions Na^+ dans les tissus aériens, du moins durant les deux premières périodes. Cependant, une baisse statistiquement significative est observée durant la troisième période (tabl. 1.1). Ce niveau d'analyse des résultats porte à conclure que les GAs n'agissent qu'à partir de la troisième période, ce qui est difficilement compréhensible du fait que cette période se situe dans le prolongement de la phase d'individuation (période II).

Par contre, on observe que les GAs induisent un effet silencieux, marqué par une baisse du CV dès la seconde période, avant même que tout changement dans la moyenne ne soit visible (tabl. 1.1). L'effet des GAs s'inscrit donc dans une continuité entre la deuxième et la troisième période, comme on pouvait l'attendre au vu de la dynamique du processus d'individuation.

En outre, l'analyse du CV révèle ici une véritable discontinuité de comportement entre la première et la seconde période. Au cours de la première période, l'éclatement de la variabilité suggère que les GAs amplifieraient une situation d'individualité initialement présente chez ces plantes. Par contre, dès la deuxième période, ces mêmes composés interviendraient dans la stimulation préférentielle d'un des deux modes de régulation osmotique (Na-excluder ou Na-includer), d'où la baisse de variabilité

Tableau 1.1 Effet des gibbérellines (GAs) sur la concentration en Na dans les parties aériennes de plantes de sorgho en fonction du temps d'exposition à 150 mm de NaCl. Les plantes sont traitées pendant 10 jours aux GAs (période I : jours 8-18 ; période II : jours 18-28 ; période III : jours 28-38). Les moyennes et CV pour chaque traitement sont donnés en pourcentage des valeurs obtenues pour la population contrôle (non-traitée et mesurée en parallèle).

Concentration en GA	Période					
	I		II		III	
	Moyenne	CV	Moyenne	CV	Moyenne	CV
1 nM	112	228	139	68	57*	76
10 nM	138	695	101	39	67*	64
100 nM	112	319	82	61	55*	61

* Différence significative (P < 0,05, t-test) entre la valeur moyenne du traitement et de la population contrôle.
Source : Amzallag, 2001a.

observée. Tout comme pour les BRs, l'étude de la variabilité fait donc apparaître des effets insoupçonnés des GAs.

Effets directs et indirects

Si la recherche systématique d'un effet sur la moyenne peut conduire à des conclusions erronées, moyenne et CV restent bien sûr foncièrement complémentaires dans l'investigation d'un phénomène. C'est particulièrement le cas lorsqu'on observe une inversion de réponse à un facteur. Je prendrais pour exemple l'effet des BRs sur la croissance des racines adventives de *Vigna radiata* exposées au sel[44]. On observe une stimulation de la croissance à 20 nM de BRs, et une inhibition après exposition à 500 nM BR[45]. Cette discontinuité suggère que la réponse aux BRs est une combinaison d'au moins deux effets, l'un stimulant et l'autre inhibiteur. En considérant conjointement moyenne et CV, il devient possible de séparer ces deux effets. Plus l'action des BRs sur la croissance est direct, et plus on peut s'attendre à une réduction de la variabilité autour de la valeur moyenne. L'analyse montre en effet que les racines, dont la croissance est la moins inhibée, sont justement celles pour lesquelles la valeur du CV est la plus faible, aussi bien lorsque la concentration de BRs appliquée induit une inhibition (500 nM), qu'une activation (20 nM)[46]. Un effet activateur s'exprime donc aux deux concentrations, et ce malgré l'inhibition globale révélée par le calcul des valeurs moyennes. On peut en déduire que deux effets se superposent donc ici : un effet activateur *direct* (révélé par le sens de la relation entre moyenne et CV), et un effet inhibiteur *indirect* (révélé par la comparaison de moyennes) inhérent à l'exposition à une forte concentration. Dans ce cas, l'effet inhibiteur observé à haute concentration (bien au-delà des concentrations physiologiques) est un artéfact expérimental qui masque un effet activateur des BRs à toutes les concentrations, chose que la comparaison de moyenne ne saurait révéler.

La connectance, une quantification des réseaux d'interaction

Dans son analyse de la démarche scientifique, Poincaré détaillait le processus de généralisation comme une réduction du nuage de points à une fonction simple. Cette extrapolation, jadis intuitive, fut formalisée par les biométriciens au moyen du calcul de la *régression*. La quantification du degré de représentativité de la fonction par rapport au nuage de points fut exprimée par le coefficient de corrélation, *r*, de la régression. Mais tout comme dans le cas du CV, il est aussi possible de se servir du coefficient de corrélation en tant qu'indicateur d'une réalité biologique.

---

[44] Ces racines normalement inexistantes sont formées sur l'hypocotyle de jeunes plantules à la suite de l'excision de la racine séminale. Il se forme plusieurs dizaines de petites racines toutes de même origine histologique et toutes plus ou moins du même âge, si bien qu'il est aisé, une fois ces racines apparues, de mesurer l'effet des BRs sur une grande quantité d'unités racinaires sur chaque individu.

[45] Voir tabl. 1, Amzallag, Goloubinoff, 2003.

[46] Voir fig. 5, Amzallag, Goloubinoff, 2003.

L'approche quantitative de la régression

Le parallélisme dans les variations de deux séries de données offre une possibilité de *prédiction* de l'une par l'autre, à partir d'une valeur seuil du coefficient de corrélation. Mais le coefficient de corrélation est aussi un révélateur de l'intensité du lien existant entre ces variables.

Bien entendu, cette indication est très relative, parce que la proportionnalité entre deux séries de variables ne démontre en aucune façon l'existence d'un lien de causalité directe entre les variables. À l'inverse, des liens de causalité peuvent exister entre deux variables sans toutefois être révélés par la corrélation dans le cas où se manifeste un très fort niveau d'individualité dans la population.

En dépit de ces restrictions, les régressions représentent un précieux outil d'investigation du réseau de relations entre variables et même de ses fluctuations. Par exemple, comme l'a montré Berg au début des années 1960, les variables mesurées sur des fleurs pollinisées par les insectes (fleurs dites entomophiles) sont plus fortement liées entre elles que leurs homologues déterminées sur des fleurs pollinisées par le vent (fleurs dites anémophiles)[47]. Berg interpréta cette différence au nom d'une exigence de stabilité anatomique chez les fleurs pollinisées par les insectes. Selon lui, c'est le haut niveau d'interactions dans la morphogenèse des différentes pièces des fleurs entomophiles qui serait responsable de cette stabilité. Cette conclusion est intéressante à plusieurs égards. Tout d'abord, Berg suggère que les coefficients de corrélation reflètent une réalité biologique, à savoir les interactions régulatrices existantes durant l'émergence des différentes pièces florales. Ensuite, il énonce que la stabilité dans la morphogenèse dépend du niveau global de cohérence, tel qu'il est exprimé par les coefficients de corrélation entre variables mesurées. Cela sous-entend que la canalisation dans le développement est une propriété d'ensemble, liée à la forme du réseau de régulation et à l'intensité des liens qui le génèrent.

Outre les modélisations récentes relatives aux conditions de stabilité d'un réseau, pratiquement rien n'a été fait pour approfondir la voie ouverte par Berg. Cette carence tient en partie à l'impossibilité de quantifier, même grossièrement, l'intensité des liens mis en évidence par les coefficients de corrélation. En effet, ces coefficients n'obéissent pas à une distribution normale, parce que l'intervalle de variation de r se rétrécit près des valeurs limites de 1 ou -1. Par conséquent, la différence entre deux valeurs de r proches de 1 n'est pas équivalente (en terme de dispersion des points autour d'une fonction de régression) à la même différence obtenue entre deux valeurs éloignées de 1. On ne peut donc manipuler les r comme de simples paramètres afin de comparer les « gains » ou « pertes » d'intensité de liaison.

Pour reprendre l'exemple précédent, il est impossible d'exprimer le degré de « corrélation globale » d'une pièce florale par rapport à toutes les autres par la moyenne des coefficients r de la pièce florale en question avec les autres[48]. Par contre, il est possible de transformer en z les coefficients r selon la formule :

$$z = 0{,}5 \times \mathrm{Ln}\,[(1+r)/(1-r)]$$

Ces valeurs de z ainsi calculées suivent une distribution quasi-normale, *si bien qu'elles peuvent être considérées comme de véritables variables*. Il devient alors possible

---

[47] Berg, 1960.

[48] Il est toujours possible de se servir du coefficient r calculé sur une corrélation multiple, mais il apparaît alors d'autres problèmes inhérents à la dépendance de certains axes vis-à-vis des autres.

de vérifier si, dans certains cas, la valeur absolue de cette transformation en z (quantifiant l'intensité des liens) s'investit d'une signification biologique.

Sens des faibles valeurs de *r*

Dans l'approche qualitative des statistiques, le coefficient de corrélation ne sert qu'à déterminer si la fonction de régression est ou non représentative du nuage de points. C'est donc par rapport à une valeur seuil de représentativité de la corrélation (valeur limite de r, correspondant généralement à une probabilité $P<0,05$), et de façon purement binaire, que le coefficient de corrélation revêt une signification. Par contre, dans le cas où r, après transformation en z, devient un paramètre biologique, alors toutes les valeurs deviennent importantes, et ce *indépendamment d'un quelconque seuil de représentativité*.

Pour illustrer ce point, revenons à l'exemple des dix populations sauvages d'*Origanum dayi* précédemment mentionnées. Après avoir mesuré la quantité de matière organique dans le sol de chacune des dix stations, il devient possible de calculer le coefficient de corrélation entre le taux de matière organique du sol et la valeur moyenne (calculée sur la base de toutes les plantes de la station) de chacun des 22 composés principaux de l'huile essentielle.

Selon l'approche traditionnelle de la régression, ce calcul permet d'identifier les composés dont l'accumulation est significativement influencée par le taux de matière organique du sol[49]. Ce cas s'observe pour trois des 22 composés (l'alpha-pinène, le bêta-pinène, et le E-sabinène hydrate). On peut en conclure que le métabolisme de ces trois composés est, d'une manière ou de l'autre, conditionné par la quantité de matières organiques dans le sol[50]. En corollaire, le métabolisme des 19 autres composés volatils est regardé comme insensible, du moins dans l'intervalle de variation de matières organiques ici mesuré. Cette approche conduit à focaliser l'investigation sur la nature du lien existant entre ces trois composés et la quantité de matières organiques dans le sol, au moyen d'expériences et d'outils d'analyse plus précis.

En ce qui concerne le métabolisme secondaire des populations d'*Origanum dayi*, nous avons déjà observé qu'une grande partie du CV intra-populationnel ne reflétait pas une simple diversité génétique du caractère considéré, mais en fait sa *canalisation* (que l'on peut quantifier en tant qu'inverse de la moyenne des CV intra-populationnels du composé volatil considéré). Il devient alors possible de tester l'hypothèse de Berg, à savoir s'il existe réellement un lien entre l'influence de la matière organique sur la représentation moyenne d'un composé volatil dans chaque station (quantifiée par la transformation en z du coefficient de corrélation r ici calculé) et sa canalisation (quantifiée par la variabilité intra-station). En comparant le CV moyen de chaque composé volatil avec la valeur z correspondante[51], une corrélation hautement significative apparaît ($P<0,001$).

---

[49] Ce cas correspond à un coefficient r dont la valeur absolue se situe au-dessus du seuil de signification de 0,632, $P<0,05$ pour 8 df (degrés de liberté).

[50] Cette relation peut se comprendre par le fait que les matières organiques du sol, et en particulier les acides humiques, représentent des chélatants piégeant les ions ferreux et ceux d'autres métaux, eux-mêmes impliqués dans le fonctionnement de certaines enzymes du métabolisme. La quantité de matières organiques du sol reflète en fait la disponibilité de ces ions dans le sol, pour les plantes.

[51] Calculée sur la base du coefficient r entre la représentativité moyenne du composé dans les plantes d'une station et le taux de matières organiques qui se trouve dans le sol de cette station.

Celle-ci ne résulte pas uniquement de la position des coordonnées des 3 composants pour lesquels la valeur de *r* révèle une corrélation significative. *Ce sont toutes les valeurs de z qui s'alignent de façon cohérente sur un tel graphe*[52]. Cela révèle que les valeurs de *z* peuvent servir à mettre en évidence un phénomène biologique, et ce indépendamment du seuil de signification de la corrélation. Dans le cas présent, il apparaît que les matières organiques présentes dans le sol conditionnent, *dans son ensemble*, le métabolisme secondaire générant les composés volatils. Cette conclusion n'a rien de très étonnant dans la mesure où le métabolisme secondaire est généralement organisé en un réseau d'interactions entre voies métaboliques.

Par l'usage des statistiques qualitatives, l'expérimentateur tend à réduire progressivement son champ (dans ce cas, la réduction de 22 à 3 composés) avant de prolonger l'investigation, alors que le contraire se produit le plus souvent au travers de l'approche *explorative* illustrée ici. Ainsi, les conclusions de l'expérience, mais également le type de questions se trouve conditionné par le mode, qualitatif ou quantitatif, d'approche de la régression.

Que l'on s'entende bien. Il ne s'agit ici pas d'inciter à abandonner une démarche au profit de l'autre, mais de prendre conscience de leur nécessaire complémentarité. Une approche purement qualitative conduit à une représentation réductionniste de la réalité. En lui adjoignant une approche quantitative, il devient possible d'élaborer une représentation à la fois précise et susceptible de prendre en compte les phénomènes d'ensemble propres aux systèmes biologiques, à ses diverses échelles d'organisation.

Plasticité développementale et relations inter-organes

La transformation en *z* des coefficients de corrélation permet de calculer la « *connectance* » d'une variable, c'est-à-dire la valeur moyenne de l'intensité de ses relations avec les autres variables (exprimées en valeurs absolues de z), ou encore la connectance globale du système observé (moyenne de la valeur absolue de tous les *z*). Dans ce cas, la connectance reflète la structure du réseau de relations entre unités biologiques homologues (individus, organes, cellules, organites, protéines, molécules, etc.). Sa valeur est influencée par le degré de ramification, de redondance du réseau, ou encore l'intensité des relations entre unités. Ce point peut être mis en évidence par l'analyse de l'effet des facteurs de croissance. Ainsi, la connectance inter-organes (mesurée sur la base des relations entre tige, racines adventives et racines séminales) augmente chez le sorgho en réponse à des doses croissantes de BRs[53]. Comme pour ce qui est observé au niveau du CV, le calcul de connectance révèle ici un effet silencieux : le changement d'intensité des liens entre organes après addition de 0,1 nM BR, soit bien avant une quelconque modification de la valeur moyenne des variables (décelable après traitement à 10 nM). Une influence similaire sur la connectance est également observée après application de CKs ou de GAs[54]. En réalité, une telle situation n'a pas vraiment de quoi étonner. Si le réseau de régulations est organisé de façon redondante, alors on peut s'attendre à ce que l'addition d'hormones affecte la structure de la redondance avant même de modifier la valeur moyenne. L'effet d'une hormone conduisant à une modification de la moyenne est-il la

---

[52] Voir fig. 3, Amzallag *et al.*, 2005.

[53] Voir tabl. 5, Amzallag, 2001b.

[54] Voir tabl. 2 et 3, Amzallag, 2001c.

véritable réponse physiologique, ou bien n'est-il que le résultat d'un artefact, la destruction du réseau de régulations par l'application d'une dose trop forte d'hormone ? Il est impossible de le savoir tant que l'effet sur la connectance n'est pas pris en compte.

Si la connectance permet bien d'approcher le réseau de relations régulant l'expression d'un caractère, alors il existe probablement un lien entre la connectance et le CV d'un caractère, c'est-à-dire la mesure de sa canalisation. Comparons la connectance et le CV pour une série de caractères de fin de cycle mesurés sur des populations homogènes de sorgho (descendant chacune par autofécondation d'un seul parent) exposées au même milieu. Une relation non-linéaire, en forme de V, apparaît sur le graphe. La canalisation maximale d'un caractère (les valeurs du CV les plus faibles) correspond à une valeur intermédiaire de la connectance (autour de 0,5), tandis qu'un fort CV, reflétant une faible canalisation (soit encore une forte influence du milieu sur l'expression du caractère) s'observe pour de faibles ou très fortes connectances[55]. Ce résultat correspond au fait qu'une faible canalisation (forte influence des perturbations diverses dans l'expression d'un caractère) se manifeste dans deux cas distincts : une faible connectance (isolement de la régulation du caractère par rapport au réseau), ou une très forte connectance (réorganisation du réseau autour d'un seul et unique facteur chapeautant l'ensemble)[56]. Dans les deux cas, l'expression du caractère devient conditionnée par un nombre minimum de facteurs, eux-mêmes influençables par les diverses variations susceptibles de perturber son expression. C'est pourquoi le seul examen de la connectance ne permet pas de conclure quant à l'architecture du réseau. C'est l'analyse combinée des variations du CV et de la connectance, dans la réaction du système face à une perturbation, qui offre la possibilité d'évaluer l'architecture du réseau et ses propriétés dynamiques.

Connectance et héritabilité

Si une faible ou une très forte connectance traduit l'absence (ou encore la perte) de redondance dans la régulation de l'expression d'un caractère, alors une situation de contrôle génétique direct devient théoriquement possible. Par contre, ce type de régulation est beaucoup plus difficile à concevoir pour un caractère dont la connectance a une valeur intermédiaire, c'est-à-dire lorsque le degré de redondance et de canalisation sont particulièrement élevés. Dans un tel cas, les modifications d'amplitude restreinte dans une des voies de régulation n'ont aucun effet sur l'expression du caractère.

Ainsi, la nature du réseau de régulation de l'expression d'un caractère permet une dualité de contrôle, soit génétique (dans le cas de très fortes et faibles connectances), soit par le réseau de régulation lui-même (dans le cas de connectances de valeur intermédiaire).

Il est impossible aujourd'hui d'estimer quelle est la part réelle du contrôle génétique dans l'expression des caractères, parce que la dualité dont il est ici question est systématiquement réduite à une seule dimension (génétique), entre autres par la non-prise en compte de la connectance des réseaux de régulation.

La régulation par contrôle génétique se transmet d'une génération à l'autre de façon beaucoup plus fiable qu'un réseau d'interactions mis en place et remanié au long du

---

[55] Voir fig. 2, Amzallag, 2000a.

[56] Ceci est décrit dans l'article de Amzallag (2001b) en tant transition entre un *Network-like system* (NELI) et un *Deterministic unidimentional cause-effet system* (DUCE).

développement. Ceci invite à examiner s'il existe une relation entre connectance et héritabilité. De fait, l'analyse menée sur les caractères de fin de cycle du sorgho révèle une corrélation négative significative entre l'héritabilité d'un caractère et sa connectance[57]. Cette observation confirme que le phénotype ne résulte pas seulement de l'expression d'un génotype (dans lequel les signaux de l'environnement sont perçus), mais encore du mode de régulation (linéaire ou redondant) de l'expression d'un caractère, *et ce de façon plus ou moins indépendante*. Ce point est important à considérer du fait que le mode de contrôle, génétique ou auto-organisé, d'un caractère en conditionne les possibilités d'évolution, et détermine le degré d'adaptabilité de cette transformation.

L'émergence d'une nouvelle réalité

La vision linéaire développée par le mode usuel d'investigation a conditionné la recherche vers l'identification de mécanismes prenant naissance dans l'expression d'un ou de plusieurs gènes. Et dans ce contexte, il n'y a aucune place pour un axe *autonome* représentant les réseaux de régulation. Mais imaginer que les réseaux de régulation, avec leurs redondances multiples, sont sous contrôle génétique revient à supposer l'existence de gènes spécifiques contrôlant chaque relation, en direction comme en intensité. Non seulement le nombre de gènes requis dépasse, et de loin, le nombre de fonctions exprimées par le génome, mais encore leur évolution est incompréhensible dans une perspective darwinienne, c'est-à-dire de sélection sur la base de variations pré-existantes et apparues de façon aléatoire. En effet, comment imaginer un mode darwinien d'évolution de gènes codant pour des voies parallèles, alors que la redondance contrecarre toute possibilité de les sélectionner de façon spécifique ?

Si la mise en place du réseau de régulation ne découle pas directement de l'expression génétique, se pose alors la question de son origine. Or celle-ci n'est concevable qu'en dehors d'une représentation linéaire du développement.

L'idée d'un changement de phases s'opérant durant le développement est relativement bien accepté aujourd'hui. Mais l'étude des discontinuités se focalise principalement sur le mode d'expression génétique propre à chaque phase. C'est pourquoi les discontinuités dans le développement sont justifiées en invoquant un changement *ad hoc* dans le programme génétique exprimé. Par contre, une approche fondée sur l'étude de la variabilité invite à appréhender l'émergence d'une nouvelle phase en tant que fruit des remaniements adaptatifs du réseau de régulations, phénomène se manifestant durant une période critique.

Par sa stabilité relative, un réseau de régulation peut tout au plus évoluer vers une hiérarchisation plus ou moins grande des facteurs en présence. Mais même lorsque l'intensité de chaque voie de régulation est modifiée, l'architecture globale du réseau se trouve préservée. De ce fait, il est difficile d'imaginer qu'un réseau *harmonieux* de régulation puisse se mettre en place (ou encore se modifier) par branchements successifs de voies indépendantes de régulation. En effet, dans un contexte de réseau, le « branchement » d'une nouvelle voie se trouve systématiquement conditionné par l'existence des voies précédentes. Or cette réalité conduit non pas à une situation de redondance, mais

---

[57] La corrélation négative entre héritabilité et connectance d'un caractère est représentée en fig. 1 de l'article de Amzallag, 2000a.

bien à une hiérarchisation. Pour cette raison, on est en droit de supposer que l'émergence d'un réseau intégré de régulations, ou encore sa modification (comme celle imposée par l'émergence d'un nouveau type d'organes), sont des *phénomènes d'ensemble.*

Si le réseau de régulation se trouve brusquement interrompu à un moment donné du développement, alors une baisse de connectance entre organes en croissance doit pouvoir s'observer à ce moment.

Il est difficile de mettre en évidence un tel changement par la mesure de corrélation entre poids des différents organes, parce que les modifications se produisant sur un faible intervalle de temps n'y laissent que peu de traces visibles. Par contre, l'expansion foliaire, s'effectuant sur un bref intervalle de temps, est un indicateur sensible, susceptible de rendre compte des brefs changements dans les régulations. Par exemple, chez le sorgho, il est possible de calculer la corrélation entre la taille de la gaine des feuilles successives et le poids de la plante à un jour donné. Si la croissance était un phénomène continu, alors on devrait observer une corrélation d'intensité croissante entre la taille de la gaine et le poids de la plante au fur et à mesure que l'on considère des feuilles les plus récemment développées. Mais en réalité, on observe que la connectance baisse progressivement de la 3e à la 5e feuille, pour remonter ensuite à la 6e et à la 7e feuille[58]. Cela implique qu'il existe un moment, celui de l'émergence de la 5e feuille, durant lequel la croissance est relativement *déconnectée* des événements ultérieurs. Cette observation appuie l'idée qu'une discontinuité dans la régulation de la croissance peut se manifester au cours du développement[59].

L'événement observé durant l'émergence de la 5e et 6e feuilles correspond justement à une phase où, chez le sorgho, les racines adventives deviennent l'appareil racinaire principal de la plante[60]. Peu avant l'émergence de la 5e feuille, l'ensemble du réseau de relations semble se défaire pour se reconstituer à partir de l'expansion de la 6e feuille[61]. Observé sur des plantes exposées à des conditions optimales, ce phénomène semble inhérent au développement normal. Il témoigne de la refonte de l'ancien réseau de régulation (parties aériennes et racines séminales) inhérent à l'intégration d'un nouveau type d'organes (les racines adventives). Cette intégration coïncide justement avec la période d'adaptation au sel[62]. L'augmentation induite de tolérance ne serait que le produit de l'intrusion de facteurs perturbateurs supplémentaires (en l'occurrence le NaCl) dans un processus d'adaptation de la plante à une perturbation endogène (l'émergence de racines adventives) générée par son propre développement[63].

---

[58] Voir fig. 2, Amzallag, 2001a.

[59] Ce phénomène est même amplifié par l'addition de BRs dans le milieu, suggérant que ces hormones sont impliquées dans l'expression de cette non-linéarité dans la régulation de la croissance (Amzallag, 2004a).

[60] Elles représentent à ce moment près de 20 % du poids total des racines.

[61] Pour s'en convaincre, il suffit de comparer la connectance mesurée entre les parties aériennes et les racines adventives avec la connectance des feuilles (calculée comme la relation entre la taille du limbe et celui de la gaine foliaire). On observe alors une baisse temporaire de connectance entre la régulation tige/racines adventives et la 5e feuille (voir fig. 3, Amzallag, 1999b). Ce résultat, obtenu par comparaison sur 11 génotypes de sorgho, confirme l'indépendance temporaire des différents processus de régulation de la croissance durant l'émergence de la 5e feuille.

[62] En effet, l'émergence de la 5e feuille (correspondant plus ou moins au 15-17e jour suivant la germination), se situe exactement à la fin de la « première phase » du processus d'adaptation, c'est-à-dire un peu avant l'expression de l'individuation et du changement de sensibilité des tissus aux régulateurs de croissance.

[63] Cette idée est développée dans l'article de Amzallag 2002b.

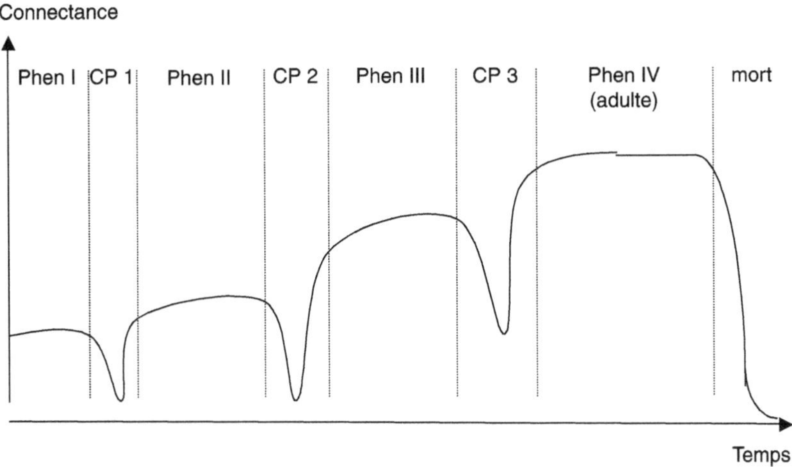

Figure 1.4. Représentation schématique du développement en fonction des variations de connectance entre organes. Phen : phénophase. CP : période critique. Ne sont ici schématisées que trois phases critiques alors qu'il en existe probablement bien plus entre la cellule œuf et l'état adulte (dans lequel la dynamique ne s'interrompt probablement jamais).

Confirmée par certaines observations[64], cette interprétation conduit à une représentation dans laquelle l'échelle de temps propre au développement n'est plus continue. On y découvre un processus composé de périodes de stabilité (les *phénophases*) durant lesquelles un réseau de régulation régit les relations entre entités, et de *périodes critiques* durant lesquelles s'opère une restructuration de ces réseaux de régulation conduisant à leur auto-réémergence (fig. 1.4).

Cette réalité est généralement éludée parce que le fort degré de redondance des régulations biologiques masque l'expression des processus auto-organisés, et parce que la variabilité est une dimension négligée de l'étude des organismes. Or pour mettre en évidence une période critique, il est nécessaire d'appliquer à un moment précis une perturbation susceptible par son intensité de conditionner le devenir du système, phénomène qui se traduit avant tout par une augmentation du niveau d'individualité.

Le processus ici décrit n'est probablement pas restreint au cas des graminées, ni même à celui des végétaux. Si la période végétative décrite ici est bien l'homologue de la phase embryonnaire et larvaire chez les animaux, alors les résultats présentés ici sont potentiellement généralisables à l'embryogenèse et à son contrôle. Dans ce cas, les systèmes biologiques seraient rythmés par l'alternance entre périodes critiques et périodes de

---

[64] On observe des anomalies sur la 5ᵉ feuille des plantes exposées en cours d'adaptation au sel. Ces malformations s'observent également sur les 2-3 feuilles suivantes, mais avec une fréquence et une intensité moindre (Amzallag *et al.*, 1993). La capacité des différents génotypes à s'adapter au sel est proportionnelle à leur propension à exprimer ce type de malformations durant la période de maturation (voir fig. 3, Amzallag *et al.*, 1993). Il semble que ce phénomène résulte de la disparition temporaire des réseaux de régulations qui assurent une harmonisation des processus inhérents à la morphogenèse et à l'expansion des feuilles (Amzallag, 1999b). Cette relation observée entre plantes non-exposées au sel et la capacité d'adaptation confirme le lien existant entre adaptation et développement normal.

stabilité[65]. Il semble même possible d'extrapoler cette dynamique à la réaction de cellules à un changement dans le milieu. La non-linéarité de la réponse permet alors d'entrevoir des phénomènes adaptatifs actuellement inexplicables autrement que par l'invocation de mutants surgis au hasard et sélectionnés par le milieu pour leurs performances[66].

L'alternance entre phénophases et périodes critiques invite également à relativiser la notion d'information. Au cours d'une phénophase, une faible perturbation est neutralisée par les processus redondants propres aux réseaux de régulations. Par contre, elle sera perçue comme une information fondamentale durant la phase de connectance minimale (cette phase d'hypersensibilité aux conditions extérieures qui représente le « cœur » de la période critique), puis progressivement comme une information d'ordre secondaire durant l'émergence du nouveau réseau (la phase d'individuation progressive). D'un point de vue informationnel, le système se referme progressivement aux informations extérieures au fil de l'élaboration d'une phénophase, alors qu'il s'y ouvre temporairement durant l'expression d'une période critique. En biologie, l'information n'est donc pas une notion absolue.

Au nom de cette « relativité », l'expression de gènes revêt un sens nouveau. Le haut degré de contrôle de l'expression génétique, aussi bien dans le temps, dans l'espace que dans l'intensité, devient un moyen de créer des conditions initiales particulières durant les périodes critiques, soit encore d'augmenter le taux de prédictibilité de certains processus auto-organisés. Mais cela ne signifie pas pour autant que ces gènes « contiennent » l'information propre à coder les détails du processus induit. La preuve en est que certaines perturbations physiques expérimentalement provoquées peuvent servir d'inducteur de différenciation (et mimer ainsi des processus normalement sous contrôle endogène), si elles sont introduites à un moment précis du développement. C'est également pourquoi l'expression de certains gènes durant des périodes critiques est à même de revêtir une signification morphogénétique, même si, durant une phénophase, ces mêmes gènes codent pour des protéines n'ayant aucun rapport avec un phénomène d'induction.

La grande prédictibilité du développement résulte d'un côté du contrôle de l'expression des gènes durant les périodes critiques, et de l'autre des capacités auto-adaptatives susceptibles de compenser les irréductibles variations inhérentes à l'expression de processus auto-émergents. Ceci permet de comprendre en quoi la stabilité du développement est si grande malgré la variabilité génétique inhérente à une espèce. Mais cela permet également de comprendre pourquoi l'individuation, quand elle est observée, est si intimement liée à l'adaptation.

Pour un retour au choix épistémologique

L'approche de la variabilité, non pas en tant que bruit indésirable mais en tant qu'expression d'une réalité biologique, ouvre des horizons encore complètement inexplorés. Tout d'abord, elle invite à distinguer entre variabilité isotrope et plurimodalité. Ensuite, elle incite à vérifier en quoi la plurimodalité reflète un processus d'individuation. Ces considérations invalident le plus souvent l'hypothèse d'un lien de causalité simple non seulement entre un facteur testé et une réponse observée, mais également entre un gène

---

[65] Zhirmunsky et Kuzmin, 1988.
[66] Amzallag, 2004b.

(ou une série de gènes) et un caractère. Elles révèlent également une nouvelle dimension, celle de l'auto-émergence, dans le déroulement des processus biologiques.

Bien entendu, tout reste à faire pour comprendre un tel phénomène. Pour cela, bien au-delà d'un simple constat d'existence révélé par l'observation de la variabilité, il est nécessaire de construire de nouveaux concepts, de nouvelles approches expérimentales et surtout de nouveaux outils d'analyse. Certes, une approche de l'individualité des réponses biologiques commence à poindre dans de nombreux domaines, depuis la psychologie[67] jusqu'aux analyses de sensibilité olfactive vis-à-vis d'un bouquet de molécules odorantes[68]. Certains biométriciens développent eux aussi, de leur côté, une approche exploratrice des statistiques[69]. Ces initiatives sont les indices de la recherche d'une méthode d'investigation plus fine et surtout plus fidèle à la réalité, mais elles ne conduisent pas encore à l'élaboration d'une alternative épistémologique cohérente. Dans ces conditions, on ne s'étonnera pas que les résultats et conclusions présentés ici soient encore très lacunaires. Ils ne forment que l'ébauche d'une approche d'un horizon encore largement inexploré, pour des raisons non seulement conceptuelles, mais encore pratiques[70].

L'exigence de prédictibilité imitée de la physique classique a introduit une simplification abusive des phénomènes observés. En vertu de critères de scientificité calqués sur l'approche ingéniérique, les biologistes ont postulé une stabilité du système expérimental qu'ils étudiaient, alors qu'une telle hypothèse aurait dû faire l'objet d'une vérification préliminaire systématique. Cette volonté d'imitation a également imposé une interprétation de la variabilité en tant que bruit isotrope dont l'expérimentateur recherche à tout prix à réduire l'amplitude. Enfin, elle a conduit à rejeter nombre d'expériences dans lesquelles la distribution des valeurs du caractère étudié n'était pas monomodale.

En première approche, ce choix épistémologique était tout à fait légitime. Mais il n'avait aucune raison de se maintenir au vu des résultats de l'expérimentation. Une pareille attitude a conduit à une représentation du vivant s'éloignant de la réalité biologique. Il n'est donc pas étonnant de constater que la « machine scientifique » dont parlait Poincaré soit complètement détraquée en ce qui concerne la biologie. La transformation du choix épistémologique en dogme a rendu impossible toute généralisation compatible avec la réalité. Elle a ruiné les espoirs de formuler une conceptualisation susceptible de conduire à de nouvelles prévisions. C'est pourquoi la généralisation initialement visée est *de facto* remplacée par une « canonisation » de certaines hypothèses, et ce au nom de leur cohérence avec les dogmes déjà en vigueur. Le tout élève une pyramide virtuelle des connaissances ayant pour socle le dogme darwinien.

Dans cette situation, il ne reste plus de réellement scientifique que la première étape du processus d'investigation, c'est-à-dire le passage de l'hypothèse à la vérification expérimentale. Et faute de cadre adéquat à la conceptualisation, les biologistes réitèrent à l'infini cette opération. Cette disproportion entre la masse des « observations » publiées

---

[67] Gottlieb, 2003.

[68] Munck *et al.*, 1998 ; Calvino *et al.*, 1996.

[69] Ledauphin *et al.*, 2004 ; Peres-Neto *et al.*, 2003.

[70] Il est en effet inutile aujourd'hui d'espérer obtenir des fonds pour une investigation focalisée sur la variabilité, autre que pour la résolution d'un problème pratique très restreint. La variabilité et sa signification biologique ne peuvent être étudiées que de façon annexe, aux heures « perdues ». La réflexion d'un biologiste sur la validité des méthodes utilisées dans son domaine ne peut faire l'objet d'un programme de recherche.

et une conceptualisation caricaturale (le plus souvent sous la forme de schémas fléchés) confère à la biologie moderne une allure très pré-scientifique. Et ce ne sont pas les méthodes employées en génie génétique, relevant bien plus de l'alchimie médiévale que de l'ingéniérie moderne, qui démentiront un tel constat.

Plus qu'un changement de paradigme, la reconnaissance d'une possibilité de *choix épistémologique* devient nécessaire, non pas au nom d'un *a priori* communément adopté mais en fonction de la réalité expérimentalement observée. En biologie, il me semble en effet que la question du choix épistémologique quant à l'appréhension de la variabilité en tant que bruit ou individualité se doit d'être posée à chaque étape de l'investigation. Cela implique le développement de nouveaux outils d'analyse. Mais cela exige également une nouvelle attitude scientifique, légitimant une approche dans laquelle l'interprétation des phénomènes est susceptible de se fonder sur une ségrégation des individus non pas en fonction des conditions initiales, mais *a posteriori*, en fonction de leur comportement durant l'expérience[71].

Certes, une telle démarche, avec toute l'incertitude qu'elle introduit durant l'analyse, ne s'accompagne pas du sentiment de plénitude typique de la vérification d'une hypothèse par l'expérience, selon un cheminement entièrement défini à l'avance. De plus, une quête qui ne cherche pas à définir à l'avance, et de façon absolue, l'ensemble de ses objectifs exige une somme colossale de travail et d'accumulation d'observations. Mais le jeu de la science ne consiste-t-il pas avant tout à se plier au verdict du réel ? Or celui-ci, en ce qui concerne le vivant, n'a pratiquement rien en commun avec les machines conçues par l'homme moderne. C'est du moins ce qui ressort de l'étude de la variabilité.

Références bibliographiques

AMZALLAG G.N., 1999a. Individuation in *Sorghum bicolor* : a self-organized process involved in physiological adapdation to salinity. *Plant Cell Environ.* 22, 1389-1399.

AMZALLAG G.N., 1999b. Adaptive nature of the transition phases in development : the case of *Sorghum bicolor. Plant Cell Environ.* 22, 1035-1042.

AMZALLAG G.N., 2000a. Connectance in *Sorghum* development : beyond the phenotype-genotype duality. *BioSystems* 56, 1-11.

AMZALLAG G.N., 2000b. Canalization as a non-genetic source of adaptiveness during development. *BioSystems* 57, 95-107.

AMZALLAG G.N., 2001a. Developmental changes in effects of cytokinin and gibberellin on shoot K and Na accumulation in salt-stressed sorghum plants. *Plant Biol.* 3, 319-325.

AMZALLAG G.N., 2001b. Data analysis in plant physiology : are we missing the reality? *Plant Cell Environ.* 24, 881-890.

AMZALLAG G.N., 2001c. Maturation of integrated functions during development. I. Modification of the meristem network during transitory periods in *Sorghum bicolor. Plant Cell Environ.* 24, 337-345.

AMZALLAG G.N., 2002a. Influence of critical periods in expression of adaptive plasticity : the dual response to nutrients in *Sorghum bicolor. Isr. J. Plant Sci.* 50, 87-93.

---

[71] Cette démarche, que l'on pourrait qualifier d'*analyse de facto* (de factum analysis) est développée dans l'article de Amzallag, 2000b.

AMZALLAG G.N., 2002b. The adaptive potential of plant development : evidence from the response to salinity. *In :* A. Lauchli and U. Luttge (eds.), *Salinity : Environment – Plant – Molecules*. Kluwer, The Netherlands, 552 p.

AMZALLAG G.N., 2004a. Brassinosteroids : a modulator of the developmental window for salt-adaptation in *Sorghum bicolor*? *Isr. J. Plant Sci.* 52, 1-8.

AMZALLAG G.N., 2004b. Adaptive mutations in bacteria : a consequence of non-linear changes in chromosome topology ? *J. Theoreti. Biol.* 229, 361-369.

AMZALLAG G.N., GOLOUBINOFF P., 2003. An Hsp90 inhibitor, geldanamycin, as a brassino-steroid antagonist : evidence from salt-exposed roots of *Vigna radiata*. *Plant Biol.* 5, 143-150.

AMZALLAG G.N., LERNER H.R., 1994. Adaptation *versus* pre-existing resistance : an intergenotype analysis of the response of *Sorghum bicolor* to salinity. *Isr. J. Plant Sci.* 42, 125-141.

AMZALLAG G.N., VAISMAN J., 2006. Influence of brassinosteroids on initiation of the root gravitropic response in *Pisum sativum* seedlings. *Biol. Plant.* 50, 283-286.

AMZALLAG G.N., LERNER H.R., POLJAKOFF-MAYBER A., 1990. Induction of increased salt tolerance in *Sorghum bicolor* by NaCl pretreatment. *J. Exp. Bot.* 41, 29-34.

AMZALLAG G.N., SELIGMANN H., LERNER H.R., 1993. A developmental window for salt-adaptation in *Sorghum bicolor. J. Exp. Bot.* 44, 645-652.

AMZALLAG G.N., SELIGMANN H., LERNER H.R., 1995. Induced variability during the process of adaptation in *Sorghum bicolor. J. Exp. Bot.* 45, 1017-1024.

AMZALLAG G.N., LARKOV O., BEN HUR M., DUDAI N., 2005. Soil microvariations as a source of variability in the wild : the case of secondary metabolism in *Origanum dayi* Post. *J. Chem. Ecol.* 31, 1235-1254.

BERG R.L., 1960. The ecological significance of correlation pleiades. *Evolution* 14, 171-180.

CALVINO A.M., ZAMORA M.C., SARCHI M.I., 1996. Principal components and cluster analysis for descriptive sensory assessment of instant coffee. *J. Sens. Stud.* 11, 191-210.

CAVALLINI A., NATALI L., GIORDANI T., DURANTE M., CIONINI P.G., 1996. Nuclear DNA changes within *Helianthus annuus* L. Variations in the amount and methylation of repetitive DNA within homozygous progenies. *Theor. appl. Genet.* 92, 285-291.

CAVALLINI A., ZOLFINO C., NATALI L, CIONINI G., CIONINI P.G., 1989. Nuclear DNA changes within *Helianthus annuus* L. : origin and control mechanism. *Theor. appl. Genet.* 77, 12-16.

CECCARELLI M., PALISTOCCO E., CIONINI P.G., 1992. Variations in genome size and organiza-tion within hexaploid *Festuca arundinacea. Theor. appl. Genet.* 83, 273-278.

CHAUVIN R.,1986. La notion d'individu dans les sociétés animales. *In :* H. Barreau éd., *Le même et l'autre. Recherches sur l'individualité dans les sciences de la vie*, CNRS éditions, Paris, 368 p.

COEN E.S., CARPENTER R.,1986. Transposable elements in *Antirrhinum majus* : generators of genetic diversity. *Trends Genet.* 2, 292-296.

FELL D., 1997. *Understanding the control of metabolism*. Portland Press, London, 291 p.

FOSTER P.L. 1993. Adaptive mutations : the use of adversity. *Annu. Rev. Microbiol.* 47, 467-504.

GOTTLIEB G., 2003. On making behavioral genetics truly developmental. *Hum. Dev.* 46, 337-355.

HESLOP-HARRISON J., 1959, Variability and environment, *Evolution*, 13, 145-157.

IGAMBERDIEV A.U., 1999. Foundations of metabolic organization : coherence as a basis of computational properties in metabolic networks. *BioSystems* 50, 1-16.

LEDAUPHIN S., HANAFI M., QANNARI E.M., 2004. Simplification and signification of principal components. *Chemometrics and Intelligent Laboratory Systems* 74, 277-281.

LEWONTIN R.C., 1974. The analysis of variance and the analysis of causes. *Am. J. Hum. Genet.* 26, 400-411.

MCCLINTOCK B.,1984. The significance of response of the genome to challenge. *Science* 226, 792-801.

MUNCK L., NORGAARD L., ENGELSEN S.B., BRO R., ANDERSSON C.A., 1998. Chemometrics in food science – a demonstration of the feasibility of a highly exploratory, inductive evaluation strategy of fundamental scientific significance. *Chemometrics and Intelligent Laboratory Systems* 44, 31-60.

PERES-NETO P.R., JACKSON D.A., SOMERS K.M., 2003. Giving meaningful interpretation to ordination axes : Assessing loading significance in principal component analysis. *Ecology* 84, 2347-2363.

POINCARÉ H., 1997. *La science et l'hypothèse*. Champs Flammarion, Paris, 252 p.

RUTERFORD S.L., LINDQUIST S., 1998. Hsp90 as a capacitator for morphological evolution. *Nature* 396, 336-342.

SASSE J.M., 1991. The case for brassinosteroids as endogenous plant hormones. *In* : H.G. Cutler, T. Yokota and G. Adams (eds.) *Brassinosteroids : chemistry, bioactivity and applications*. ACS symposiums Series 474, 158-166. American Chemical Society, Washington DC.

SOKAL R.R., ROHLF F.J., 1981. *Biometry* (2nd ed.). Freeman and Company, San Francisco, 859 p.

STARK C.J. 1997. A plant biochemical regulator improves salt tolerance. *In :* P.K. Jaiwal, R. Singh and A. Gulati (eds.) *Strategies for improving salt tolerance in higher plants*, Oxford et IBH Publishing, New -Delhi, 443 p.

STILL D.W., DAHAL P., BRADFORD K.J., 1997. A single seed assay for endomannanase activity from tomato endospermand radicle tissues. *Plant Physiol.* 113 : 13-20.

SULTAN S.E., 1992. Phenotypic plasticity and the neo-darwinian legacy. *Evol. Trends Plants* 6, 61-71.

TOMASSONE R., DERVIN C., MASSON J.P.,1993. *Biométrie, Modélisation de phénomènes biologiques*. Masson, Paris, 553 p.

TREWAVAS. A.J., 1999. The importance of individuality. *In :* H.R. Lerner (ed.), *Plant response to environmental stresses. From phytohormones to genome reorganization*. Marcel Dekker Inc., New-York, 730 p.

WAGNER A., 2000. Robustness against mutations in genetic networks of yeast. *Nat. Genet.* 24, 355-361.

WAGNER A., 2005. Robustness, evolvability and neutrality. *FEBS Letter* 579, 1772-1778.

ZHIRMUNSKY A.V. et KUZMIN V.I., 1988. *Critical levels in development of natural systems*. Springer, Berlin, 170 p.

Chapitre 2
Expression aléatoire des gènes au cours de la différenciation cellulaire

A. PALDI

La différenciation cellulaire au cours de la formation de l'organisme multicellulaire est au centre de la biologie moderne. La formulation initiale de ce problème n'est pas récente, elle remonte aux XVIe-XVIIe siècles. Deux grandes écoles se confrontaient, celle des préformationnistes et celle des partisans de l'épigenèse. Les partisans de la théorie de préformation soutenaient que la spécificité du processus du développement pour chaque espèce s'explique par l'existence dans les gamètes d'un minuscule être préformé, une sorte de modèle de l'adulte et le développement de l'individu n'est autre que la croissance de cet « homunculus ». Par opposition à la théorie de préexistence du modèle miniaturisé, les partisans de la théorie de l'*épigenèse* pensaient que l'œuf est amorphe et que les organes de l'adulte se différencient graduellement[1]. Le débat a été le plus souvent abordé d'un point de vue conceptuel et n'a jamais vraiment cessé. Il s'est poursuivi jusqu'à nos jours avec une intensité variable et avec des arguments aussi contestables d'un côté que de l'autre. Actuellement, la ligne de partage se situe entre les thèses de type « auto-organisation » du vivant et la vision déterministe du programme génétique. Ces dernières décennies, c'est le paradigme déterministe qui a dominé la biologie. Les racines philosophiques de cette tendance épistémologique sont anciennes. Depuis Descartes, l'organisme vivant est considéré comme une machine qui fonctionne selon des règles déterministes : « si on connaissait bien quelles sont toutes les parties de la semence de quelque espèce animale en particulier, par exemple de l'homme, on pourrait déduire de cela seul, par raisons entièrement mathématiques et certaines, toute la figure et conformation de chacun de ses membres »[2]. Une parfaite connaissance des pièces constituantes de la machine devrait donc permettre la compréhension des règles de fonctionnement et une prédiction parfaite de son comportement à n'importe quel moment. Aussi caricaturale qu'elle puisse apparaître, cette façon

---

[1] Mayr, 1982.
[2] Descartes, édition 2004.

de considérer l'organisme reste très répandue de nos jours ! Il suffit de penser aux projets qui visent à expliquer le vivant uniquement à partir de la séquence de leur génome et à fonder une médecine personnalisée sur l'analyse génétique des individus.

Il est logique qu'une telle vision impose une méthodologie réductionniste. Elle incite à identifier et à décrire en détail les constituants de l'organisme vivant pour tenter d'en comprendre le fonctionnement. Le développement spectaculaire qu'a connu la biologie du XXe siècle est basé essentiellement sur cette méthodologie réductionniste. Il est évident que la description de l'objet de l'étude est un premier pas vers sa compréhension. On ne peut comprendre ce qu'on ne connaît pas. Mais une description, même très détaillée, ne suffit pas à la compréhension. Pour cela une vision d'ensemble est nécessaire. Toute la question est donc de savoir quel degré de résolution de la description est nécessaire pour aboutir à une compréhension. Depuis l'étude anatomique jusqu'à l'échelle microscopique, la biologie en est actuellement au stade de la description moléculaire des structures, le séquençage des génomes, et la constitution des catalogues de certains types de molécules (protéome, transcriptome etc.). Actuellement, malgré le *corpus* impressionnant de données accumulées par l'approche réductionniste, nous ne parvenons toujours pas à expliquer le fonctionnement des organismes vivants, même les plus simples. La réponse habituelle des biologistes est que c'est sans aucun doute parce que nous ne connaissons pas encore assez bien les détails. Cette réponse permet de continuer à travailler à accumuler toujours plus de données sans trop se poser de questions. Cependant, de plus en plus d'observations ne peuvent être expliquées sur une base déterministe et un nombre croissant de chercheurs s'interrogent sur des alternatives à cette fuite en avant. Ceci suggère qu'un changement de paradigme n'est pas très loin.

Mon propos n'est pas une contribution au débat conceptuel en soi, mais plutôt une analyse des données qui servent de matière première à ce débat. Nous allons voir comment les observations accumulées dans le cadre du paradigme déterministe conduisent à une remise en cause de ce même paradigme, mais ouvrent la voie à des interprétations probabilistes.

Des facteurs de régulation par milliers

Comme les autres domaines de la biologie, la biologie du développement des organismes est aussi dominée par une vision déterministe et elle a également adopté une méthodologie réductionniste. La vision actuelle du développement et de la différenciation des structures vivantes est basée sur une synthèse de la génétique et de l'embryologie classique. L'acteur principal dans le scénario de l'ontogenèse est le gène, une notion empruntée à la génétique. Le gène est considéré comme porteur d'une instruction précise (« information génétique ») et l'expression du gène est la « cause » de changements comme la différenciation cellulaire au cours du développement. Tout organisme multicellulaire est composé de cellules présentant des caractéristiques phénotypiques, morphologiques et physiologiques très diverses. Pourtant, toutes ces catégories de cellules possèdent le même génome. Comment est-il alors possible que les mêmes instructions conduisent les cellules vers des voies si différentes ? La réponse habituelle est que si les cellules sont capables de se différencier, c'est grâce à l'expression sélective et ordonnée de certains gènes[3].

---

[3] Voir par exemple Gilbert, 1996.

En effet, nous savons que les différents types cellulaires n'expriment pas les mêmes gènes au cours du développement. Certains gènes « s'allument » et d'autres « s'éteignent » à des moments précis du processus de développement. Dans le contexte où le vivant est conçu comme une machine, une telle expression programmée des gènes est inimaginable sans une régulation de haute précision. La compréhension du problème de la différenciation cellulaire passerait-elle donc par l'élucidation de la régulation de l'expression génique ? C'est bien cette hypothèse de travail qui guide actuellement dans presque tous les laboratoires l'étude de la différenciation cellulaire et du développement embryonnaire. Selon cette hypothèse, il suffirait de comprendre comment la transcription d'un gène, jusqu'alors inactif, est activée spécifiquement et comment ce processus, qui finalement n'est qu'une réaction chimique catalysée par des protéines appelées enzymes, est régulé. On pourrait ainsi expliquer comment une cellule change le jeu des gènes exprimés et, en fin de compte, acquiert un phénotype particulier.

La recherche sur la régulation génique s'est donc concentrée sur des facteurs spécifiques de régulation. Après la découverte des premiers facteurs de transcription dans les années 1980, l'explication semblait relativement simple : la reconnaissance des séquences régulatrices d'un gène par des facteurs de transcriptions spécifiques permet le recrutement de l'ARN polymérase et le démarrage de la transcription du gène en ARN messager qui à son tour est traduit en protéine. La spécificité de ce processus est assurée par la combinatoire des facteurs de transcription supposée différente et spécifique pour chaque gène. Ce modèle est basé sur le même principe que le modèle de l'opéron lactose chez la bactérie (cf. chap. 4). Les gènes des organismes multicellulaires fonctionneraient comme un opéron compliqué[4] !

Mais au cours des années le nombre de facteurs de transcription et d'autres protéines qui participent à la régulation de la transcription n'a cessé d'augmenter. Rien que le complexe d'initiation de transcription, dont le composant principal est l'ARN-polymérase qui catalyse la synthèse des ARN messagers, contient en plus 70 autres protéines, toutes indispensables à la transcription[5] ! Il faut ajouter à cela les facteurs de transcription considérés comme spécifiques pour les différents gènes, et qui doivent assurer la spécificité de régulation : on en connaît des centaines ! Outre le promoteur où se fixe le complexe d'initiation de la transcription, il y a plusieurs autres types de séquences d'ADN qui participent à la régulation de l'expression des gènes (« enhanceurs », « insulateurs » etc.) et elles se trouvent parfois à de grandes distances du gène qu'elles sont censées réguler. Ces séquences ont aussi leurs protéines spécifiques. Souvent ces protéines spécifiques peuvent interagir entre elles, avec les facteurs de transcription et avec le complexe catalytique de transcription. Le résultat final est qu'il y a trop de composants pour envisager un assemblage et un fonctionnement simple du complexe qui est supposé réguler spécifiquement la transcription. D'un point de vue thermodynamique, les caractéristiques d'association ou de dissociation des composants sont pratiquement impossibles à prédire. Ceci tient d'une part à la complexité résultant d'un grand nombre d'interactions simultanées ou séquentielles à prendre en compte.

De plus, chaque composant n'est représenté dans une cellule que par un nombre de copies très faible. Le nombre de molécules des différents facteurs de transcription ou

---

[4] Lemon, Tijan, 2001.

[5] *Ibid* note 4.

d'autres protéines régulatrices ne dépasse généralement pas quelques milliers ou même quelques centaines et il n'y a que deux copies de chaque gène par cellule. Dans ces conditions, les réactions chimiques et les interactions entre les molécules n'obéissent pas aux lois de la cinétique des réactions chimiques habituelles, valables uniquement en solution et avec une concentration élevée des réactifs. L'assemblage d'un complexe multiprotéique de plusieurs dizaines, voire centaines, de composants présents en quantité limitantes et leurs interactions avec des séquences nucléotidiques situées parfois très loin les unes des autres est difficilement envisageable par un simple mécanisme déterministe.

Le modèle initial postule que la spécificité de régulation est assurée par la combinaison de différents facteurs. Mais parmi le grand nombre de protéines capables de reconnaître spécifiquement des séquences nucléotidiques, beaucoup d'éléments jouent des rôles qui s'inversent en fonction du contexte cellulaire. Il est de plus en plus difficile d'attribuer des rôles précis et spécifiques à ces protéines. C'est justement la spécificité, pourtant à la base du modèle initial, qui se perd avec l'accroissement du nombre de facteurs identifiés. Cependant, jusqu'à maintenant il ne s'agit que de difficultés d'ordre pratique. On peut en effet argumenter qu'il y a encore des détails à découvrir qui permettront de comprendre comment un tel complexe devient fonctionnel.

Pas de libre circulation autour des gènes

La difficulté majeure pour expliquer l'activation génique par des facteurs spécifiques est qu'aucun complexe protéique ne peut accéder directement à la molécule d'ADN. La transcription nécessite la séparation temporaire des deux brins d'ADN. Mais, comme nous le savons depuis longtemps, l'ADN ne se trouve pas à l'état libre dans le noyau cellulaire, il est organisé en chromatine, une structure composée de protéines et d'ADN, qui rend la molécule d'ADN directement inaccessible. L'unité de base de la chromatine est le nucléosome. Il comprend un octamère, c'est-à-dire 8 molécules (4 dimères) d'histones qui sont des protéines d'empaquetage de l'ADN. Un segment de la molécule d'ADN, d'une longueur de 150 nucléotides, est enroulé autour du noyau formé par l'octamère d'histones. La chromatine est composée d'une succession de nucléosomes sur le fil de l'ADN, comme un collier de perles. Ce complexe nucléoprotéique est très stable, il peut même se former spontanément *in vitro* quand on mélange une solution d'ADN et des histones dans un tube à essai. Aucune transcription n'est possible sans que les nucléosomes ne soient déplacés, car dans la chromatine l'ADN n'est pas accessible aux autres protéines. Ce fait est connu depuis au moins 30 ans, mais jusqu'à récemment il n'a pas été pris en considération par les modèles de régulation d'expression génique. La recherche se concentrait sur des facteurs gène- ou séquence-spécifiques. Dans cette optique, les histones, qui se lient à n'importe quelle séquence d'ADN de façon non spécifique, ne présentaient aucun intérêt.

Nous savons que la chromatine n'a pas exactement la même structure partout. Les histones, ainsi que l'ADN sont sujets à des modifications covalentes, qui modifient leur conformation, leur charge électrique et leur capacité à interagir entre eux et avec d'autres protéines nucléaires. Ces modifications, qui portent le nom de « modifications épigénétiques », ne sont pas une curiosité dans la cellule vivante. Il s'agit d'un type de modifications dites « post-traductionnelles », qu'on retrouve couramment sur de nombreuses protéines : la phosphorylation, l'acétylation, la méthylation, la polyADP-ribosylation etc.

L'ensemble de ces modifications sur une région chromosomique a une influence majeure sur la structure générale de la chromatine. La présence ou l'absence de certaines modifications peut être corrélée à l'activité transcriptionnelle des gènes de la région. Ainsi, on peut parler d'une « signature épigénétique » qui caractérise la chromatine lorsqu'elle est potentiellement compétente pour la transcription. Ce type de chromatine porte le nom « d'euchromatine » et est caractérisée par une abondance d'acétylations ou de polyADP-ribosylations des histones et par une absence de méthylation de l'ADN et des histones. En revanche, la chromatine inactive du point de vue de la transcription, qui porte le nom de « hétérochromatine », a une signature épigénétique opposée : pas ou peu d'acétylation ou de polyADP-ribosylation et une abondance de méthylations[6].

Malgré tout, dans les régions euchromatiques, considérées comme « moins compactes » que les régions hétérochromatiques, l'ADN reste enroulé autour des nucléosomes. La question de l'accessibilité de l'ADN n'est donc pas résolue. Nous connaissons depuis quelques temps des protéines, qu'on appelle « machines de remodelage », qui sont capables, en collaboration avec des mécanismes épigénétiques, de déplacer les nucléosomes et de rendre l'ADN plus accessible. Mais ces mécanismes ne sont pas spécifiques des séquences géniques, ils peuvent se manifester n'importe où sur la chromatine. Selon l'explication consacrée, ce sont les facteurs de transcription qui recrutent les machines de remodelage sur les promoteurs des gènes à activer[7]. La chromatine est alors décompactée et l'ADN est rendu accessible. Il n'est pas difficile de remarquer qu'il s'agit là d'un raisonnement circulaire. Pour l'activation spécifique d'un gène par l'intermédiaire de facteurs spécifiques, les séquences régulatrices du gène doivent être accessibles. Mais pour qu'elles soient accessibles de façon spécifique, ces séquences doivent d'abord interagir avec les facteurs. En d'autres termes, le facteur spécifique devrait déjà être fixé sur sa séquence cible, afin de recruter d'autres facteurs qui déplacent le nucléosome pour lui rendre la séquence accessible ! Le modèle de régulation génique basé sur l'interaction spécifique des facteurs de transcription avec leurs séquences cibles est donc basé sur un véritable paradoxe !

La question de départ n'est toujours pas résolue. Pourquoi la chromatine est-elle remodelée et l'ADN rendu accessible à certains endroits et pas à d'autres ? Comment peut-il y avoir une spécificité ? Alors que la logique déterministe semble conduire dans une impasse, peut-on envisager une alternative ? Avant de tenter de répondre à cette question, faisons un petit détour.

Des molécules en perpétuel mouvement

Jusqu'à récemment les techniques d'analyse et d'investigation ne permettaient d'étudier les différents *processus* du vivant que par des images *statiques* des états figés. Autrement dit, pour étudier le vivant il était nécessaire de le priver de vie, de le « momifier » dans un fixateur, en extraire une fraction biochimique etc., avant de l'examiner. À cause de cette limitation, imposée par la nature des techniques d'analyse, le caractère hautement dynamique de la vie a échappé aux observateurs. Mais il a suffi d'appliquer les techniques d'imagerie *in vivo* qui permettent d'observer en temps réel les processus

---

6 Craig, 2005.
7 Orphanides, Reinberg, 2002.

dynamiques dans une cellule ou un tissu, y compris à l'échelle moléculaire, pour se rendre compte qu'une cellule vivante ne ressemble pas du tout à une machine miniature. L'examen de la chromatine des cellules vivantes a démontré que les molécules dans le noyau se déplacent de façon aléatoire sous l'effet de l'agitation thermique, tout comme dans un milieu aqueux inanimé. Cette agitation, encore appelée mouvement brownien est d'ailleurs valable pour n'importe quel composant de la cellule. Elle fournit l'énergie nécessaire au déplacement, sans consommation directe de l'énergie chimique produite par le métabolisme de la cellule. Bien entendu, la vitesse de déplacement de petites et de grandes molécules n'est pas identique. Ainsi, les petites molécules peuvent diffuser à travers le noyau de la cellule avec une grande liberté. Par contre, les protéines changent de place moins vite, et sont beaucoup moins libres de diffuser. La vitesse du déplacement dépend de la taille de la molécule, mais aussi des interactions avec les autres molécules. Parfois, ces interactions se limitent à de simples collisions, mais si une molécule rencontre une autre molécule avec laquelle elle peut s'associer, une liaison non covalente peut s'établir entre elles. Ces associations peuvent être plus ou moins fortes et durent plus au moins longtemps en fonction des forces qui retiennent les molécules ensemble. Elle est caractérisée par la demi-vie du complexe, qui est une valeur statistique. Il est donc impossible de prédire combien de temps deux molécules individuelles restent associées, mais nous pouvons constater qu'en observant un grand nombre de complexes similaires, la *demi-vie moyenne est plus au moins longue.*

Tôt ou tard, les liens non covalents se rompent et les composants continuent leur chemin séparément jusqu'à ce qu'ils rencontrent un ou plusieurs partenaires avec lesquels ils peuvent s'associer de nouveau. Ainsi, les composants des complexes multimoléculaires se dissocient et se réassocient sans cesse. Le résultat est que même quand une structure paraît stable, ses composants continuent de se renouveler plus au moins rapidement. En effet, la stabilité d'une telle structure est la conséquence de l'équilibre entre les vitesses d'arrivée et de départ des composants, elle est donc dynamique et définit un état stationnaire et non un état d'équilibre. La vitesse d'arrivée dépend en grande partie de la disponibilité de ce composant particulier dans un micro-environnement donné. La vitesse de départ est fonction de la force avec laquelle les molécules interagissent entre elles. Ceci est, bien entendu, vrai pour la chromatine aussi bien que pour d'autres édifices moléculaires. Grâce à la technique d'imagerie *in vivo*, la durée de vie moyenne des différents types d'interactions peut être mesurée. Une structure considérée très stable, comme l'hétérochromatine, échange ses composants avec une demi-vie de quelques minutes seulement[8]. Même les histones qui composent les nucléosomes ne cessent de se renouveler. La dynamique des structures moins stables comme l'euchromatine est encore plus rapide. La demi-vie d'un complexe d'une molécule de facteur de transcription avec ses partenaires, par exemple, se mesure en secondes[9]. Par conséquent, la différence essentielle entre l'euchromatine et l'hétérochromatine se trouve plutôt dans la vitesse de renouvellement de leurs composants que dans leur structure spécifique ou leur degré de « compaction ».

En tenant compte de cette dynamique, on peut comprendre comment les facteurs de transcription accèdent aux séquences cibles alors que d'un point de vue statique la chromatine empêche l'interaction des facteurs séquence-spécifiques avec l'ADN ! C'est grâce

---

[8] Catez *et al.*, 2004.

[9] *Ibid* note 7.

à l'agitation moléculaire permanente que le remodelage de la chromatine et l'activation transcriptionnelle devient possible. Au moment de la dissociation d'un nucléosome, avant qu'un autre nucléosome ne se forme, la molécule d'un facteur de transcription dispose d'une courte période de temps pour se fixer sur sa séquence cible. Si cela n'a pas lieu, le nouveau nucléosome masquera la séquence d'ADN jusqu'à ce qu'une dissociation survienne de nouveau. Par contre, si le facteur de transcription se fixe sur la séquence cible, il empêche alors la fixation des histones et la réassociation du nucléosome. De plus, il constitue une « plate-forme » pour l'arrivée d'autres composants du complexe de transcription. Si les autres composants n'arrivent pas à se fixer sur le facteur pendant la durée de son séjour sur sa séquence cible et avant qu'il ne se dissocie, alors le processus entier recommence. À chaque étape de l'assemblage, le processus se déroule selon le même principe d'interaction stochastique. L'éventualité d'un désassemblage des structures est permanente, mais diminue certainement avec la progression du processus, d'autant que la dissociation d'une des molécules n'affecte pas nécessairement l'ensemble. De plus, nous savons que des complexes partiellement assemblés peuvent avoir une activité catalytique et donc que tous les composants ne sont pas absolument nécessaires à l'activité catalytique d'un complexe. Ainsi, la participation d'un grand nombre de composants dans un complexe multiprotéique est plutôt avantageux pour la stabilité de son fonctionnement et une garantie de robustesse dans un environnement en perpétuel mouvement. Il faut également rappeler que l'échelle de temps des événements moléculaires est infiniment plus courte que l'échelle de temps biologique. Même si les événements moléculaires dans le noyau sont stochastiques et si la plupart d'entre eux n'aboutissent jamais à la formation d'assemblages fonctionnels, le nombre de « tentatives » est tellement grand à l'échelle de temps où nous observons la cellule, que l'activation de l'expression d'un gène peut apparaître comme un événement parfaitement déterminé.

Du fait de l'existence d'une agitation moléculaire permanente, un facteur de transcription ne peut « réguler » la transcription d'un gène, comme le stipule le modèle déterministe. Il ne fait que se fixer transitoirement sur sa séquence cible si les circonstances le permettent. Ce faisant, il augmente la probabilité de l'étape suivante de l'assemblage d'un complexe de transcription fonctionnel. En fin de compte, l'activation de la transcription d'un gène dans une cellule donnée – prérequis à tout changement de profil d'expression – est un processus entièrement basé sur le hasard des interactions moléculaires ! On ne peut donc pas parler au sens strict d'une régulation programmée de la transcription. L'activation transcriptionnelle de n'importe quel gène est *a priori* possible en toutes circonstances. Seule varie la probabilité avec laquelle cet événement se produit. Cette probabilité ne dépend que de la rapidité avec laquelle la chromatine autour du gène concerné se renouvelle ainsi que de la concentration locale des facteurs de transcription nécessaires à sa transcription. Ainsi les chances pour un gène d'être transcrit augmentent avec le nombre de sites potentiels de fixation dont il dispose pour ses facteurs de transcription. Deux sites pour le même facteur, par exemple, doublent la probabilité d'activation du gène en présence de ce facteur. Par contre, deux sites pour deux facteurs différents diversifient le « répertoire » du gène. Ce répertoire peut être très vaste, puisque la majorité des gènes possèdent une grande variété de sites de fixation pour différents facteurs. La transcription d'un gène donné est donc bien corrélée à la présence des facteurs de transcription pour lesquels il dispose de sites de fixation. Cette corrélation donne l'impression que l'activation de la transcription est la conséquence de la présence des facteurs de transcription et qu'elle est régulée par eux. Au niveau moléculaire cependant les facteurs de transcription ne font en fait que *stabiliser* provisoirement un état qui est le produit des variations aléatoires de la chromatine[10].

Le niveau d'expression d'un gène est mesuré généralement par la quantité totale d'ARN messager présente dans un tissu ou groupe de cellules. Selon le modèle déterministe, cette valeur moyenne est supposée rendre compte du niveau d'expression pour chaque cellule individuelle. Dans un modèle stochastique elle reflète seulement la probabilité relative d'activation transcriptionnelle du gène et indique la proportion des cellules qui l'expriment en même temps dans la population cellulaire. Ceci est en parfait accord avec les observations. Quand l'expression d'un gène est étudiée dans un tissu ou une population cellulaire avec une technique qui permet de différencier les cellules individuelles, on trouve systématiquement une mosaïque de cellules exprimant ou non le gène en question. Les gènes qui s'expriment dans une proportion importante des cellules sont considérés comme spécifiques pour le tissu en question[11]. Mais la majorité des gènes n'est exprimée que dans une petite minorité des cellules. Avec une technique suffisamment sensible on peut détecter les transcrits de n'importe quel gène dans n'importe quel tissu. Ce phénomène, que certains auteurs ont nommé « transcription illégitime » (car non spécifique), illustre bien la nature stochastique de l'initiation de la transcription des gènes[12].

Des repères épigénétiques

Le modèle stochastique, contrairement à celui basé sur l'activation ciblée et spécifique des gènes par des facteurs de transcription, réserve le rôle principal aux événements moléculaires aléatoires. Tous les gènes n'ont bien sûr pas la même probabilité de s'exprimer dans une cellule donnée. La probabilité d'expression dépend de la fréquence avec laquelle l'ADN devient accessible à la suite de la dissociation des nucléosomes ou le départ d'autres protéines fixées sur la séquence du promoteur d'un gène. Cette fréquence est plus élevée dans les régions euchromatiques et plus réduite dans les régions hétérochromatiques. Elle dépend principalement des différences de modifications épigénétiques affectant la chromatine dans ces deux types de régions. Ces modifications épigénétiques ont deux conséquences importantes sur la dynamique d'expression génique.

Premièrement, du fait de la stabilité relative des modifications épigénétiques, un gène qui a été exprimé récemment conserve « la mémoire » de cette expression sous forme de modifications typiques de l'euchromatine (acétylation augmentée et méthylation réduite). Par conséquent, le gène peut être réactivé facilement à un stade ultérieur contrairement aux gènes qui sont inactifs depuis des générations de cellules et qui portent des modifications typiques de l'hétérochromatine (acétylation réduite et méthylation élevée)[13]. Ce phénomène est à la base de la directionnalité du processus de différenciation. En effet, dans les cellules animales la différenciation se produit plus facilement que la dédifférenciation, même si cette dernière reste possible, comme l'ont montré les expériences

---

[10] Mistelli, 2001.
[11] Hume, 2000 ; Ko, 1992.
[12] Chelly *et al.*, 1989.
[13] Dillon, Festenstein, 2002.

de clonage. On peut noter au passage que l'existence d'une « mémoire épigénétique » a certainement une relation avec le phénomène de bi- ou multistabilité[14]. En effet, les réactions qui mènent aux modifications épigénétiques forment un réseau avec des boucles de rétroactions caractéristiques des systèmes qui peuvent engendrer une multistabilité[15].

Deuxièmement, étant donné la réversibilité des modifications épigénétiques, la probabilité d'induction de la transcription peut changer assez rapidement. Les modifications épigénétiques sont catalysées par des enzymes qui ont une spécificité assez large vis-à-vis de leur substrat. Le même type de modifications peut être catalysé par plusieurs enzymes différents. Mais ce sont des enzymes différents qui catalysent les modifications opposées. Le degré de modification de la chromatine dépendra donc à chaque instant de l'équilibre entre les deux types de réactions opposées. Tout changement de l'état physiologique de la cellule qui modifie l'équilibre des réactions épigénétiques peut influencer l'état épigénétique de la chromatine et par suite induire des changements de l'expression génique.

La différenciation :
un processus de variation-sélection ?

Revenons à la question de départ, c'est-à-dire au problème de l'expression apparemment strictement régulée des gènes au cours de la différenciation. Comment explique-t-on qu'en réponse à des *stimuli*, on observe de façon reproductible l'activation de certains gènes et pas d'autres ? Nous avons vu qu'une activation ciblée des gènes est difficilement imaginable au vu de la structure et de la dynamique de la chromatine. Existe-t-il des explications alternatives qui incorporeraient la nature stochastique des étapes élémentaires et rendraient compte en même temps de la reproductibilité du processus ?

Une solution a été proposée selon laquelle la différenciation est considérée comme un processus d'adaptation de la cellule à son environnement[16]. Pour cela deux phases ont été postulées : la première est une réponse non spécifique qui augmente la variabilité en réponse à un *stimulus*, la deuxième correspond à la sélection et/ou la stabilisation des événements adaptés. Les contraintes imposées par l'environnement ne retiennent que certaines réponses entraînant une diminution de la variabilité. Schématiquement on peut représenter ce processus comme indiqué dans la figure 2.1. Si la première phase est assez

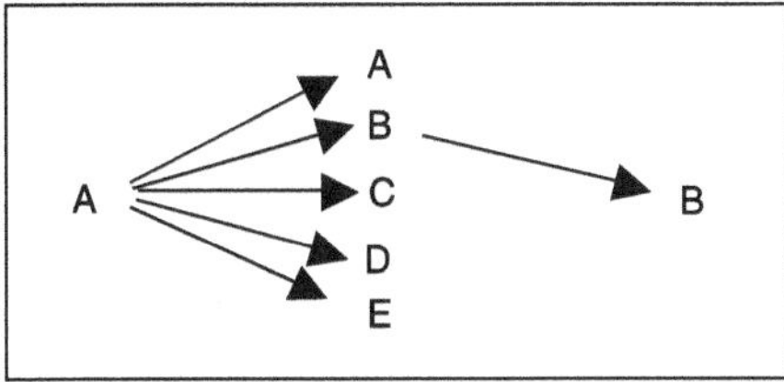

Figure 2.1. Différenciation par variation-sélection.

---

[14] Voir chapitre 3.
[15] Schreiber, Bernstein, 2002.
[16] Kupiec, 1983 ; Kupiec, Sonigo, 2000.

rapide, on ne détectera que la deuxième. On aura donc l'impression que la transition de l'état A à l'état B est directe.

À première vue, considérer la différenciation comme un processus de variation-sélection peut surprendre. Pourtant, cette hypothèse est invoquée pour expliquer de nombreux phénomènes biologiques à différents niveaux d'organisation. L'exemple emblématique est celui de l'évolution des espèces vivantes selon l'hypothèse proposée par Darwin. La théorie de la sélection clonale des lymphocytes est un autre exemple bien connu[17]. Au niveau moléculaire, le fonctionnement de nombreuses « machines » moléculaires peut s'expliquer par un phénomène de variation-sélection[18]. L'idée de l'émergence de l'ordre à partir du désordre par une sélection de variantes aléatoires n'est donc pas si insolite.

Une marche aléatoire vers une différenciation ordonnée

La différenciation des cellules est induite par un changement de l'environnement, comme les variations de la concentration des nutriments, de l'oxygène, du pH ou des contacts intercellulaires etc. Généralement, on attribue un rôle d'inducteur à des « signaux » spécifiques, comme des hormones ou des facteurs de croissance. Cependant, l'effet de ces facteurs est loin d'être spécifique, il dépend du contexte dans lequel ils agissent. Un même facteur peut être associé à la différenciation d'un côté, et à la prolifération ou encore à la mort cellulaire d'un autre côté. En fait, ces facteurs font partie tout simplement de l'environnement et il est impossible de séparer leur contribution du reste. Puisqu'il n'est pas possible de les considérer comme spécifiques, la logique déterministe est donc prise en défaut encore une fois.

Les cellules s'adaptent à leur nouvel environnement par un changement de l'expression de leur génome. Par exemple, la synthèse de nouveaux enzymes permet de métaboliser de nouvelles ressources, celle de nouveaux récepteurs membranaires d'établir de nouveaux contacts entre cellules etc. En même temps d'autres enzymes et protéines deviennent inutiles pour la cellule et peuvent cesser d'être synthétisés. Apparemment, ces changements surviennent de façon parfaitement régulée. Mais la régularité du développement et de la différenciation n'est observée qu'au niveau d'une population ou d'un groupe de cellules. Si les cellules sont étudiées individuellement, l'image est très hétérogène[19]. Ainsi, dans des cultures de cellules en cours de différenciation, on observe fréquemment la coexistence de phénotypes cellulaires distincts. Ceci laisse penser que la régularité émerge en fait d'une dynamique désordonnée d'événements élémentaires. Cette hétérogénéité transitoire peut s'expliquer par l'activation aléatoire des gènes. Nous pouvons imaginer le scénario suivant : si le changement de l'environnement induit un accroissement de la dynamique de la chromatine, la probabilité d'expression de nouveaux gènes est augmentée. Comme nous en avons discuté plus haut, cet effet est atteint par la modification de l'équilibre des réactions épigénétiques en faveur des modifications de type « euchromatine », comme l'acétylation ou la polyADP-ribosylation des histones. À cause de la « mémoire » épigénétique, la probabilité d'activation n'est pas identique

---

[17] Lederberg, 1988.

[18] Kurakin 2005 ; Oster D, 2002.

[19] Fedoroff, Fontana, 2002 ; Levsky, Singer, 2003.

pour tous les gènes. Toutefois, le processus est aléatoire, car il dépend de l'interaction des différentes molécules mues par l'agitation brownienne. Les différentes cellules d'une même population n'activeront donc pas les mêmes gènes, ce qui conduit à une augmentation de la variabilité dans la population. Tout se passe comme si les cellules suivaient une « stratégie » basée sur la marche aléatoire. De fait, on sait que la stratégie la plus efficace pour trouver un livre le plus vite possible dans une bibliothèque de 25000 volumes sans avoir recours à un catalogue et sans que le titre des livres soit indiqué sur leur couverture est la recherche aléatoire. Bien entendu, il ne s'agit que d'une métaphore. En règle générale, l'utilisation de métaphores anthropomorphiques et l'absence de vocabulaire adapté à la description des processus spontanés dans le contexte biologique tendent à renforcer les racines déterministes profondes de notre manière de considérer la substance vivante. Je ne cherche donc pas à prêter une intentionnalité ni une volonté stratégique aux cellules. La stratégie cellulaire n'est vraisemblablement qu'une réaction aux changements de l'environnement.

De plus en plus d'observations montrent que, en réponse à l'induction de la différenciation, la variabilité de l'expression génique augmente rapidement[20]. Ce qui rend la détection de cette variabilité difficile, c'est le fait que la plupart des techniques utilisées ne permettent que la détection des niveaux moyens d'expression dans une population, et ne donnent aucun renseignement sur la variance. De plus, une variance élevée est le plus souvent considérée comme un « bruit de fond » sans signification fonctionnelle[21]. Les changements de variabilité intercellulaire passent donc inaperçus par les techniques habituelles. En revanche, ils sont bien détectés par des techniques permettant l'analyse des cellules individuelles, par exemple la technique de tri cellulaire par cytométrie de flux. La phase de recherche aléatoire ne s'arrête que si la cellule établit un profil d'expression qui lui permet de fonctionner dans le nouvel environnement. Les cellules qui épuisent leurs réserves avant de réussir à optimiser leur phénotype meurent. Les autres continuent leur comportement exploratoire. Quand une cellule exprime les gènes qui lui permettent d'ajuster son phénotype à l'environnement, le nouveau profil d'expression se stabilise. Les interactions entre les gènes jouent bien sûr un rôle important dans la stabilisation d'un profil donné. Mais c'est surtout le ralentissement de la dynamique de la chromatine grâce à la modification de l'équilibre des réactions épigénétiques qui permet l'arrêt de la phase exploratoire. Plus il y a de cellules dans une population, plus l'apparition de cellules avec un nouveau phénotype est rapide. De plus, la robustesse du processus de différenciation suggère que le même résultat peut être atteint par plusieurs voies différentes. Grâce à des itérations successives, la cellule se rapproche petit à petit d'un état physiologique optimal dans un environnement donné. Mais à chaque itération, elle modifie aussi un peu son environnement et influence ainsi les cellules dans son entourage ! Ces cellules ne tarderont pas à réagir et le jeu d'interactions continue de sorte que le processus ne s'arrête jamais. Il peut aussi y avoir des phénotypes complémentaires grâce auxquels des cellules ayant des caractéristiques différentes coopèrent. Dans ce cas, l'apparition d'un phénotype complémentaire joue le rôle de stabilisateur d'un phénotype cellulaire autrement instable.

---

[20] Levsky *et al.*, 2002.
[21] Voir chapitre 1.

Un tel système est nécessairement très dynamique et capable de comportements complexes. Plus le nombre de cellules participantes est grand, plus le comportement global du système qui émerge à partir de ces interactions locales est élaboré. Le résultat final n'est pas la réalisation d'un programme pré-existant dans chaque cellule séparée, mais il émerge du comportement collectif des cellules qui le composent. La différenciation est donc une « entreprise communautaire » des cellules[22]. Une cellule individuelle ne peut pas se différencier ! Grâce à la dynamique des interactions, même les tissus formés et apparemment stables d'un organisme adulte ne cessent de se restructurer et de se renouveler continuellement rendant possible la régénération.

Des modulations métaboliques

Nous avons vu que le modèle stochastique, tel que je l'ai présenté, attribue un rôle central aux modifications épigénétiques qui interviennent dans la dynamique de la chromatine après induction de la différenciation. Comment et pourquoi les réactions enzymatiques qui conduisent à des modifications post-traductionnelles des histones et d'autres composants de la chromatine seraient-elles sensibles aux altérations de l'environnement ?

Les modifications épigénétiques comme l'acétylation, la phosphorylation, la poly-ADP-ribosylation ou la méthylation des histones et des autres protéines nucléaires, ou encore la méthylation de l'ADN, sont des réactions biochimiques qui, sans exception, utilisent des substrats qui sont des molécules clefs du métabolisme cellulaire (fig. 2.2).

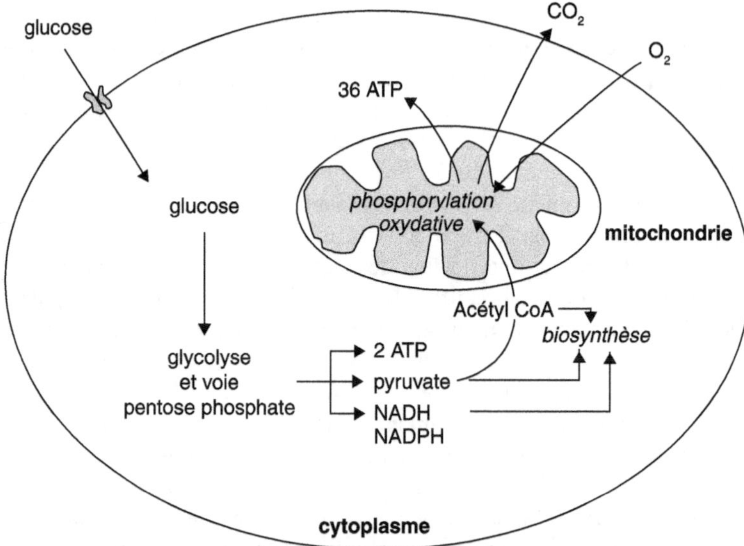

Figure 2.2. Schéma simplifié du métabolisme cellulaire produisant les substrats des réactions épigénétiques. Une grande partie du métabolisme se déroule dans le cytoplasme, aboutissant en particulier à la biosynthèse des macromolécules (lipides, protéines, sucres). La production d'énergie (ATP) a lieu pour l'essentiel dans des compartiments subcellulaires, les mitochondries, grâce au cycle de Krebs et aux phosphorylations oxydatives.

---

[22] Sonnenschein, Soto, 1999.

Par exemple, l'acétylation se fait en utilisant l'acétyl-coenzyme A (Acétyl-CoA), la molécule centrale du métabolisme des sucres, lipides et des acides aminés. La réaction de polyADP-ribosylation utilise le NAD^+, une molécule essentielle à l'équilibre oxydatif de la cellule (voir ce qui suit). La concentration intracellulaire de ces substrats varie en fonction de l'état métabolique de la cellule. C'est elle qui définit la vitesse des réactions chimiques. Les enzymes quant à eux ne sont que les catalyseurs de ces réactions. Leur concentration ne joue qu'un rôle mineur dans la régulation de la vitesse de réaction. Le niveau de modifications épigénétiques d'une région génomique donnée est le résultat de l'équilibre entre réactions enzymatiques qui conduisent à des modifications opposées. Puisque la concentration des substrats dépend du métabolisme de la cellule qui les produit, il est donc très probable que le niveau des différentes modifications épigénétiques de la chromatine et, par conséquent, l'expression des gènes, soit fortement influencés par l'état physiologique. Bien que cet aspect n'ait jamais fait l'objet d'études systématiques, nous disposons d'observations qui vont dans ce sens. Par exemple, lorsque des mutations affectent la voie biosynthétique de la S-adénosyl méthionine (SAM), le donneur de méthyle dans les réactions de méthylation des histones ou de l'ADN, on constate qu'il se produit une deméthylation de l'ADN[23]. Une carence en méthionine, un acide aminé essentiel, conduit également à une diminution de la méthylation et à un changement de l'expression de certains gènes chez la souris[24].

Un examen plus détaillé permet de progresser plus loin qu'une formulation très générale. Comme je l'ai indiqué précédemment, on divise globalement les modifications épigénétiques en deux classes : celle de type « euchromatine », qui accompagne l'ouverture de la chromatine et celle de type « hétérochromatine » qui diminue la dynamique de la chromatine. Ces deux types de modifications épigénétiques sont favorisés par des états métaboliques opposés.

L'acétylation des histones, la modification de type « euchromatine » la mieux connue, est favorisée par une abondance de son substrat l'acétyl-CoA. Produit par le métabolisme anaérobique (glycolyse), l'acétyl-CoA est aussi le produit final de la voie d'oxydation des lipides. Il peut être utilisé par des voies différentes, entrer dans le cycle de Krebs et être consumé complètement en produisant de l'énergie (sous forme d'ATP) grâce aux phosphorylations oxydatives, ou bien servir de point de départ des voies biosynthétiques des lipides, polysaccharides et des acides aminés. C'est l'état métabolique général qui décidera quelle voie métabolique sera préférentiellement utilisée par l'acétyl-CoA. La concentration de l'acétyl-CoA augmente transitoirement si le cycle de Krebs ne peut pas utiliser toute la quantité produite par la glycolyse. Cela se produit en conditions de stress métaboliques tels que l'hypoxie et la carence. Un manque relatif d'oxygène neutralise en effet le cycle de Krebs et la phosphorylation oxydative. Quant à la cellule en manque de ressources, elle utilise ses propres réserves, par exemple ses lipides. Cela conduit également ment à une augmentation transitoire de la concentration intracellulaire d'acétyl-CoA.

Une concentration relativement élevée d'acétyl-CoA favorise les réactions d'acétylation des histones (et sans doute d'autres protéines) et conduit à une élévation générale du niveau d'acétylation du génome et par conséquent, à une accélération de la dynamique de la chromatine. Celle-ci est également renforcée par d'autres molécules produites par

---

[23] Ulrey *et al.*, 2005.
[24] Waterland, Jirtle, 2003 ; Waterland, Jirtle, 2004

le métabolisme dans les mêmes conditions que l'acétyl-CoA. Par exemple, le butyrate, qui est un inhibiteur naturel des histones dé-acétylases, est un intermédiaire des réactions anapleurotiques, une voie métabolique qui s'active en cas de carence.

Le stress est connu pour activer un autre type de réaction épigénétique, la polyADP-ribosylation, une réaction très rapide qui accélère la dissociation des nucléosomes. Cette réaction, avant d'être reconnue comme une modification épigénétique importante, était déjà considérée comme une réaction de défense cellulaire aux stress. Son substrat est le NAD^+, la forme oxydée du transporteur d'électrons universel des réactions d'oxydation/réduction dans la cellule. Sa concentration, et particulièrement le rapport de concentration $NADH/NAD^+$ est très sensible à l'équilibre redox de la cellule. La polyADP-ribosylation est donc directement reliée à l'état oxydatif de la cellule. Le rôle de cette modification épigénétique est particulier. La réaction est très rapide et son effet sur la chromatine est très marqué. Mais cet effet ne dure pas très longtemps (il se mesure en dizaines de minutes au maximum). Par rapport aux autres modifications, son rôle pourrait être celui d'un initiateur qui ne ferait qu'amorcer les changements. Les réactions plus lentes pourraient ensuite renforcer ou arrêter le processus.

Dans l'ensemble, les conditions métaboliques de stress et/ou de carence de certaines ressources semblent favoriser l'augmentation transitoire de la dynamique de la chromatine. On peut donc s'attendre à ce que cela permette l'expression de nouveaux gènes. Si l'expression de nouvelles protéines permet à la cellule de retrouver un équilibre métabolique, la concentration de l'acétyl-CoA et de l'ATP et le rapport $NADH/NAD^+$ devraient pouvoir retourner aussi à leur niveau normal. Dans ce cas, le niveau d'acétylation peut baisser et le niveau de méthylation des histones et de l'ADN peut augmenter. La dynamique de la chromatine ralentit alors et le nouveau phénotype de la cellule qui lui permet une survie dans les nouvelles conditions se stabilise.

Ce scénario est encore hypothétique, mais s'il se vérifie par l'expérience, nous pourrons alors intégrer nos connaissances sur la stochasticité de l'expression génique dans le modèle de variation-sélection de la différenciation cellulaire. Dans ce modèle, les changements dans l'environnement de la cellule induisent un stress métabolique. Celui-ci provoque des variations de la concentration de certains métabolites, lesquels sont à la fois des régulateurs du métabolisme et les substrats des réactions épigénétiques. Ainsi la dynamique de la chromatine changerait en fonction de l'état métabolique de la cellule : un stress permettrait l'émergence de nouveaux profils d'expression génique, tandis qu'un équilibre favoriserait la stabilisation du profil existant.

Le flux métabolique comme force structurante

Il n'existe pas d'observations directes des variations de modifications épigénétiques en fonction du flux métabolique. Mais il faut dire que personne n'a cherché à les démontrer jusqu'à maintenant ! Néanmoins, il existe beaucoup d'observations sur les corrélations d'une part entre métabolisme et différenciation et d'autre part, entre différenciation et modifications épigénétiques. Certains états du métabolisme correspondent à des comportements cellulaires particuliers. Les cellules qui prolifèrent rapidement sont toujours caractérisées par une prépondérance du métabolisme anaérobie. De forts taux de glycolyse sont une des premières caractéristiques reconnues des cellules tumorales. Les cellules embryonnaires aussi sont caractérisées par une production d'énergie par anaérobie (sans utilisation d'oxygène). Les cellules en culture prolifèrent plus rapidement si elles sont maintenues en hypoxie. Les embryons précoces ne se développent bien *in vitro* que si la concentration en oxygène est élevée. Il y aurait encore une multitude d'exemples, mais il est impossible de les citer tous ici.

En revanche, les cellules différenciées produisent de l'énergie majoritairement par un métabolisme oxydatif (utilisant de l'oxygène). De nombreuses études ont montré qu'une variation de la concentration en oxygène interfère avec le processus de différenciation[25]. En général, ce processus est caractérisé par un changement du rapport entre anaérobie et oxydation en faveur de ce dernier. Par exemple, des myoblastes, qui sont des précurseurs des cellules musculaires en prolifération, utilisent la glycolyse pour produire de l'énergie. La différenciation de ces cellules s'accompagne d'un changement métabolique concomitant avec l'arrêt de la prolifération[26]. Les mêmes observations ont été faites sur d'autres types cellulaires.

Peut-on envisager une explication logique de ces observations ? D'un point de vue physique, la cellule vivante est un système thermodynamique ouvert éloigné de l'équilibre. Elle est maintenue dans cet état (vivant) par un flux constant d'énergie. En absence d'oxygène, le métabolisme ne peut être qu'anaérobie. Ce mode de fonctionnement est inefficace du point de vue de la quantité d'énergie emmagasinée dans des molécules comme l'ATP ou le NADH. Si la cellule dispose de ressources suffisantes, le manque d'efficacité ne pose pas de difficultés. Pour maintenir le flux d'énergie nécessaire à la conservation de la structure dynamique de la cellule, il suffit d'ouvrir le « robinet d'entrée », c'est-à-dire d'augmenter la quantité des ressources utilisées. Une des conséquences alors de l'augmentation du flux de matière est l'accumulation d'une quantité plus importante du produit final. Une façon de « se débarrasser » de ce produit est de l'éliminer, par exemple sous forme de lactate. Mais si les ressources sont plus que suffisantes, le surplus d'énergie et de matière est utilisé pour constituer des réserves *via* l'acétyl-CoA et la synthèse des macromolécules (lipides, protéines, sucres). Cependant, il ne faut pas oublier que ces « réserves » sont en même temps des enzymes, membranes et structures de la cellule ! Le volume et la masse de la cellule augmentent donc et tôt ou tard, cette cellule n'aura pas d'autre choix que de se diviser ! La situation est très différente si la concentration en oxygène dans l'environnement est élevée. L'oxygène, tout d'abord, est un danger, car l'oxydation produit des radicaux libres qui endommagent la cellule. C'est pour se protéger que la cellule a besoin de « brûler » l'oxygène dans des conditions contrôlées et elle utilise pour cela les ressources disponibles, qui sont consumées complètement et ne produisent que de l'eau et du CO_2. Le résultat est que la cellule disposera d'une grande quantité d'énergie sous forme d'ATP, mais de relativement peu de matières premières disponibles pour la biosynthèse. Par conséquent, les cellules qui brûlent l'oxygène pour se protéger ne peuvent guère proliférer. En revanche, elles ont de l'énergie à dépenser pour d'autres fonctions que la synthèse. Ainsi la voie est ouverte à la division des tâches entre les cellules : c'est ce que nous appelons la différenciation. Une telle division des tâches est une condition préalable à la formation des organismes pluricellulaires. Mais du « point de vue » de la cellule, il s'agit d'une adaptation qui permet de dépenser l'énergie qui s'accumule sous forme d'ATP comme un produit secondaire d'un mécanisme d'autoprotection contre le stress oxydatif.

---

25 Smith *et al.*, 2000.
26 Di Carlo *et al.*, 2004.

Conclusion

Le programme de recherche basé sur la vision déterministe du vivant a accumulé une grande quantité d'observations et de données sur la structure et le fonctionnement du génome. Il a également produit des observations sur la nature très dynamique des structures qui ne sont pas compatibles avec la vision déterministe. C'est en partant de ces observations que j'ai proposé de réinterpréter les données existantes du point de vue d'une hypothèse non déterministe. En effet, si nous tenons compte de la nature stochastique et dynamique des interactions moléculaires, l'expression génique apparaît aussi comme un processus stochastique dont l'issue (activité ou inactivité) est aléatoire et ne dépend pas d'un programme préétabli et codé dans le génome. L'apparente régularité de l'expression génique au cours du développement ou de la différenciation cellulaire est le résultat :

– de l'autostabilisation de l'expression ou de la répression par des interactions auto-organisationnelles des réseaux de gènes et des modifications épigénétiques ;

– de la « mémoire épigénétique » des états antérieurs emmagasinée dans les mêmes réseaux ;

– de la contribution que l'expression ou la répression du gène en question apporte à l'état physiologique de la cellule. L'homéostasie cellulaire agit comme une force stabilisatrice sur l'état d'expression des gènes. Tout départ de l'équilibre homéostatique induit par des changements d'environnement agit comme un « générateur » de variabilité d'expression génique. Ce générateur augmente la dynamique de la chromatine grâce aux liens mécanistiques qui existent entre le métabolisme énergétique de la cellule et les modifications post-traductionnelles des protéines de la chromatine.

L'interprétation que j'ai présentée ici intègre les niveaux d'organisation moléculaire (chromatine), cellulaire (métabolisme et phénotype) et intercellulaire (tissu organisé) dans une même logique. A chaque niveau, la structure émerge de façon dynamique grâce aux interactions entre ses éléments, les flux d'énergie et de matière assurés par le métabolisme cellulaire, et les contraintes imposées, d'une part par les états par lesquels le système est passé (l'histoire) et, d'autre part, les conditions du présent. La force structurante est le flux continu d'énergie qui maintient l'organisation dynamique hors équilibre thermodynamique.

Quelles sont les implications de l'interprétation que je propose ? Un nombre important de données ne trouve pas sa place dans le modèle « instructionniste » basé sur la notion de programme génétique. C'est le cas en particulier de l'expression aléatoire des gènes ou la dynamique d'assemblage et d'échanges des complexes macromoléculaires. Pourtant il s'agit là d'observations connues et validées. La nature aléatoire de ces processus crée des variations, considérées par le modèle instructionniste comme « bruit » délétère. En revanche, ces variations moléculaires trouvent leur place naturelle dans un modèle de type « variation-sélection », comme proposé par J.J. Kupiec pour la différenciation cellulaire[27]. La relation probable entre le métabolisme et les modifications de la chromatine *via* la concentration des substrats permet d'établir un lien mécanistique entre des niveaux d'organisation différents.

Bien que le modèle présenté ici repose en grande partie sur des observations confirmées, une analyse expérimentale est nécessaire pour confirmer les hypothèses posées. La

---

[27] *Ibid* note 16.

confirmation expérimentale du nouveau modèle ouvrira le chemin vers une exploration différente du développement et de la différenciation, mais aussi de pathologies comme le cancer ou les maladies dégénératives.

Références bibliographiques

CATEZ F., YANG H., TRACEY K.J., REEVES R., MISTELI T., BUSTIN M., 2004. Network of dynamic interactions between histone H1 and high-mobility-group proteins in chromatin. *Mol. Cell. Biol.* 24 (10), 4321-4328.

CHELLY J., CONCORDET J.P., KAPLAN J.C., KAHN A., 1989. Illegitimate transcription : transcription of any gene in any cell type. *Proc. natl. Acad. Sci. USA.* 86 (8), 2617-2621.

CRAIG J.M., 2005. Heterochromatin : many flavours, common themes. *BioEssays* 27, 17-28.

DESCARTES R., 2004. *Discours de la méthode.* Garnier Flammarion, Paris, 189 p.

DI CARLO A., DE MORI R., MARTELLI F., POMPILIO G., CAPOGROSSI M.C., GERM A., 2004. Hypoxia inhibits myogenic differentiation through accelerated MyoD degradation. *J. Biol. Chem.* 279, 16332-16338.

DILLON N., FESTENSTEIN R., 2002. Unravelling heterochromatin : competition between positive and negative factors regulates accessibility. *Trends Genet.* 18, 252-258.

FEDOROFF N., FONTANA W., 2002. Small numbers of big molecules. *Science* 297, 1129-1131.

GILBERT S.F., 1996. *Biologie du développement.* De Boeck & Larcier s.a., 892 p.

HUME D., 2000. Probability in transcriptional regulation and its implication for leukocyte differentiation and inducible gene expression. *Blood* 96, 2323-2328.

KO M.,1992. Induction mechanism of a single gene molecule. *BioEssays* 14, 341-346.

KUPIEC J.J., 1983. A probabilist theory for cell differentiation, embryonic mortality and DNA C-value paradox. *Specul. Sci. Technol.* 6, 471-478.

KUPIEC J.J., SONIGO P., 2000. *Ni Dieu ni gène.* Le Seuil, Paris, 240 p.

KURAKIN A., 2005. Self-organization *versus* Watchmaker : stochastic dynamics of cellular organization. *Biol. Chem.* 386 (3), 247-254.

LEDERBERG J., 1988. Ontogeny of the clonal selection theory of antibody formation. *Ann. N.Y. Acad. Sci.* 546, 175-187.

LEMON B., TIJAN R., 2001. Orchestrated response : a symphony of transcription factors for gene control. *Genes Dev.* 14, 2551-2569.

LEVSKY J.M., SINGER R.H., 2003. Gene expression and the myth of the average cell. *Trends Cell Biol.* 13, 4-6.

LEVSKY J.M., SHENOY S.M., PEZO R.C., SINGER R.H., 2002. Single cell gene expression profiling. *Science* 297, 836-841.

MAYR E., 1982. *Histoire de la biologie ; diversité, évolution et hérédité.* Fayard, Paris, 894 p.

MISTELLI T., 2001 Protein dynamics : implications for nuclear architecture and gene expression. *Science* 291, 843-847.

ORPHANIDES G., REINBERG D., 2002. A unified theory of gene expression. *Cell* 108, 439-451.

OSTER D., 2002. Brownian ratchets: Darwin's motors. *Nature* 417, 25.

SCHREIBER S.L., BERNSTEIN B.E., 2002. Signaling network model of the chromatin. *Cell* 111, 771-778.

SMITH J., LADI E., MAYER-PROÖSCHEL M., NOBLE M., 2000. Redox state is a central modulator of the balance between self-renewal and differentiation in a dividing glial precursor cell. *Proc. natl. Acad. Sci. USA.* 97, 32-37.

SONNENSCHEIN C., SOTO A., 1999. *The society of cells.* BIOS Scientific, 154 p.

ULREY C.L., LIU L., LUCY G. ANDREWS L.G., TOLLEFSBOL T.O., 2005. The impact of metabolism on DNA methylation. *Hum. Mol. Genet.* 14, R139-147.

WATERLAND R.A., JIRTLE R.L., 2003. Transposable elements : targets for early nutritional effects on epigenetic gene regulation. *Mol. Cell. Biol.* 23 (15), 5293-5300.

WATERLAND R.A., JIRTLE R.L., 2004. Early nutrition, epigenetic changes at transposons and imprinted genes, and enhanced susceptibility to adult chronic diseases. *Nutrition* 20 (1), 63-68.

Chapitre 3
Multistabilité et épigenèse
dans les systèmes biologiques

M. LAURENT

La querelle entre partisans d'une approche globale (holistes) et tenants de la nécessité d'une décomposition des systèmes complexes en leurs éléments constitutifs élémentaires (réductionnistes) remonte à l'Antiquité. La permanence de ce débat ne signifie pas qu'il se pose aujourd'hui dans les mêmes termes qu'il y a deux millénaires, la distinction apportée par les Éléates[1] entre le monde réel et celui des apparences étant forclose. C'est au nom du pragmatisme et non de l'idéologie qu'est souvent proclamée la victoire de l'approche réductionniste. L'accumulation vertigineuse des connaissances biologiques, au cours des trente dernières années, est indiscutablement liée au développement d'outils permettant d'atteindre le niveau supposé fondamental de l'architecture des systèmes biologiques, celui des gènes et des protéines. Pour autant, l'intelligibilité du vivant peut-elle se réduire à la sommation des propriétés individuelles des briques élémentaires que forment les couples gènes/protéines ?

Il demeure souvent difficile de relier l'expression d'un gène à l'établissement d'une fonction cellulaire univoque. Les expériences d'invalidation de gènes se traduisent dans bien des cas par une absence d'effet phénotypique marquant. Les systèmes vivants se caractérisent en effet par l'existence d'une redondance fonctionnelle majeure, complexifiant toute relation directe entre la molécule et sa fonction (plus souvent ses fonctions) cellulaires. Par ailleurs, les différents niveaux d'organisation rendent certaines propriétés macroscopiques non réductibles à celles d'éléments de niveau hiérarchique inférieur. À cette diffraction des chaînes causales entre niveaux d'organisation s'ajoute une non-linéarité manifeste des degrés de complexité associés à chacun de ces niveaux. L'intelligibilité du vivant ne peut ainsi se résoudre à une problématique élémentaire où

---

[1] Les Éléates, philosophes de l'école grecque d'Elée, distinguaient le monde intelligible, immuable et seul objet de la démarche scientifique, du monde physique, changeant, connu par les sens.

une fonction cellulaire pourrait s'interpréter en termes d'expression qualitative de gènes ou de coordonnées atomiques de protéines.

En 1944 parut un ouvrage[2] du physicien Erwin Schrödinger, l'un des pères de la mécanique quantique, dont nombre de biologistes de l'immédiate après-guerre reconnaissent l'influence qu'il eut sur leur propre vision de la discipline. « Je pense qu'il suffira maintenant de peu de mots pour mettre à jour le point de ressemblance entre un mouvement d'horlogerie et un organisme. C'est tout simplement et uniquement que ce dernier a aussi comme support un solide – le cristal apériodique constitué par la substance héréditaire – soustrait en grande partie à l'agitation thermique ». Le succès de cette métaphore horlogère dépassera toutes les espérances. Elle conduira dans les années 1960, sous l'influence principale de Jacob et Monod, à la notion de « programme génétique », l'information génétique contenue dans l'ADN étant assimilée aux instructions d'un programme informatique. Par un glissement continu, la métaphore a de moins en moins été perçue comme relevant du domaine de l'analogie mais comme représentative d'une réalité concrète. Elle apparaît pour certains toujours d'actualité. La démarche de Schrödinger s'annonçait comme le précurseur de la vision essentiellement statique et structurale de la biologie contemporaine.

Les phénomènes biologiques sont habituellement conçus comme le résultat de l'action d'un facteur ou d'une combinaison de facteurs. Au niveau des processus participant au fonctionnement normal des organismes ou des cellules, c'est l'état de tel ou tel gène ou groupe de gènes qui est en général recherché comme cause ultime, même si cela fait intervenir un ensemble d'événements ou d'acteurs intermédiaires. De la même manière, l'origine des maladies caractérisant un fonctionnement anormal des organismes ou des cellules, est attribué soit à des déterminants génétiques endogènes (par exemple les « gènes du cancer »), soit à la présence d'agents pathogènes infectieux, tels des virus ou des bactéries. On connaît de plus aujourd'hui une nouvelle classe d'agents pathogènes, les prions, qui présentent un caractère infectieux tout en étant de nature endogène.

On oublie dans cette démarche réductrice les caractéristiques physico-chimiques des phénomènes biologiques. Les propriétés des matériaux constitutifs des systèmes vivants suffisent à elles seules à expliquer en grande partie leurs caractéristiques morphogénétiques (cf. chap. 4). Par ailleurs, les processus physico-chimiques se déroulant dans les systèmes vivants présentent des propriétés thermodynamiques spécifiques. L'approche dynamique souligne la nécessité de disjoindre les notions d'information et de matérialité, l'information ne devant pas nécessairement être recherchée derrière la matérialité d'une structure particulière. Non que ces informations soient intrinsèquement immatérielles ! Elles ne peuvent simplement être attribuées en propre à une structure mais résultent de leur action commune (et de leur inter-action) s'exprimant dans un environnement particulier. De telles propriétés sont dites « émergentes ». Une certaine ambiguïté est née autour de ce mot, suite à l'usage particulier qu'en fît Monod en nommant « propriété émergente » l'apparition évolutive des fonctionnalités du vivant. Althusser a fait une critique[3] de cet emploi, montrant comment s'insérait à travers lui le recours à l'explication finaliste. Les propriétés émergentes de la dynamique ne font nullement référence à un quelconque « projet » que renfermeraient les êtres vivants. L'approche dynamique ne

---

[2] Schrödinger, 1944.

[3] Althusser, 1977.

décrit pas les éléments qui composent l'ensemble mais étudie les relations existant entre ces éléments. Contrairement à la démarche analytique où l'on tente de faire remonter l'interprétation du simple vers le complexe, l'explication dynamique sera recherchée en partant du tout et en descendant vers les parties. Dans les systèmes non-linéaires (que sont par essence les systèmes biologiques), les deux approches ne sont ni équivalentes, ni nécessairement convergentes.

Les organismes vivants et leurs composants sont des systèmes ouverts, c'est-à-dire qu'ils échangent de la matière et/ou de l'énergie avec le milieu extérieur. De tels systèmes sont susceptibles de présenter trois types de propriétés dynamiques remarquables. La première, la bistabilité, la seule dont je parlerai ici, requiert pour se manifester la réalisation d'un nombre minimum de conditions. La deuxième propriété correspond aux phénomènes périodiques. Parmi ceux-ci, les rythmes circadiens (ceux qui ont une période de 24 h) tiennent une place de choix. Ces rythmes endogènes, synchronisés par l'alternance jour-nuit, se manifestent à toutes les échelles du vivant et sont universellement répandus, de la bactérie à l'homme[4]. Enfin, les systèmes ouverts éloignés de l'équilibre sont susceptibles d'être le siège d'oscillations apériodiques (chaos). Bien compris des physiciens, les phénomènes de chaos sont encore relativement mal décrits et peu étudiés en biologie, le chaos cardiaque et le chaos cérébral faisant exception. Dans ces deux exemples, l'organisme sain présente un comportement chaotique, les évolutions plus régulières se mettant en place peu de temps avant la survenue d'un événement morbide, crise cardiaque ou crise d'épilepsie selon le cas[5].

Je limiterai ici mon propos à l'évocation des phénomènes de multistabilité, en insistant sur le fait que s'il s'agit probablement de la propriété la plus fréquente, c'est aussi la plus méconnue car sa mise en évidence nécessite de pouvoir agir sur le système (d'une manière bien déterminée), sa seule observation passive pouvant ne rien révéler. Plutôt que d'en donner des définitions, je vais présenter les caractéristiques d'un comportement bi-stable à partir de deux systèmes que j'ai étudiés ces dernières années, l'opéron lactose et les maladies à prions, exemples emblématiques dont l'actualité et les implications n'échapperont à personne. J'évoquerai pour finir, de manière cursive, quelques exemples supplémentaires afin de montrer l'ubiquité probable, dans le monde vivant, de ces comportements, même s'ils peuvent rester indécelables à l'expérimentateur non averti.

L'exemple de l'opéron lactose

Historiquement, l'opéron lactose représente l'archétype du mode de régulation des gènes. C'est en grande partie son étude qui a valu à Jacob et Monod l'attribution du prix Nobel de Médecine en 1965. Jusque dans les années 1995, les connaissances à ce sujet étaient considérées comme définitivement établies ; à partir de cet exemple et en accord avec la pensée de Monod, les ouvrages d'enseignement de biologie moléculaire et cellulaire présentent, aujourd'hui encore, les phénomènes d'induction et de répression des gènes comme les mécanismes moléculaires élémentaires à partir desquels l'état d'activation génique gouverne les destinées cellulaires. Au contraire, pour qui s'intéresse à la dynamique des régulations, ce modèle illustre à la perfection l'insuffisance

---

[4] Boissin, Canguilhem, 1998.
[5] Goldberger *et al.*, 2002.

de l'approche strictement moléculaire quant à nous faire comprendre le fonctionnement des systèmes complexes, cette approche se focalisant sur les seules structures sans se donner les moyens d'en rechercher les correspondances. N'est-il pas quelque peu naïf d'imaginer les relations structures-fonctions comme de simples applications bijectives ? Nous allons voir que l'élément clé régulant le fonctionnement de l'opéron lactose n'est pas un gène mais un élément externe au système lui-même ; ce qui fait passer l'opéron d'un mode de fonctionnement à un autre dépend d'une mémoire échappant au système de codage génique. Cette régulation est de nature essentiellement épigénétique, son déterminant se trouvant dans l'environnement métabolique des gènes et non dans les gènes eux-mêmes.

Tant d'un point de vue conceptuel que de celui de l'analyse, l'exemple de l'opéron lactose est particulièrement simple (il peut en particulier s'étudier en ne considérant qu'une seule variable indépendante).

Gènes on-off : une logique et une mécanique binaires

Rappelons en quelques phrases la logique de fonctionnement de l'opéron lactose, telle qu'elle a été établie il y a presque un demi-siècle. Une protéine, appelée répresseur, est normalement (au moins lorsque les bactéries utilisent le glucose comme source de carbone) liée au promoteur d'un gène ou, plus exactement ici, à l'opérateur d'une suite de trois gènes – c'est-à-dire un opéron – transcrits sous forme d'un seul et même ARN messager dit « poly-cistronique » (fig. 3.1.).

La liaison entre le répresseur et l'opérateur interdit la transcription des gènes, l'encombrement stérique empêchant l'ARN polymérase de se fixer en son site sur l'ADN. Une petite molécule, appelée inducteur, est capable de se lier au répresseur et, ce faisant, d'en changer la conformation. Ceci conduit au détachement du complexe répresseur-inducteur de l'ADN, ce qui va alors permettre la fixation de l'ARN polymérase sur le promoteur pour initier la transcription des gènes. Il y a formation de l'ARN messager polycistronique, puis traduction en trois protéines. La première, la β-galactosidase, métabolise le lactose. Les deux autres protéines produites par l'opéron sont la transacétylase, qui catalyse une modification post-traductionnelle dispensable, et la perméase, qui joue au contraire un rôle fondamental dans la dynamique des régulations. Elle facilite le transport de l'inducteur (et aussi du lactose) du milieu extracellulaire vers le milieu intracellulaire, accélérant sa diffusion au travers de la paroi bactérienne.

L'inducteur naturel du système est un isomère du lactose appelé allolactose. La β-galactosidase possède une activité enzymatique secondaire par laquelle elle transforme le lactose en allolactose. D'autres inducteurs dits « gratuits » (IPTG, TMG)[6] ont été utilisés expérimentalement pour décrypter le fonctionnement de l'opéron. Ce sont des dérivés chimiques du lactose qu'ils peuvent remplacer dans son rôle d'inducteur (ils sont donc capables de former un complexe avec le répresseur), sans être pour autant métabolisés, c'est-à-dire détruits par la β-galactosidase. Leur utilisation permet de s'affranchir d'un mécanisme annexe de régulation de l'opéron (la répression catabolique) qui, en se superposant au mécanisme étudié ici, en masquerait en partie la manifestation.

---

[6] IPTG, isopropyl-β-D-galactoside. TMG, thiomethyl-β-D-galactoside

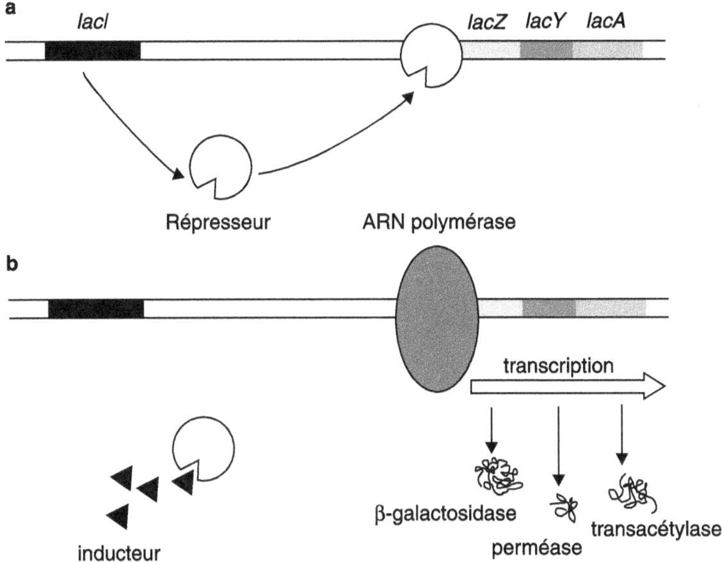

Figure 3.1. États réprimé (a) et déréprimé (b) de l'opéron lactose. Les gènes *lacZ*, *lacY* et *lacA* codent respectivement pour la β-galactosidase, la perméase et la transacétylase, trois protéines impliquées dans l'utilisation du lactose par les bactéries *E. coli*. Ces trois gènes sont transcrits sous forme d'un messager poly-cistronique. La protéine répresseur, codée par le gène régulateur *lacI*, est, en absence d'inducteur, fixée sur le site opérateur (équivalent d'un promoteur pour un opéron), empêchant la fixation de l'ARN polymérase. L'inducteur, en se liant au répresseur, le libère de l'ADN, permettant de ce fait la liaison de l'ARN polymérase et la transcription des gènes *lacZ*, *lacY* et *lacA*.

Prigogine, ou l'opéron dissipatif

Étudiant biochimiste en 1977, je m'intéressais – davantage par curiosité intellectuelle que par nécessité pour mon travail de thèse qui était très expérimental – aux premières applications des théories de Prigogine (et de l'école de Bruxelles qu'il dirigeait) à la biologie. Et en 1977 était publié l'ouvrage de Nicolis et Prigogine, *Self-organization in Nonequilibrium Systems. From dissipative Structures to Order through Fluctuations* dans lequel le futur prix Nobel de chimie présentait une synthèse de travaux théoriques sur les structures dissipatives, éléments d'organisation des systèmes ouverts éloignés de l'équilibre. Une quinzaine de pages de l'ouvrage étaient consacrées à l'opéron lactose, sa dynamique étant décrite par un ensemble de 5 équations différentielles. Je me souviens avoir regardé dès cette époque cette publication et ne pas y avoir compris grand-chose. Probablement n'étais-je pas le seul dans ce cas (au moins parmi la communauté des biologistes), tant il est vrai qu'aujourd'hui encore, il est difficile de trouver un texte de référence ou un article spécialisé évoquant l'opéron lactose et citant l'approche originale de l'école de Bruxelles (la première publication[7] sur le sujet date de 1972).

---

[7] Babloyantz, Sanglier, 1972

Plusieurs éléments concourent à faire que ce travail eut si peu d'écho parmi les biologistes. En premier lieu, une aversion (inculture ou incompréhension, l'une nourrissant l'autre de manière réciproque) presque « constitutive » d'une majorité de biologistes à toute approche mathématique des phénomènes dont l'étude justifie leur activité. En deuxième lieu, concernant la question précise de l'opéron lactose, les biologistes ne voyaient ni l'intérêt, ni le but d'une telle modélisation, tant l'analyse des données moléculaires expérimentales semblait (à tort comme nous allons le voir) donner une compréhension claire, limpide et exhaustive des mécanismes mis en jeu. En dernier lieu, le modèle proposé était extrêmement compliqué et surtout inutilement compliqué par rapport à la simplicité du problème posé. De plus, aucun effort didactique ne rendait cette présentation accessible aux non-spécialistes. Pour autant, l'examen rétrospectif montre bien évidemment que Prigogine et son équipe avaient compris, plusieurs dizaines d'années avant les spécialistes du domaine, la dynamique de régulation de l'opéron lactose et que c'est avec raison qu'ils avaient choisi ce système comme un exemple de la pertinence de leur approche à la compréhension du fonctionnement des systèmes vivants.

L'effet de « maintenance » : l'expérience clé de Novick & Weiner

Dès la fin des années 1950, des données expérimentales laissaient soupçonner que le modèle moléculaire de fonctionnement de l'opéron lactose présentait quelques insuffisances. Ces données furent oubliées, tant elles semblaient devoir remettre en question la construction de cet édifice si patiemment élaboré. Surtout, on ne disposait pas des fondements théoriques (les structures dissipatives) permettant d'en donner une interprétation raisonnée.

Les travaux en question sont ceux de deux équipes, celle de Cohn et Horibata (1959) d'une part et de Novick et Weiner (1957) d'autre part. La figure 3.2 présente l'expérience clé de ces derniers montrant l'existence de ce qu'ils appelèrent la « concentration de maintien » en inducteur, concept étranger au modèle moléculaire précédemment présenté. Cette démarche illustre le type d'approche expérimentale permettant de révéler l'existence d'un phénomène de multistabilité, approche que l'on n'envisagera pas de mettre en œuvre si l'on ne connaît pas l'existence possible de ce type de propriété liée à la dynamique du système.

L'expérience consiste à faire pousser des bactéries en conditions de répression (milieu pauvre en inducteur), conditions où les cellules sont incapables de consommer le lactose (elles sont dites non-induites). Au temps zéro de l'expérience, les bactéries sont transférées dans un milieu à forte concentration en inducteur et la culture est aussitôt séparée en deux lots. L'un est maintenu en présence d'inducteur concentré, alors que l'autre est replacé en conditions de concentration faible en inducteur. Le lot maintenu à forte concentration en inducteur va se déréprimer, les bactéries se mettant rapidement à consommer le lactose (elles sont devenues induites). En revanche, les cellules appartenant au deuxième lot resté un temps très court en présence d'une forte concentration en inducteur, ne sont pas induites et demeurent incapables de consommer le lactose.

Les deux lots étant stabilisés, toutes les cellules sont replacées en conditions de faible concentration en inducteur ; on constate alors que les cellules qui ont été déréprimées restent déréprimées. On se trouve ainsi, à l'issue de cette expérience, dans une situation à première vue paradoxale, dans laquelle des cellules génotypiquement identiques et placées dans des conditions de milieu rigoureusement semblables (en particulier en ce

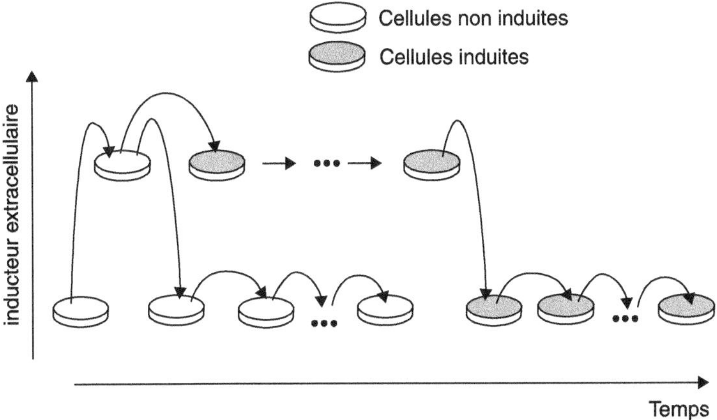

Figure 3.2. L'expérience de Novick & Weiner[8] et l'existence d'une concentration de maintien.

qui concerne la concentration en inducteur extracellulaire), possèdent un phénotype différent : certaines sont induites et capables de métaboliser le lactose, d'autres en sont incapables parce que réprimées. Tout se passe comme si s'était produite une altération de l'état des gènes, altération rendant les cellules insensibles à certains paramètres de leur environnement (en l'occurrence la concentration extracellulaire en inducteur). Or l'examen du patrimoine génétique de l'une et l'autre populations ne révèle aucune différence de ce type. Seule l'analyse de la dynamique des régulations mises en jeu va nous permettre de comprendre les résultats de cette expérience.

Un modèle simple

La logique des régulations en question montre l'existence d'une boucle de rétroaction positive : l'inducteur intracellulaire favorise la synthèse de la perméase et la perméase facilite l'entrée de l'inducteur dans la cellule, augmentant sa concentration intracellulaire ; plus il y a d'inducteur, plus il y aura de perméase et plus il y a de perméase, plus il y aura d'inducteur : le système est de type auto-catalytique. Cette auto-amplification est non-linéaire et la vitesse du processus global possède une limite (qui correspond à la vitesse maximum de transcription et de traduction du messager).

Ce processus d'auto-amplification « bornée » peut être modélisé en considérant que la vitesse v_{in} à laquelle l'inducteur pénètre à l'intérieur de la cellule est une fonction sigmoïde de la concentration en inducteur intracellulaire, $[a_i]$[9]. L'inducteur intracellulaire

---

[8] Novick, Weiner, 1957.

[9] Cette vitesse sera également proportionnelle (constante de vitesse de premier ordre k_0) à la concentration en inducteur extracellulaire $[a_e]$. Il faut enfin tenir compte de l'existence d'une très faible diffusion passive de l'inducteur, ce qui permet d'amorcer le système. L'équation de vitesse v_{in} associée au passage de l'inducteur du milieu extra vers le mileu intracellulaire peut ainsi se mettre sous la forme :

$$v_{in} = [a_e]\left(k_0 + \frac{[a_i]^n}{K + [a_i]^n}\right)$$

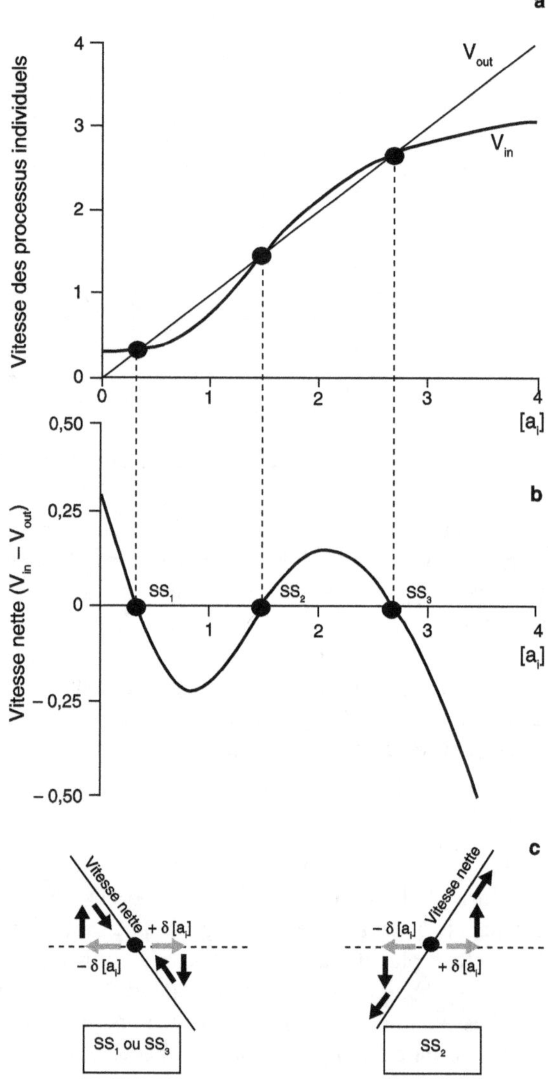

est par ailleurs soumis à deux processus élémentaires (de vitesse globale $v_{out} = k_{out}\,[a_i]$) responsables de sa disparition, sa liaison au répresseur et son catabolisme. L'évolution temporelle de la concentration intracellulaire en inducteur sera décrite par l'équation différentielle suivante :

$$\frac{d[a_i]}{dt} = v_{in} - v_{out}$$

La figure 3.3. montre que les propriétés du système gouverné par cette équation peuvent être identifiées de manière grapho-analytique.

Figure 3. 3. Dynamique de la régulation de l'opéron lactose.
(a) *Vitesses individuelles de production (v_{in}) et d'élimination (v_{out}) de l'inducteur intracellulaire a_i.*
Pour les valeurs choisies des paramètres, les graphes de v_{in} et v_{out} présentent 3 intersections pour
lesquelles, $v_{in}=v_{out}$
(b) *Vitesse nette de production de l'inducteur* a_i. Lorsque $v_{in}=v_{out}$, $d[a_i]/dt = 0$: $[a_i]$ ne varie plus
au cours du temps. Une telle valeur de $[a_i]$ constitue un état stationnaire. Il existe, pour le jeu de
paramètres choisi, 3 états stationnaires notés SS_1, SS_2 et SS_3
(c) *Stabilité des états stationnaires*. La stabilité de chaque état est testée en effectuant de petites
perturbations $\delta[a_i]$ au voisinage de chacun d'entre-eux. Deux situations peuvent se présenter. Si
la vitesse nette a une pente négative (états SS_1 et SS_3), l'addition $+\delta[a_i]$ se traduit par une vitesse
nette négative : il est donc détruit, par unité de temps, plus d'inducteur qu'il n'en est produit. La
fluctuation va ainsi être éliminée et le système revenir vers l'état stationnaire. Il en serait de même
pour une perturbation négative $-\delta[a_i]$. En SS_1 et SS_3, les petites perturbations sont éliminées : ces
états stationnaires sont stables. Le deuxième cas concerne la situation où la vitesse nette a une pente
positive (état SS_2). Ici, les petites perturbations $\delta[a_i]$ sont amplifiées et le système s'écarte de cet
état stationnaire (qui est donc instable).

Le système est susceptible de présenter *trois états stationnaires* distincts, deux stables qui sont des *attracteurs* et un troisième, instable, qui est un *répulseur*. Outre leur
propriété de stabilité, les états stationnaires se différencient aussi par les valeurs de la
concentration $[a_i]$ auxquelles ils correspondent. L'état stable SS_1 est associé à une très
faible concentration en inducteur intracellulaire. Il correspond à un état réprimé de l'opéron car cette faible concentration se traduit par la formation d'une quantité trop faible
de complexe inducteur-répresseur pour permettre la fixation de l'ARN polymérase sur
l'ADN. Au contraire, l'état stationnaire SS_3 est un état stable à très forte concentration en
inducteur intracellulaire : il va donc être associé à une fixation optimale de l'inducteur
sur le répresseur, ce qui entraînera le relargage du complexe inducteur-répresseur de
l'ADN et la transcription des gènes de structure. L'état stationnaire SS_3 est donc un état
déréprimé.

L'état instable SS_2 correspond à un *seuil* délimitant les *bassins d'attraction* des
états stables SS_1 et SS_3. Ces notions de seuil et d'attracteur sont omniprésentes dans
les systèmes bistables. Un seuil correspond à une valeur de la variable (ou d'un paramètre) en deçà et au-delà de laquelle le système va changer d'état pour être entraîné,
par amplification spontanée, vers le nouvel état stable. Le paramètre peut par exemple
être la concentration en inducteur extracellulaire $[a_e]$. Il existe une valeur seuil de cette
concentration au-delà de laquelle le système adopte l'état déréprimé (correspondant à
une concentration stationnaire élevée en a_i) et en-deçà de laquelle l'opéron reste réprimé
(la valeur stationnaire de la variable $[a_i]$ est faible). Il existe ainsi une discontinuité entre
états réprimé et déréprimé, la transition de l'un vers l'autre se faisant de manière brutale et non progressive. La valeur seuil (qui est en fait un état stationnaire instable ou
« répulseur ») constitue un point de bifurcation entre les deux états stables (réprimé et
déréprimé) qui se comportent, eux, comme des attracteurs.

États stationnaires multiples et hystérèse

Les 3 états stationnaires ne coexistent que pour certaines combinaisons des paramètres du système (figure 3.4). Ainsi, selon la valeur de la concentration extracellulaire
en inducteur, le système possède 1 ou 3 états stationnaires (dans ce cas, seuls 2 d'entre-
eux sont stables). Quand il est unique (le système n'a alors pas d'alternative), l'état

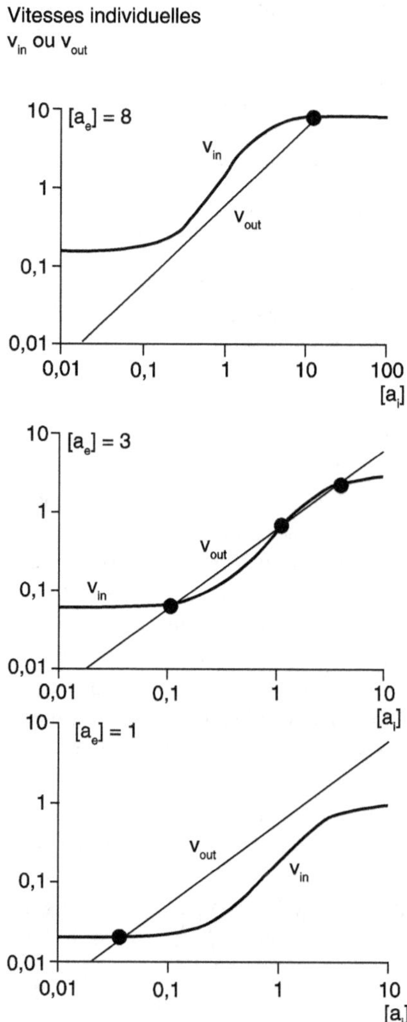

Figure 3. 4. Unicité ou multiplicité des états stationnaires, selon la valeur de la concentration extracellulaire en inducteur [a_e].

Tous les paramètres du modèle sont identiques dans ces 3 simulations, à l'exception de la concentration en inducteur dans le compartiment extracellulaire [a_e].

Le paramètre [a_e] n'intervient que dans l'expression de v_{in}, de sorte que le graphe de v_{out} est le même dans les trois simulations.

Pour une valeur de [a_e] égale à 3 (unités arbitraires), il existe 3 intersections entres les graphes de v_{in} et v_{out}, donc 3 états stationnaires pour le système. Comme indiqué précédemment, les états extrêmes sont stables alors que l'état intermédiaire est instable.

Pour une valeur forte (ici 8) de la concentration extracellulaire [a_e], seul subsiste l'état stationnaire déréprimé correspondant à une valeur élevée de [a_i]. Au contraire, pour une valeur faible de [a_e] (soit 1 dans cette simulation), le seul état stationnaire du système est l'état réprimé, c'est-à-dire celui associé à une faible valeur de [a_i].

stationnaire est l'état déréprimé si la concentration $[a_e]$ est forte alors qu'il s'agit de l'état réprimé si la concentration $[a_e]$ est faible. Pour les valeurs intermédiaires de $[a_e]$, un choix existe entre deux états possibles. Quels sont alors les éléments qui vont déterminer le choix et, partant, le devenir du système ?

Ce qui va régler ce choix, lorsqu'il existe, c'est *l'histoire du système*, c'est-à-dire l'état dans lequel il se trouvait avant la perturbation. Pour comprendre cette question importante, il est nécessaire de construire une courbe *d'hystérèse*, c'est-à-dire une courbe décrivant l'évolution du système lorsque l'on fait varier de manière continue un paramètre (ici, la concentration en inducteur extracellulaire, $[a_e]$) en partant de différents états initiaux et en changeant le sens de variation de ce paramètre. La courbe d'hystérèse (qui se calcule mathématiquement) rassemble toutes les valeurs stationnaires de la variable $[a_i]$ lorsque le paramètre de contrôle $[a_e]$ varie dans une gamme choisie.

La trajectoire représentée sur la figure 5 donne le résultat de ces calculs. En accord avec ce qui a été dit précédemment, on constate l'existence de deux zones de valeurs de $[a_e]$ pour laquelle existe un seul état stationnaire et une gamme de valeurs intermédiaires pour lesquelles deux états stationnaires stables coexistent et entourent un troisième état instable. Dans le plan ($[a_i]$, $[a_e]$), les états stationnaires stables correspondent aux deux branches de pente positive de la trajectoire (entre l'origine des axes et le point D d'une part, et au-delà du point E d'autre part). Les états stationnaires instables sont eux localisés sur la branche de pente négative (entre D et E).

Comment le système parcourt-il cette trajectoire ? Imaginons que l'on parte d'une concentration initiale faible en inducteur extracellulaire (point A par exemple). Le

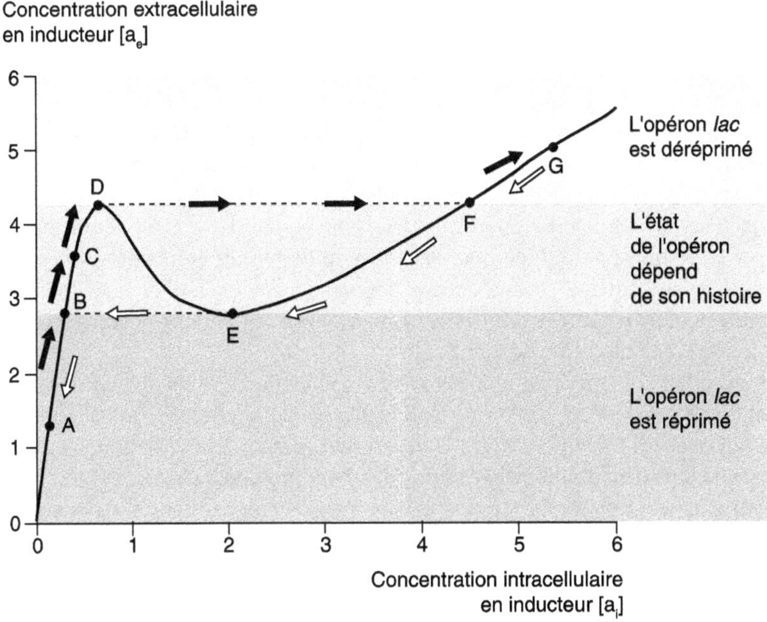

Figure 3.5. Courbe d'hystérèse de l'opéron lactose, dans le plan [a_i], [a_e].

système possède un seul état stationnaire possible pour cette valeur du paramètre $[a_e]$. Une faible valeur de la variable $[a_i]$ est associée à cet état ; le système est donc réprimé et incapable de consommer le lactose. On augmente légèrement la concentration extracellulaire en inducteur (flèches noires). Le système ajuste en conséquence la valeur stationnaire de la variable $[a_i]$ (point B), l'état stationnaire restant un état à faible concentration en inducteur intracellulaire. Cette situation perdure tant que le système ne dépasse pas le point D sur la trajectoire. Puis brusquement, si l'on augmente $[a_e]$ au-delà de la valeur correspondant à l'ordonnée du point D, le système bascule (flèches noires horizontales, de D à F) sur la branche stable correspondant à l'état déréprimé (fortes valeurs de la variable $[a_i]$). Si l'on continue à augmenter la concentration externe en inducteur, le système parcourt cette nouvelle branche d'états stationnaires à forte concentration $[a_i]$ (vers G par exemple), et reste donc déréprimé.

Si l'on regarde maintenant des variations inverses, en partant d'un système initialement déréprimé (point G par exemple) et en diminuant la concentration en inducteur extracellulaire $[a_e]$ (flèches blanches), on observe une discontinuité analogue, mais qui suit un chemin différent de celui emprunté lors de la transition « aller ». En atteignant le seuil E, le système va revenir sur la branche de stabilité correspondant à l'état réprimé en effectuant un saut brutal de E vers B (flèches blanches horizontales).

Dans le plan ($[a_i]$, $[a_e]$), le modèle présente donc une zone intermédiaire (grisé moyen sur la fig. 3.5) où coexistent deux états différents de l'opéron, un état réprimé et un état déréprimé, pour une même concentration en inducteur extracellulaire $[a_e]$. Cela est à rapprocher des résultats de l'expérience de Novick et Weiner décrite précédemment. On comprend ainsi pourquoi l'opéron lactose peut être réprimé ou au contraire déréprimé, pour une même concentration en inducteur extracellulaire. La propriété ici en jeu, qualifiée d'hystérèse, constitue une caractéristique fondamentale du comportement dynamique des systèmes bistables. Lorsque plusieurs états stationnaires coexistent, l'état adopté par toute cellule dépend de ce qu'il était avant la modification du paramètre externe. Si la cellule était induite (c'est-à-dire si elle se trouvait sur la branche haute de stabilité), elle et sa descendance resteront induites. Si elle était non-induite, elle et sa descendance demeureront dans cet état. Ainsi, des bactéries ayant le même patrimoine génétique et ne différant que par leur adaptation (leur induction ou non-induction) à la croissance en milieu lactose, auront acquis une différence phénotypique qu'elles seront capables de conserver et de transmettre bien que placées, une fois la différenciation effectuée, dans des conditions de milieu identiques. Ce processus d'*héritage phénotypique* est la conséquence directe du phénomène d'hystérèse grâce auquel les cellules se comportent comme si elles avaient une mémoire de leur passé.

Une excellente manière de montrer expérimentalement l'existence d'un phénomène de bistabilité consiste à établir la courbe d'hystérèse du système, ce qui suppose de pouvoir caractériser les transitions entre états alternatifs suite à la variation d'un paramètre dans un sens puis dans l'autre. Il ne s'agit pas d'un protocole standard (ou intuitif) pour un expérimentateur peu au fait de ces phénomènes, ce qui explique sans doute pourquoi cette expérience n'a jamais été réalisée dans le passé sur l'opéron lactose. En utilisant l'IPTG comme inducteur gratuit et en mesurant l'activité β-galactosidase chez des bactéries *E. coli* sauvages, j'ai pu montrer[10], en mettant en œuvre une telle stratégie, l'exis-

---

[10] Laurent *et al.*, 2005.

tence caractéristique du phénomène d'hystérèse. Cette analyse expérimentale souligne aussi toute l'importance de la boucle de rétroaction introduite par l'action de la perméase. En effet, dans une souche mutante d'*E. coli* chez laquelle la perméase est inactive, le phénomène d'hystérèse disparaît, en accord avec les prédictions de notre modèle.

Delbrück, une pensée visionnaire quelque peu oubliée

Même si l'histoire (comme les manuels d'enseignement) a pendant longtemps privilégié la vision déterministe qu'avait Monod du fonctionnement de l'opéron lactose et des mécanismes de régulation des gènes, d'autres chercheurs ont eu très tôt une vision plus éclairée de la question. Il est à ce propos instructif de se reporter aux expériences originales et à leur interprétation de l'époque. Dans le premier d'une série de trois articles consécutifs publiés en 1959, Cohn et Horibata écrivaient[11] : « Il semble clair que deux états stationnaires stables par rapport à la synthèse de β-galactosidase peuvent être maintenus par une population génétiquement homogène croissant dans un milieu donné ». Dix ans auparavant, le généticien Max Delbrück postulait[12] : « Une cellule peut exister sous deux états fonctionnellement différents d'équilibre de flux, sans que cela implique un changement quelconque dans la propriété des gènes, plasmagènes, enzymes, ou de toutes autres unités structurales ; les passages d'un état à un autre peuvent être provoqués par des modifications transitoires des conditions de milieu ».

Se rapportant à cet article, Cohn et Horibata (1959) concluaient : « Le système [métabolique] des β-galactosides constitue un exemple expérimental du modèle de Delbrück ». En l'absence de cadre conceptuel fondant ces « états stationnaires multiples », cette interprétation n'eut que peu d'écho. Ce cadre a été fourni une vingtaine d'années plus tard par la thermodynamique des phénomènes irréversibles de Prigogine. Pour autant, commentant les divergences ayant opposé Delbrück et Monod autour des années 1950, Michel Morange écrivait en 1994[13] : « Le développement de la biologie moléculaire semble être une victoire pour les partisans du réductionnisme biologique. C'est l'étude des molécules, de leur structure, qui a révélé les mécanismes intimes de fonctionnement du vivant. Les nouveaux principes physiques dont Max Delbrück avait imaginé l'existence ne se sont jamais manifestés ». Il est vrai que dans le même ouvrage, Morange faisait remarquer (à juste titre, hélas) que la biologie moléculaire ne s'opposait pas à la thermodynamique, les biologistes moléculaires se contentant d'ignorer superbement (avec les conséquences que je viens de décrire) cette discipline dont ils pensent ne pas avoir besoin et à laquelle ils restent désespérément étrangers.

Le contraste entre l'évolution vers le désordre par dissipation d'énergie et le développement des systèmes vivants vers des structures de plus en plus complexes et organisées, forme le contexte dans lequel sont discutés (les rares fois où ils le sont encore !) les résultats de la biologie moléculaire. La thermodynamique classique opposait en effet ordre et désordre. L'état macroscopique ordonné était un état rare alors que l'état désordonné était lui adopté par l'immense majorité des configurations du système. Le programme génétique apparaissait ainsi comme la seule forme d'ordre prévisible et reproductible.

---

[11] Cohn, Horibata, 1959.

[12] Delbrück, 1949.

[13] Morange, 1994.

Reproductible car le génome d'un chou-fleur n'a jamais engendré autre chose qu'un chou-fleur ! Et prévisible car l'on postule que l'organisation fonctionnelle de la cellule et de l'organisme dépend de la seule expression régulée de ce génome qu'il convient en conséquence de décrypter.

Cependant, le XIXe siècle a également légué une vision évolutive de l'Univers. Si l'existence de la flèche du temps, à laquelle Prigogine a redonné toute son importance, n'est pas en soi une nouveauté, l'apport de l'école de Bruxelles a été de fournir une vision unifiée des descriptions microscopique et macroscopique de la nature. La flèche du temps est en effet synonyme d'irréversibilité et la physique qui s'y rapporte est une physique de non-équilibre. La thermodynamique des processus irréversibles montre le *lien étroit existant entre irréversibilité et complexité*. Le monde vivant ne viole certes pas les lois de la mécanique classique mais il ne remplit pas non plus les conditions dans lesquelles ces lois s'appliquent. Le vivant fonctionne loin de l'équilibre dans un domaine où les processus qui dissipent l'énergie sont source d'organisation et où l'idée d'une loi universelle déterministe fait place à celle de l'exploration des zones de stabilité et à la recherche des singularités. Le hasard des conditions initiales ne s'oppose plus à la généralité prévisible de l'évolution que ces conditions déterminent. Cet affrontement fait place à une dynamique où coexistent des domaines de stabilité et des zones de bifurcation engendrant de nouveaux états de stabilité ou d'instabilité. La dynamique du vivant se traduit ainsi par des comportements périodiques dans le temps et dans l'espace, par des alternances brusques entre des états qualitativement différents (multistabilité), voire encore par des évolutions chaotiques.

Loin de l'équilibre, les fluctuations, au lieu de régresser, peuvent s'amplifier et le système adopter un régime de fonctionnement nouveau constituant un véritable ordre macroscopique issu de la multitude des événements élémentaires. Ces processus de structuration ont été qualifiés de *structures dissipatives* par Ilya Prigogine. Leur existence signifie que l'irréversibilité peut jouer un rôle constructif et devenir source d'ordre collectif. Ces formes d'organisation supramoléculaire associent dans leur définition des propriétés moléculaires et des grandeurs macroscopiques qui caractérisent le système comme un tout (flux, gradient, dimensions). C'est l'ensemble des réactions et non l'une ou l'autre qui, dans certaines conditions de flux, produit un régime de fonctionnement stable. Dans certaines circonstances, le désordre reste insignifiant et les fluctuations régressent (zone de stabilité) alors que dans d'autres les fluctuations s'amplifient (zone de bifurcation) jusqu'à mener le système vers un nouveau régime de fonctionnement. Les non-linéarités internes peuvent aussi bien engendrer un ordre macroscopique que, dans d'autres conditions, provoquer l'abolition de cet ordre pour faire apparaître, au-delà d'une autre bifurcation, un autre régime de fonctionnement, une autre forme par exemple. On est en présence d'une dialectique où des fluctuations susceptibles de provoquer des changements d'états se superposent et s'affrontent à des lois déterministes moyennes. Dès lors, le processus évolutif n'a pas pour moteur la pression sélective, l'innovation étant sélectionnée par un milieu qu'elle contribue à créer. La thermodynamique des phénomènes irréversibles souligne ainsi (pour son plus grand malheur !) l'insuffisance conceptuelle d'un réductionnisme abolu. Elle ne peut, ne serait-ce que pour cette simple raison utilitaire, gagner à sa cause les nobles mais laborieuses cohortes engagées dans les activités aussi « modernes » qu'aveugles de décodage systématique !

Bistabilité dans la dynamique des maladies à prions

L'exemple de la dynamique des maladies à prions est sensiblement plus élaboré que celui de l'opéron lactose, mais on peut en comprendre les principales propriétés à l'aide de méthodes grapho-analytiques requérant un minimum d'analyse mathématique. Cet exemple, tout aussi emblématique que celui de l'opéron lactose, conduit à reconsidérer la démarche épidémiologique habituellement utilisée où seule la présence d'un agent infectieux est recherchée et prise en compte. L'exemple des prions montre combien la situation est plus complexe, le taux d'agent infectieux présent comme sa dynamique de propagation étant des éléments dont la connaissance est fondamentale pour comprendre la mise en place des seuils au-delà desquels apparaîtront les phénomènes de pathogénicité.

La protéine prion est une protéine que l'on trouve chez tous les mammifères, de manière relativement conservée au cours de l'évolution. On en connaît aujourd'hui la structure native (c'est-à-dire la structure adoptée dans un contexte cellulaire normal chez un organisme « sain ») : elle est, pour l'essentiel, formée d'hélices α et possède également un petit élément de structure en feuillet β.

La protéine prion cellulaire normale (PrP^C) est capable de changer de conformation pour donner naissance à une structure qui, elle, possède une forte proportion de feuillets β. La protéine transconformée (notée PrP^{Sc}) est retrouvée très majoritairement dans les tissus des animaux atteints des diverses formes d'encéphalopathies spongiformes, maladies communément appelées « maladies à prions ». Le scénario de ces affections tel qu'il a été imaginé par Prusiner (qui obtiendra le prix Nobel de médecine en 1997) est le suivant : de manière spontanée (forme sporadique de la maladie), du fait d'une contamination (forme infectieuse) ou pour des raisons génétiques (forme héréditaire), un exemplaire de la protéine prion change de forme et acquiert sa conformation pathogène PrP^{Sc}. Celle-ci interagit alors avec la forme normale de la protéine, la forme pathogène « transmettant » sa conformation à la forme normale lors de cette interaction.

Une caractéristique essentielle de la forme PrP^{Sc} de la protéine dans l'apparition des signes cliniques est sa capacité d'aggrégation, c'est-à-dire sa propension à s'associer à elle-même en des édifices insolubles qui vont s'accumuler.

Construction du modèle dynamique

Les détails structuraux sont importants, par exemple pour la recherche de substances susceptibles d'empêcher le changement de forme de la protéine. Ils sont en revanche superflus dans la modélisation de la dynamique de propagation des maladies à prions. L'élément fondamental à considérer ici est la conséquence fonctionnelle des différences de structure existant entre les deux formes de la protéine et la présence de multiples équilibres thermodynamiques entre les différentes formes moléculaires de la protéine (multiplicité des états d'aggrégation et dualité PrP^C / PrP^{Sc} de la forme monomérique). La conversion entre forme normale et forme pathogène se ferait au sein d'un complexe ternaire $PrP^C(PrP^{Sc})^2$ formé par l'interaction non-covalente d'un dimère de formes pathogènes et d'un monomère de la protéine normale (fig. 3.6). Cet acte « catalytique » va donc conduire à la formation d'une troisième molécule ayant acquis la forme anormale PrP^{Sc}.

On peut par ailleurs observer, avec une fréquence infiniment faible, un changement de forme spontané de l'isomère normal en son isoforme pathogène ; je reviendrai plus loin sur ces transconformations spontanées qui, telles qu'elles sont imaginées ici, pourraient poser quelques problèmes thermodynamiques. C'est en tout cas sur leur existence que l'on s'appuie pour expliquer l'apparition de formes sporadiques des maladies à prions, formes qui s'installent sur un fond génétique normal et en absence de toute contamination. C'est le cas de la maladie de Creutzfeld-Jakob pour laquelle on recense l'apparition d'un cas sporadique nouveau par an et par million d'habitants. Chacune de ces occurrences aurait pour origine la transconformation spontanée d'une (et une seule) protéine prion normale localisée dans l'un quelconque de ses neurones…

Le schéma métabolique de la figure 3.6 est le siège d'échanges avec le milieu extérieur : il constitue donc un système ouvert. La protéine prion normale est en effet soumise à renouvellement : elle est en permanence dégradée (σ_x) et re-synthétisée (v_x) dans les neurones. Son temps de demi-vie est de l'ordre de dix minutes. En revanche, la forme anormale se dégrade beaucoup plus difficilement. C'est d'ailleurs sur cette résistance partielle aux protéases que sont basés les tests actuels de recherche et de mise en évidence, dans les tissus animaux, de la protéine prion pathogène. Par ailleurs, la prise en compte dans le schéma d'une entrée possible de forme pathogène permet de simuler un processus de contamination externe (paramètre v_y différent de 0 en ce cas). Enfin, la forme pathogène est également connue pour former des aggrégats (inactifs dans le

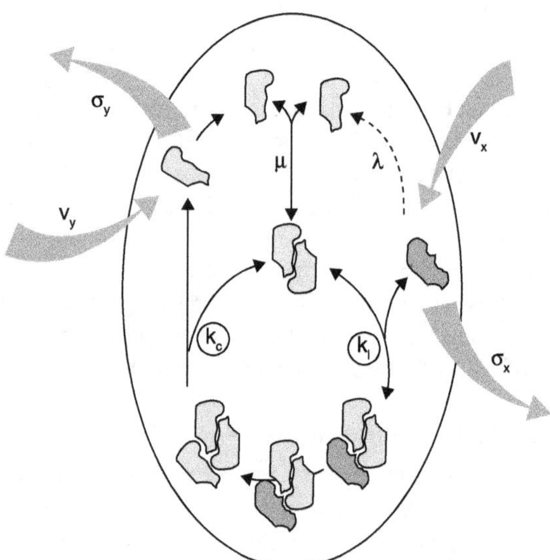

Figure 3.6 : Système dynamique ouvert incluant le *turn-over* de la protéine cellulaire normale PrP^C (caractérisée par les paramètres de synthèse et de dégradation v_x et σ_x), l'entrée possible de forme pathogène PrP^Sc contaminante (paramètre v_y) et l'engagement de cette forme pathogène dans des aggrégats inactifs (paramètre σ_y).
Les paramètres encerclés (k_c et K_l) sont les paramètres de normalisation utilisés. μ quantifie l'équilibre de dimérisation de la forme PrP^Sc, tandis que λ correspond à la constante de vitesse du processus de transconformation spontanée entre PrP^C et PrP^Sc. Sauf dans le cas spécifique de l'étude de l'influence d'une contamination externe, le paramètre v_y demeure fixé à 0.
Symbole sombre, X : protéine cellulaire normale PrP^C
Symbole clair, Y : forme pathogène PrP^Sc

processus de transconformation), ce dont on tiendra compte en simulant une fuite du premier ordre de cette forme PrP^{Sc} (paramètre σ_y).

Moyennant quelques hypothèses simplificatrices raisonnables détaillées par ailleurs[14,] ce schéma peut être réduit à 2 variables globales x_T et y_{Tm} liées par un système de deux équations différentielles et deux équations de conservation[15.] La première variable, nommée x_T, correspond à la concentration totale des espèces moléculaires contenant la forme normale de la protéine. La seconde variable, y_{Tm}, représente la concentration totale (formes libre et complexées) de l'isoforme pathogène de la protéine prion. Les grandeurs x et y désignent les concentrations correspondantes des espèces libres (non engagées dans un complexe binaire ou ternaire). L'indice *m* indique que les concentrations en question sont exprimées sous forme de concentration en monomère.

Analyse du modèle : états stationnaires et isoclines nulles

La description de la dynamique du système prion est plus complexe que celle présentée dans le cas de l'opéron lactose car le système possède ici deux variables indépendantes. Néanmoins, les propriétés dynamiques dépendent là encore de la recherche des états stationnaires du système. Le principe reste simple. À l'état stationnaire, la valeur des variables n'évolue plus au cours du temps. Dans un tel état, la dérivée de chacune de ces variables par rapport au temps est donc nulle :

$$\frac{dx_T}{d\tau} = h_1(x_T, y_{Tm}) = 0$$

$$\frac{dy_{Tm}}{d\tau} = h_2(x_T, y_{Tm}) = 0$$

La représentation graphique des solutions des équations $h_1 = 0$ et $h_2 = 0$ dans le plan de phase (plan dont les axes figurent les deux variables du système) définit les *isoclines nulles* du système. L'état stationnaire (ou les états stationnaires s'il en existe plusieurs) sera situé à l'intersection des deux isoclines nulles $h_1 = 0$ et $h_2 = 0$ puisqu'en ce point nous aurons simultanément $dx_T / d\tau = 0$ et $dy_{Tm} / d\tau = 0$, donc des concentrations invariantes au cours du temps.

La figure 3.7 présente l'allure, pour un jeu standard de valeurs des paramètres, des deux isoclines nulles associées au système différentiel tel qu'il vient d'être présenté. On constate l'existence, dans ces conditions paramétriques, de 3 intersections entre les deux graphes, témoignant de la présence de 3 états stationnaires possibles pour le système.

---

[14] Kellershohn, Laurent, 2001.

[15] Ces équations sont les suivantes (τ est un temps normalisé, sans dimension) :

$$\frac{dx_T}{d\tau} = v_x - (\lambda + \sigma_x + \mu y^2)x = g_1(x, y)$$

$$\frac{dy_{Tm}}{d\tau} = v_y + (\lambda + \mu y^2)x - \sigma_y y = g_2(x, y)$$

Deux équations de conservation leur sont associées :

$$x_T = x + xy^2 \qquad = f_1(x, y)$$

$$y_{Tm} = y + 2\mu y^2(1 + x) = f_2(x, y)$$

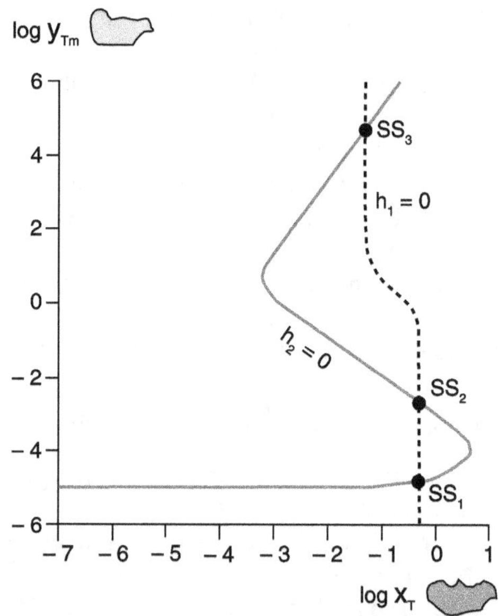

Fig. 3.7 : Isoclines nulles et états stationnaires du système.
Pour un jeu de paramètres donné, une isocline nulle correspond aux couples des valeurs des variables qui annulent une des deux équations différentielles. Il y a donc 2 isoclines nulles dans un système à 2 variables (l'une – en forme de S – est représentée en trait plein, l'autre – d'allure monotone – en pointillés).
Les états stationnaires (pour ce jeu de paramètres) se trouvent à l'intersection des graphes représentatifs de ces deux isoclines nulles, $h_1 = 0$ et $h_2 = 0$. Ils sont notés ici SS_1, SS_2, SS_3.

L'analyse de stabilité montre que les états stationnaires extrêmes SS_1 et SS_3 sont stables alors que l'état stationnaire intermédiaire SS_2 est instable. Cet état instable possède au demeurant les propriétés d'un simple seuil. On retrouve ainsi une situation semblable à celle décrite dans le cas de l'opéron lactose. L'état stationnaire stable SS_1 (auquel est associé une très faible concentration en isoforme pathogène) est un état normal, alors que l'état SS_3 (caractérisé par une très forte concentration en forme pathogène) est au contraire un état pathologique.

Des transitions entre états stationnaires extrêmement lentes

La dynamique de transition entre état normal SS_1 et état pathologique SS_3 est la même que celle décrite à propos de l'opéron lactose. Si, partant de l'état normal SS_1, on perturbe le système par addition de forme pathogène (ou par modification d'un paramètre) de sorte que l'amplitude de la perturbation reste inférieure à la valeur seuil de SS_2, le système se relaxe vers l'état normal. Par contre, si la perturbation dépasse le seuil SS_2, le système amplifie la fluctuation et se dirige vers l'état stationnaire pathologique SS_3.

S'il reste possible, comme dans tout système bistable, de définir des transitions infra- et supraliminaires, il existe néanmoins ici une particularité liée à l'existence d'une « hiérarchie des temps » faisant que les processus ne manifestent pas la totalité de leurs

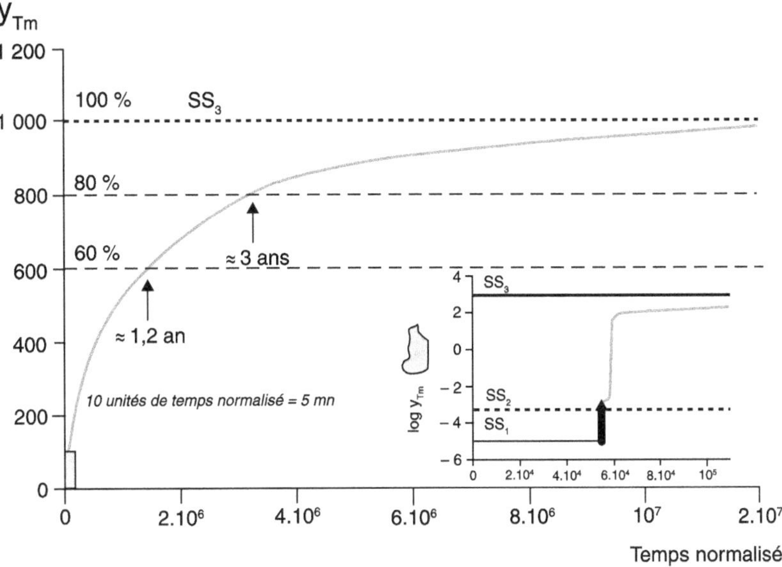

Figure 3.8. Transition lente vers l'état pathologique SS_3. Le schéma à droite montre (sur une échelle logarithmique en ordonnée) la dynamique d'évolution du système vers l'état stationnaire pathologique. Rapportée aux échelles non logarithmiques de la figure principale, ce schéma s'inscrirait dans le petit rectangle gris figurant à l'origine des axes de cette figure principale.

effets sur la même échelle de temps. Certains, très rapides, se manifestent immédiatement et pendant un bref laps de temps alors que d'autres ne sont perceptibles qu'en examinant le processus sur des temps très longs. L'existence de cette hiérarchie des temps apparaît clairement sur la figure 3.8 où l'encart témoigne de la transition vers l'état pathogène observée sur des temps courts alors que la figure principale montre l'évolution globale du système observée sur une base de temps beaucoup plus étendue. La figure 3.8 prédit qu'avec le jeu de paramètres retenu ici, il faudra attendre 3 ans après la survenue d'une contamination pour que le pourcentage de protéine prion se trouvant sous forme pathogène atteigne 80 %. Rappelons que les signes cliniques de la maladie se manifestent quand la forme transconformée apparaît de manière majoritaire dans les tissus cérébraux.

Ainsi, ce modèle est à même de rendre compte de transitions extrêmement lentes (échelles de temps de l'ordre des années) entre l'état normal et l'état pathologique. Il est néanmoins probable que différents processus physiologiques (liés par exemple au routage de la protéine contaminante, en cas d'origine infectieuse de la maladie) s'ajoutent au mécanisme décrit ici pour faire en sorte que les temps d'incubation des maladies à prions soient exceptionnellement longs, jusqu'à atteindre, dans certains cas, plusieurs dizaines d'années.

Transitions hystérétiques et transitions irréversibles

Comme dans le cas de l'opéron lactose (et de tout système multistable), l'occurrence d'états stationnaires multiples dépend des valeurs des paramètres du système. En fonction de celles-ci, les deux isoclines auront 1 ou 3 intersections, définissant ainsi 1 ou 3 états stationnaires (dont 2 stables). Lorsqu'il y a multistabilité et donc évolution possible vers différentes destinées, le choix va être réglé par l'histoire du système. Même si l'existence de 2 variables rend la situation sensiblement plus complexe, d'un point de vue mathématique, que celle décrite à propos de l'opéron lactose, la logique des comportements observés reste la même. La construction des « diagrammes de bifurcation » qui montrent l'évolution des états stationnaires du système suite aux variations continues de l'un de ses paramètres, témoigne, comme dans le cas de l'opéron lactose, de l'existence de transitions discontinues d'une branche de stabilité à l'autre, c'est-à-dire de la branche de stabilité correspondant à l'état normal à celle correspondant aux états pathogènes. La bifurcation est observée en deçà et au-delà d'une valeur seuil avec, là encore, des seuils différents pour les transitions aller et retour (hystérèse).

Ainsi, la transition entre état normal et état pathologique qui accompagne la modification de la vitesse de synthèse de la protéine cellulaire normale, est une transition bistable de type hystérétique. De la même manière, l'analyse des différents diagrammes de bifurcation montre qu'une diminution de la vitesse de dégradation de la protéine normale (σ_x) ou de réduction de la vitesse d'aggrégation de la forme pathogène (σ_y) suffit, en-deçà d'un seuil, à faire basculer le système vers un état pathogique. Ces paramètres correspondent à des données physiologiques et cellulaires internes. Leur évolution vers des zones de valeurs « catastrophiques » peut se faire de manière naturelle, en dehors de toute contamination.

Mais que se passe-t-il lors d'une contamination, c'est-à-dire dans le cas où l'origine des désordres tient à l'entrée de prions pathogènes externes (paramètre v_y de la fig 3.6) ? Quand on fait varier le paramètre v_y, la trajectoire figurant l'ensemble des états stationnaires du système (fig. 3.9) est très différente des diagrammes de bifurcation mentionnés dans ce qui précède et qui ressemblent à la courbe d'hystérèse de l'opéron lactose (fig. 3.5).

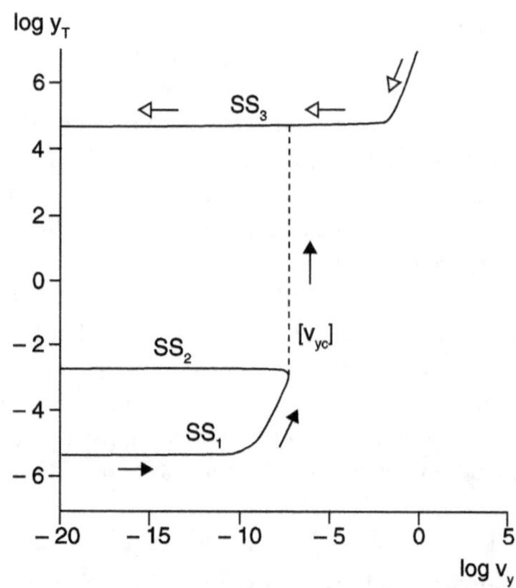

Figure 3.9. Diagramme de bifurcation dans le cas d'une contamination par entrée de prions pathogènes exogènes.

En effet, on observe ici une discontinuité telle que la branche des états instables SS_2 n'est plus reliée qu'à la seule branche des états normaux SS_1, mais pas à celle des états pathologiques SS_3.

Dans ce cas, si, partant d'un état normal à faible concentration en forme pathogène y_T, on augmente progressivement le paramètre v_y (flèches noires), le système va parcourir la branche de stabilité correspondant aux états normaux SS_1 jusqu'à arriver à la valeur seuil v_{yc} de v_y. Au-delà de ce seuil, le système bifurque vers la branche des états pathologiques SS_3. Si on part maintenant de la branche de stabilité des états pathologiques et que l'on diminue la vitesse d'entrée v_y des prions pathogènes (flèches blanches), le système n'a d'autre solution que de demeurer sur cette branche, puisque celle-ci n'est pas reliée à celle des états normaux. Ainsi la contamination entraîne une transition *irréversible* d'un état normal vers un état pathologique, contrairement aux transitions induites par la modification d'autres paramètres comme par exemple le *turn-over* de la protéine normale.

Implications biologiques

L'approche dynamique du phénomène prion apporte un éclairage nouveau sur un certain nombre de points importants. Le premier concerne la définition d'un organisme sain (vis-à-vis des affections à prions). Le paradigme actuel présume qu'un organisme sain est entièrement dépourvu de forme pathogène de la protéine prion. Par effet boule de neige, ces formes devraient finir par envahir la totalité de l'organisme. Aussi les tests de recherche des tissus contaminés visent-ils à déceler les plus faibles quantités possibles de prion pathogène, dans l'espoir qu'ils permettent un jour la détection d'une molécule unique. L'approche dynamique suggère une définition sensiblement différente de l'état sain et normal : ce serait un état dans lequel la forme pathogène n'est pas nécessairement totalement absente, mais seulement présente en concentration inférieure à celle provoquant la bifurcation vers l'état pathogène. Le modèle ne dit toutefois rien (en absence de données quantitatives modélisables) sur l'ordre de grandeur de ce seuil de bifurcation, pas plus qu'il n'est possible de dire si la quantité stationnaire résiduelle d'isoforme pathogène dans l'état normal correspond à quelques molécules ou à quelques dizaines ou centaines (voire plus) d'entre-elles...

La deuxième question est celle de l'origine supposée des maladies sporadiques. Dans la conception traditionnelle des maladies à prion, un cas sporadique correspond à la transconformation spontanée d'une molécule de protéine de la forme normale vers la forme pathogène. Là encore, l'effet boule de neige ferait ensuite son œuvre... D'un point de vue probabiliste, les grandeurs atteintes sont vertigineuses ! Chaque individu possède en effet plusieurs milliards de neurones (pour rester dans une fourchette basse, nous considérerons un seul petit milliard -10^9- de cellules) et chaque neurone renferme probablement quelques centaines de molécules de protéines prion (nous nous limiterons à 10^2 exemplaires). Ce qui fait, en minimisant sans doute ainsi les estimations, qu'un million d'individus possèdent, à eux tous, quelque $10^6 \times 10^2 \times 10^9 = 10^{17}$ exemplaires de protéine prion. Les cas sporadiques de la maladie de Creutzfeld-Jakob (un nouveau cas par an et par million d'habitants) correspondraient donc à un événement affectant 1 exemplaire sur 10^{17} objets du même type ! Cette probabilité apparaît extraordinairement faible, comparée par exemple à la fréquence de mutation (10^{-9}) d'une paire de bases dans l'ADN. Les cas sporadiques sont néanmoins des cas avérés qui se produisent à une fréquence reproductible et statistiquement prévisible. Nous nous trouvons ainsi dans une situation quelque peu paradoxale où le vraisemblable ne s'étant pas produit et l'impossible ayant été écarté, l'improbable est devenu certain !

Si l'on admet en revanche la présence d'une quantité non nulle d'isoformes transconformées dans l'état normal, on peut envisager des raisons plausibles à l'apparition des formes sporadiques des maladies à prion. L'approche dynamique pose le problème statistique sur des bases différentes puisque ce n'est pas ici la transconformation d'une seule molécule qui est l'événement déclencheur mais le franchissement d'un seuil pouvant correspondre à la réalisation d'un nombre d'événements élémentaires beaucoup plus important. Nous avons vu que l'abaissement de la vitesse de renouvellement de la protéine normale en-deçà d'un seuil suffit à faire basculer le système vers la branche de stabilité des états pathologiques. Sans les connaître précisément, on peut imaginer, chez les sujets vieillissants (qui sont ceux chez lesquels sont retrouvés majoritairement les cas de maladie sporadique), différentes causes susceptibles de ralentir le renouvellement des protéines exprimées dans leurs neurones, et plus particulièrement de la protéine prion (déséquilibres physiologiques, traitements médicamenteux, etc). Il ne faut pas oublier que les neurones sont des cellules qui ne se renouvellent pas, ce qui fait qu'un petit désordre métabolique peut prendre une importance qu'il n'aurait pas dans un type cellulaire à régénération rapide.

L'approche dynamique permet enfin de suggérer quelques pistes, sinon quelques explications, aux observations épidémiologiques concernant les fréquences de cas pathogènes recensés au sein d'un troupeau, pour les différentes formes animales des maladies à prions. Ainsi, lorsque la maladie se déclare dans un troupeau bovin, on constate qu'une vache, exceptionnellement deux, sont atteintes. C'est la répétition de telles observations qui a d'ailleurs conduit les autorités sanitaires à suspendre les règles d'abattage systématique des troupeaux bovins infectés. Au contraire, lorsqu'un troupeau de moutons est infecté par la tremblante, ce sont généralement 10 % des animaux du troupeau qui sont malades. Pourquoi de telles différences ? Peut-être parce que l'état « normal », chez le mouton, correspond à un ensemble de paramètres métaboliques plaçant l'individu « moyen » relativement proche du seuil de bifurcation vers l'état pathologique. Au contraire, il faudrait chez la vache un dérèglement beaucoup plus important (quantitativement) de son métabolisme pour provoquer la transition. À faible dérèglement forte fréquence et inversement...

La convergence des travaux théoriques menés sur ce sujet par plusieurs équipes indépendantes[16] est trop inattendue pour n'être que le fruit d'une simple coïncidence. Pour autant, les expérimentateurs ne lui accordent qu'un intérêt marginal. Cette situation reflète la profonde fracture (déjà mentionnée en introduction) qui existe entre deux conceptions des systèmes vivants. La majorité des biologistes expérimentaux ont une vision réductionniste de leur discipline. Pour eux, on ne peut comprendre et interpréter les niveaux d'organisation supérieurs, le biologique, qu'en terme de niveau de description inférieur, le physico-chimique. Cette vision prend source chez Descartes, pour qui les êtres vivants sont des machines mécaniques. Une telle conception justifie l'emploi, à l'exclusion de toute autre, de la méthode analytique basée sur la décomposition : les organismes seront explicables à partir des éléments qui les composent en vertu du principe selon lequel les

---

[16] Kepler, 1997 ; Laurent, 1996 ; Kacser, Small, 1996.

propriétés d'un tout doivent se déduire de celles de ses parties. Ainsi, pour comprendre les maladies à prions suffira-t-il d'étudier le mécanisme par lequel la protéine anormale parvient jusqu'au cerveau et d'établir par ailleurs les modalités permettant à la forme pathogène de transmettre son défaut aux molécules normales. Ce dernier aspect devra, en dernière analyse, s'exprimer en terme de structure de la protéine prion. Une vision cohérente du mécanisme global émergera alors de la juxtaposition de ces deux groupes d'informations.

L'étude structurale de la protéine a considérablement progressé. On connaît désormais la forme biologiquement active adoptée dans l'espace par la protéine prion normale de différentes espèces de mammifères. Cette connaissance a-t-elle permis de progresser dans l'idée que l'on se fait du mécanisme de ces maladies ? On pouvait lire à ce propos, dans le document annuel de synthèse rédigé fin 1997 (1 an après l'établissement de la structure 3D de la protéine prion) par l'organisme chargé de coordonner, en France, l'ensemble des projets de recherche consacrés aux maladies à prions, les remarques suivantes :

> « La publication de la structure n'a pas permis d'apporter d'éléments importants à la controverse [entre les hypothèses virale et protéique]. Outre le fait que la structure publiée pourrait ne correspondre ni à la protéine cellulaire ni à la protéine pathologique, elle n'éclaire en rien l'hypothèse du changement de conformation ».

Ce paragraphe apparaît singulièrement naïf. En quoi pouvait-on attendre de la détermination de la structure de la forme normale de protéine prion, le moindre élément permettant de réfuter définitivement l'hypothèse virale ? La formulation choisie illustre à merveille la pauvreté de la réflexion sur les concepts que sous-tend la vision réductionniste de l'organisation des systèmes vivants : cette approche vise, à tous les niveaux de la connaissance biologique, à conduire à la recherche de causalités directes entre états structuraux (ceux des gènes et des protéines) et processus physiologiques associés. L'établissement de la structure tridimensionnelle de la protéine prion ne pouvait en aucun cas nous « éclairer sur l'hypothèse du changement de conformation ». Ce genre de prédiction n'a jamais pu être établi à partir d'une simple structure.

La plupart des travaux de modélisation concernant les prions sont publiés dans des journaux spécialisés dont les expérimentateurs ignorent même l'existence. Près d'une quinzaine d'années ont été nécessaires avant que les biologistes ne s'aperçoivent de la justesse de la vision du mathématicien J.S. Griffith[17] concernant « l'auto-replication » possible des protéines. La note de Griffith constituait une proposition de réponse théorique à la question posée par Alper[18] la même année dans un article intitulé « L'agent de la tremblante se multiplie-t-il sans acide nucléique ? ». À l'époque, la totalité de la communauté scientifique pensait que l'agent pathogène était un virus. La réponse de Griffith pouvait se résumer en deux phrases : « L'agent pathogène pourrait être une simple protéine. On connaît au moins trois mécanismes par lequel une protéine peut s'auto-reproduire ». Les principes physiques et mathématiques auxquels Griffith faisait appel étaient des plus élémentaires. En ce qui concerne la dynamique des maladies à prions, les concepts invoqués apparaissent sensiblement plus élaborés. Il est à redouter que leur assimilation demande beaucoup plus de 15 ans…

---

[17] Griffith, 1967.

[18] Alper *et al.*, 1967.

La dynamique, un concept ubiquiste et universel

Dynamiques moléculaires

De la bistabilité aux systèmes oscillants

Les modèles présentés ici sont des modèles moléculaires applicables dans un grand nombre de situations. L'expression de nombreux gènes est contrôlée par des facteurs de transcription dont la dynamique de régulation est bistable. Classiquement, un ARN messager est traduit en une protéine, celle-ci étant susceptible d'être ensuite dégradée ou de se fixer à d'autres protéines où à l'ADN de promoteurs d'autres gènes. Certaines protéines sont également capables, en se fixant sur le promoteur de leur gène d'activer leur propre transcription par une boucle de rétro-action positive :

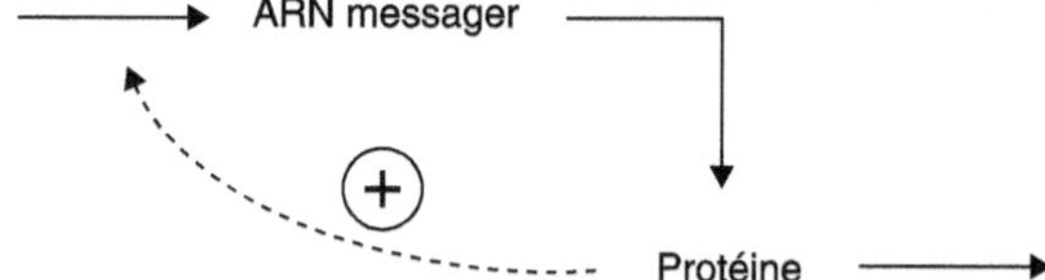

Il y a une quinzaine d'années, Serfling[19] a donné une liste non exhaustive de gènes régulés selon un tel schéma, liste dans laquelle figuraient *c-myb, fos, jun, p53, NF-κB, Gal4, ADR1, ADH, wingless,* etc. Un certain nombre des gènes cités sont impliqués dans les phénomènes d'apoptose, c'est-à-dire de mort cellulaire (d'autres processus physiologiques importants sont aussi concernés). Keller[20] a proposé 6 mécanismes moléculaires différents d'autorégulation non-linéaire. Dans l'un d'entre-eux par exemple, la non-linéarité provient du fait que la protéine est capable de se dimériser, le dimère se fixant ensuite sur le gène pour en accélérer la transcription. Ces mécanismes d'activation engendrent une dynamique bistable d'expression des gènes. Les conséquences en sont multiples. Keller[21] a par exemple montré que les différents états d'expression des facteurs de transcription pouvaient constituer autant d'états épigénétiques alternatifs, ces états étant fixés au sein d'une population et transmis *via* la reproduction sexuée.

Si, dans le modèle ci-dessus, la protéine inhibe (au lieu d'activer) sa propre transcription par une boucle de rétro-action négative non-linéaire, le comportement dynamique du système devient sensiblement différent : les quantités de protéine et de messager présentent alors des fluctuations périodiques régulières (oscillations). C'est en particulier un mécanisme de ce type qui est censé régler et engendrer les rythmes circadiens, c'est-à-dire les rythmes, retrouvés de la bactérie à l'homme, dont la période est proche de 24 heures. Les systèmes oscillants règlent la plupart des activités des organismes vivants, sur une très large gamme d'échelles de temps : cela peut aller de la milliseconde pour les rythmes neuronaux à l'année pour les rythmes circannuels chez les plantes, avec tous les intermédiaires possibles.

Dans ce cas, des états instables se maintiennent de façon durable, c'est-à-dire que l'on observe une « stabilité » dans l'instabilité. Dans le plan de phase d'un système non-

---

[19] Serfling, 1989.
[20] Keller, 1995a.
[21] Keller, 1995b.

linéaire à deux variables (où chaque axe représente la valeur d'une variable), une des deux isoclines nulles a une forme en S. La branche intermédiaire des états instables relie les deux branches extrêmes du S (qui sont, elles, le lieu des états stationnaires stables). Dans l'exemple des prions, les états instables se trouvant sur cette branche intermédiaire étaient de simples seuils de transition entre les états stables associés (cf. fig. 3.7). Il peut cependant exister, autour d'un état instable, une trajectoire fermée stable appelée « cycle limite ». Le cycle limite stable est un attracteur (comme l'est un état stationnaire stable). Lorsque le système pénètre dans son bassin d'attraction, il est attiré vers ce cycle qu'il va finir par parcourir de manière continue au cours du temps (tant qu'il n'est pas « trop » perturbé). Les axes du plan dans lequel s'inscrit ce cycle figurant les valeurs des 2 variables du système, cela signifie que ces variables présentent des oscillations régulières, une période d'oscillation correspondant à un cycle entier.

La différence entre un système oscillant et un système bistable tient à peu de choses, en partie à la topologie du système. Ainsi, une boucle de rétroaction positive dans le schéma ci-dessous (c'est le schéma de base du modèle prion) engendrera une bistabilité :

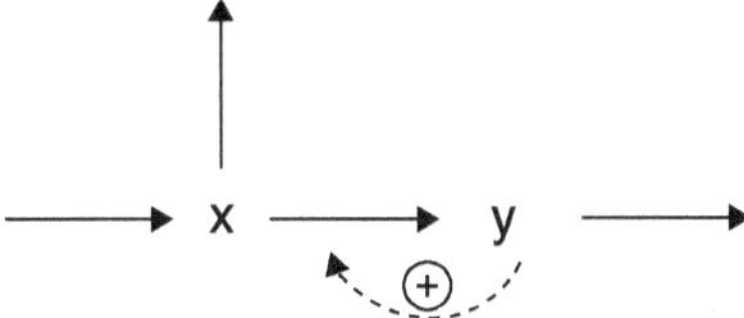

Par contre, la même boucle de rétro-action dans un schéma linéaire du type :

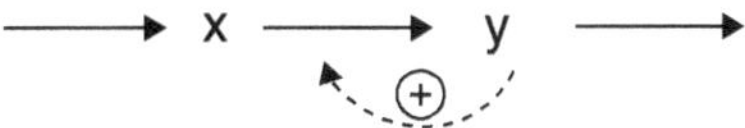

sera susceptible d'entraîner des oscillations de x et de y.

En 2000, la revue *Nature* a publié un article[22] décrivant un réacteur expérimental dans lequel la transcription de deux gènes étaient régulée de manière antagoniste et non-linéaire, le but étant de créer un système modèle expérimental bistable à contrôle génétique. Cette publication témoigne de la prise de conscience de certains expérimentateurs de l'importance de la composante dynamique dans la compréhension du fonctionnement des systèmes vivants. Mon expérience m'incline d'ailleurs à penser, comme je l'ai souligné précédemment, que les résistances les plus fortes à cette approche viennent des spécialistes de la détermination des structures tridimensionnelles des protéines. Le niveau atomique – celui qui retient leur intérêt – n'est pas, dans les modèles que j'ai présentés, le niveau pertinent d'observation et de description des systèmes étudiés. Sans nier l'importance et l'intérêt de ces études structurales, il serait néanmoins absurde de penser que la connaissance d'un système cellulaire puisse résulter de la sommation de connaissances moléculaires. En dehors de son caractère irréaliste (d'un point de vue pratique), une telle vision nie l'un des concepts fondamentaux des études systémiques, à savoir celui de propriétés « émergentes » comme par exemple la propriété de bistabilité.

------

22 Elowitz, Leibler, 2000.

Détection et validation

Contrairement aux systèmes oscillants, les systèmes bistables ne sont pas identifiables par simple observation. En effet, comme indiqué précédemment, la mise en évidence du caractère bistable nécessite une action de l'expérimentateur sur le système et non sa simple observation cinétique. Il faut donc avoir une idée des propriétés qu'un tel système est capable de manifester car les protocoles à mettre en œuvre ne reposent pas sur une intuition immédiate. Ces préoccupations sont loin d'être celles de la majorité des biologistes expérimentaux, de sorte qu'il est probable que nombre de phénomènes bistables sont jusqu'à présent passés inaperçus. Il y a pourtant tout lieu de croire que les bistabilités sont omniprésentes dans les systèmes biologiques régulés. Parmi toutes les propriétés dynamiques (multistabilité, rythmicité et chaos, pour en citer à nouveau les grandes classes), les bistabilités sont celles dont la réalisation nécessite un minimum de conditions. Un système à une seule variable est ainsi capable d'exhiber un tel comportement, comme l'illustre le modèle décrivant le comportement de l'opéron lactose. Il faut par contre au minimum 2 variables pour observer des oscillations périodiques et 3 pour espérer entrevoir des zones de chaos.

Quand on connaît les propriétés des systèmes bistables, leur caractérisation (en établissant par exemple une courbe d'hystérèse) et leur étude ne sont pas particulièrement difficiles. Dans le cas de l'opéron lactose, on dispose aujourd'hui d'une démonstration expérimentale convaincante et peu contestable du caractère bistable des régulations mises en jeu. D'un point de vue épistémologique, l'histoire de l'opéron lactose est symptomatique de la difficulté à établir un dialogue fructueux entre expérimentateurs et modélisateurs. Il est navrant de constater que la vision dynamique présentée ici n'a pas encore pénétré les livres d'enseignement de biologie moléculaire et cellulaire. C'est aussi une histoire singulière en ce sens que la vision de Delbrück comme celle de Prigogine étaient très en avance sur leur temps.

Pour autant, la validation expérimentale de tous ces modèles peut se heurter à quelques difficultés. En ce qui concerne le système prion, le problème de la validation des modèles dynamiques est ardu. Il s'agit d'une maladie qui atteint les mammifères et jusqu'à une date très récente, on ne disposait pas de système cellulaire modèle reproduisant peu ou prou les caractéristiques de cette affection. Au niveau de l'organisme entier, le degré de contrôle est très limité et les temps d'incubation (de l'ordre de plusieurs années) sont tels qu'ils ne laissent guère entrevoir de possibilité de validation expérimentale des modèles présentés ici. Il semblerait qu'il y ait eu quelques avancées récentes dans les tentatives de mise au point d'un modèle cellulaire en culture, beaucoup plus manipulable. Une autre voie à explorer pour rapprocher les modèles prions de l'expérience, est l'existence, chez la levure, d'un système prion dit « analogue ». S'il n'y a pas de protéine prion chez la levure, il existe en revanche chez cet organisme une protéine (plus exactement deux protéines différentes) dont le comportement est très proche de celui de la protéine prion de mammifères : cette protéine « prion-like » est capable de changer de forme et de transmettre sa nouvelle conformation à la protéine normale du même type, ce qui se traduit par une réorientation du métabolisme de la cellule. Dans le cas de la protéine de levure, ce processus n'a rien de létal. Un tel dispositif expérimental est beaucoup plus manipulable (et aussi moins dangereux) qu'un système – même cellulaire – de type prion de mammifère.

Les modèles proposés sont simples en regard de la complexité des systèmes vivants, ceux-ci présentant des interactions nombreuses entre de multiples éléments de différents niveaux. Y a-t-il alors intérêt à essayer d'élaborer des modèles plus complexes ? La prise en compte d'interactions supplémentaires et l'augmentation concomitante du nombre de variables d'un système sont-elles à même de faire apparaître de nouvelles propriétés absentes d'un système simplifié ? La réponse à cette question est clairement négative. Du point de vue du modélisateur, il y a tout intérêt à pouvoir ramener la description d'un système complexe à celle d'un modèle à 3 variables. Au-delà en effet, nulle analyse n'est plus possible : on n'est plus capable de prédire le nombre d'états stationnaires, d'analyser leur stabilité, etc. La seule chose que l'on peut faire, c'est en décrire la dynamique (sans analyse, en se contentant d'intégrer numériquement les équations différentielles associées), pour un jeu arbitraire des valeurs des paramètres. Le modèle perd alors une grande partie de sa puissance. Puisqu'un système à 3 variables indépendantes suffit à engendrer les comportements les plus complexes (les évolutions chaotiques) susceptibles d'exister dans un système dynamique, ce n'est donc pas de la complexité des interactions que naît la complexité des comportements.

Je voudrais attirer l'attention sur le point suivant. Certains modélisateurs ont parfois la tentation de chercher à construire un objet abstrait qui soit le plus proche possible de la réalité expérimentale. Les modèles possèdent alors des dizaines de variables, la prise en compte d'un fait expérimental nouveau se traduisant par la définition d'une ou plusieurs variables supplémentaires. On connaît de telles dérives dans la modélisation des rythmes circadiens. Ce faisant, on se rapproche ostensiblement de la caricature de la carte géographique : la carte la plus précise, celle qui serait à même de donner la position de chaque arbre, de chaque fleur ou de chaque caillou, serait une carte à l'échelle 1. Mais quel serait l'intérêt d'une carte dessinée à une telle échelle ?

Il n'est bien sûr pas toujours aisé de réduire un système réel à 3 variables. Un élément important à prendre en compte est l'existence de différentes échelles de temps dans le déroulement des événements affectant le système. Dans l'élaboration d'un modèle, on pourra figurer, sur une échelle de temps court, les processus évoluant très lentement par autant de constantes. Cette éventualité a été évoquée plus haut dans le cas du système prion.

Par ailleurs, il peut être judicieux d'introduire des termes de délais dans les équations en lieu et place d'une suite de réactions annexes dont la modélisation précise entraînerait la définition de variables accessoires et rendrait en conséquence le système inutilement complexe. Les modèles avec délais sont toutefois plus difficiles à traiter mathématiquement. Un article[23] récent ainsi proposait un modèle « à délai » pour l'opéron lactose. Le délai en question symbolisait le fait que la transcription des gènes n'est pas instantanée (ce dont on peut aussi rendre compte en choisissant des constantes de vitesse adaptées…). Ces notions de « délais » prennent tout leur sens et tout leur intérêt dans les systèmes dits « à commande », c'est-à-dire les systèmes sur lequel l'opérateur est censé intervenir à des moments ou dans des conditions bien précises pour moduler ou orienter leur comportement.

Échelle supra-moléculaire

Phénomènes biologiques

J'ai tenté d'expliquer, en introduction, les raisons pour lesquelles, selon moi, la modélisation dynamique ne jouait pas (encore ?) un rôle central dans le développement de la

---

[23] Yildirim, Mackey, 2003.

biologie moléculaire contemporaine et qu'elle restait souvent ignorée de la majorité des expérimentateurs. La situation est sans doute différente en écologie où la modélisation des écosystèmes fait partie intégrante de la démarche expérimentale. La querelle holisme/réductionisme y est sans doute moins ardente que dans les domaines moléculaires. Le concept de bistabilité en biologie me semble pouvoir s'étendre du niveau moléculaire à celui de la population même si, curieusement, les écologistes préfèrent au terme de « bistabilité » celui d'« explosion » (*outbreaks*).

D'autres niveaux d'intégration existent, par exemple le niveau cellulaire avec le cycle mitotique. Les premiers modèles de cycle cellulaire étaient des modèles de type « oscillateur », le caractère périodique du processus étant évident. Cependant, les modèles plus récents, ceux de Tyson[24] en particulier, présentent plutôt le cycle cellulaire comme une suite d'étapes bistables. Cette façon de voir les choses est en effet mieux à même de rendre compte de l'existence de points de contrôle dans le cycle. En accord avec ce que j'ai dit précédemment, partout où l'on trouve des oscillations, on doit aussi pouvoir trouver des bistabilités, les conditions dynamiques présidant à l'un ou l'autre type de manifestations étant semblables (bien qu'encore moins contraignantes dans le cas des bistabilités).

Mon intérêt pour la modélisation des systèmes dynamiques s'est initialement focalisé sur les oscillations glycolytiques chez la levure. Plus tard, à partir de 1989, j'ai entrepris de développer un système de visualisation cellulaire performant (microscopie confocale) avec la vague idée de pouvoir élaborer des modèles dynamiques à partir des images et des informations issues de ce dispositif de visualisation à l'échelle cellulaire. Je me suis plus particulièrement investi dans un certain nombre de problématiques (faisant appel à la microscopie confocale en immunofluorescence) portant sur la mise en place, au cours de la morphogenèse, des patterns microtubulaires chez les protozoaires ciliés. À cette occasion, j'ai été amené à réfléchir à des modèles théoriques concernant les modifications post-traductionnelles des microtubules, modifications dont nous observions l'aboutissement (en termes de différenciation de réseaux) sur nos images, sans pour autant avoir la moindre idée des mécanismes mis en jeu.

Petit à petit, j'ai délaissé l'aspect « microscopie » pour m'investir davantage dans la partie modélisation. Le lien entre l'étude de la cinétique d'événements cellulaires et l'observation par imagerie ne s'est pas véritablement établi, probablement parce que ce n'était pas encore le moment. Aujourd'hui, la possibilité de marquer *in vivo* la plupart des protéines avec un module fluorescent laisse à penser que d'ici peu, nous disposerons de masses de données expérimentales concernant la dynamique cellulaire. Modélisation et imagerie pourront peut-être alors avancer de concert.

Dynamique des sociétés humaines

L'approche dynamique est aussi présente dans bien d'autres domaines, en économie par exemple[25]. Au-delà des querelles de clocher entre keynésiens de diverses obédiences et monétaristes, tous les économistes modernes appuient leurs théories sur l'observation des mouvements et l'évolution temporelle des quantités de biens et de monnaie, sur leurs mécanismes de production et de régulation. Ces éléments (variables et paramètres) sont

---

[24] Novak, Tyson, 2003.
[25] Greenwald, Stiglitz, 1993.

ainsi liés entre eux par des équations différentielles, les phénomènes étant intrinsèquement non-linéaires. Aussi n'est-il guère étonnant d'y retrouver des cycles (les fameux cycles keynésiens interprétant les capacités de l'économie de marché à absorber les chocs sur l'offre et la demande) et aussi des phénomènes d'hystérèse. Ainsi, les néo-keynésiens interprètent-ils la situation économique de l'Europe des années 1980 comme témoignant d'un effet d'hystérèse, l'ampleur de la crise étant devenue sans influence sur l'évolution des prix et des salaires (car l'évolution des prix ne dépendait plus du taux d'utilisation des capacités de production et l'évolution du salaire était déconnectée du taux de chômage).

La dynamique peut parfois accoster des rivages inattendus. En août 2003 est paru dans la revue *Nature,* un court article dans lequel les auteurs proposaient une approche de type multistable pour interpréter la dynamique d'extinction des langues[26]. Le modèle proposé était, comme celui présenté ici dans le cas de l'opéron lactose, un système à une seule variable. Les conclusions de cet article (sur l'inéluctable déclin des langues « exotiques ») pourraient paraître discutables car étroitement dépendantes du caractère très simplificateur des hypothèses à la base de ce modèle. Cependant, le fait même qu'un tel article soit publié par une revue généraliste comme *Nature*, semble témoigner que la dynamique commence à déborder du champ des sciences « dures », qui ont été pendant longtemps son domaine de prédilection, pour investir de larges domaines de la connaissance. Pour autant, peut-on se féliciter que la dynamique investisse de nouveaux domaines du savoir tout en mettant sérieusement en doute les conclusions du modèle présenté dans cet article ? Cette question m'amène à quelques remarques digressives sur les conditions actuelles de publication et de dissémination des connaissances sur des sujets dont la compréhension suppose la maîtrise d'un *corpus* de connaissances techniques particulières.

Il n'y a en l'espèce aucun paradoxe, à condition d'admettre que le critère retenu par une revue généraliste comme *Nature* pour publier un article, n'est pas toujours sa qualité scientifique (cela ne veut pas dire qu'on ne puisse trouver dans ces revues d'excellents articles). Il convient en effet de s'interroger sur le discours scientifique et plus encore sur sa communication et son évaluation. Il serait naïf de croire que les revues généralistes de ce type (essentiellement *Science* et *Nature*) ont vocation à faire émerger de nouveaux domaines de la connaissance. Concernant l'article de modélisation incriminé, les non-spécialistes de l'approche dynamique constateront, de manière neutre, que les auteurs manipulent des équations différentielles et en tirent des conclusions qui semblent intéressantes pour leur domaine d'investigation (qui est très éloigné des mathématiques). En ce sens, eu égard au « prestige » dont jouit *Nature*, tout modélisateur ne peut qu'être satisfait, puisqu'il y voit sa propre démarche reconnue. La pertinence (ou la non-pertinence) du modèle proposé n'est en rien la question. Le lecteur « moyen » ne dispose pas des éléments lui permettant de forger son jugement. Sur le fond, les spécialistes de la dynamique attesteront que les qualités scientifiques de l'article sont loin d'être exceptionnelles. D'un point de vue marketing, il pourrait en revanche s'agir d'un excellent papier ! Il faut savoir qu'avant même leur parution, *Science* et *Nature* adressent à la presse internationale un synopsis commenté du contenu de leur prochaine livraison. Aussi la presse grand public aura-t-elle toute chance de faire écho à un sujet aussi accrocheur que le déclin des langues, et citer en retour la « prestigieuse revue scientifique » *Nature* !

---

[26] Abrams, Strogatz, 2003.

La procédure est pernicieuse. Les média aiment les discours rapides ; ils n'ont que faire des conclusions équivoques. Ils n'ont donc que faire de la véritable démarche scientifique... Aussi certains auteurs peuvent-ils avoir tendance, dans ces adresses, à caricaturer leur propos, voire même à faire état, sans trop de précautions, de résultats préliminaires. Dans les domaines touchant à la santé, les données sont souvent publiées avant d'avoir été confirmées. Les mêmes données seraient la plupart du temps refusées par les journaux scientifiques plus spécialisés et moins concernés par les retombées médiatiques. Signe des temps, tout résultat fondamental préliminaire semblant avoir quelque implication dans le domaine de la santé publique, est désormais l'objet d'une relation par la grande presse. Dans le domaine des prions, cette procédure a été pendant de longues années la règle et non l'exception ! Cet exemple devrait inciter notre communauté à s'interroger sur la fonction d'évaluation qu'elle fait souvent jouer à ces revues.

Prusiner a obtenu, en 1997, le prix Nobel de médecine pour ses travaux sur les prions. Son aventure avec les media scientifiques illustre le caractère à la fois désuet et partisan de nos modes de communication, que l'on continue pourtant à vouloir croire modernes et impartiaux. Dans *Science* et *Nature*, un premier filtre écrème près de 90 % articles soumis. Le refus n'est jamais motivé autrement que par le « manque de place ». La sélection est effectuée par des journalistes scientifiques et non par de véritables scientifiques. On privilégie ainsi le spectaculaire à ce qui l'est moins. Les normes ne doivent pas être trop bousculées : dans la très grande majorité des cas, on n'est admis à publier que ce que l'on est capable d'interpréter, c'est-à-dire ce qui s'accorde avec les théories et les idées du moment ou du moins ce qui ne les bouleverse pas trop. Ainsi s'explique que ces revues soient incapables de déceler les véritables nouveautés. Prusiner a soumis à *Nature* ses premiers articles. Tous furent refusés. Sur près de 400 publications, seules deux d'entre-elles (écrites en collaboration avec une autorité européenne du domaine, Charles Weissmann) sont parues dans ce journal.

Membre de l'Académie des Sciences américaine, Prusiner avait en revanche tout loisir de publier dans PNAS (*Proceedings of the National Academy of Sciences of USA*). Il a par ailleurs détenu rapidement une position de force dans la revue américaine *Cell*. Rien ne pouvait y être publié concernant la question des prions sans avoir reçu son aval. De manière caricaturale, il a ainsi existé, dans ce domaine précis et pendant près de deux décennies, une science européenne (publiant dans *Nature*) et une science américaine. Les journaux scientifiques étaient devenus des journaux militants (les controverses dans le domaine des prions ont atteint un degré exceptionnel de virulence) ! Cette attitude systématique a jeté, pour qui la connaît, un profond discrédit sur la procédure d'évaluation mise en œuvre. La publication étant au moins autant un outil de communication qu'un mode de gestion de l'activité des chercheurs, il est difficile d'accorder grand crédit à cette procédure lorsque les jugements initiaux des journaux sont ainsi dévoyés.

Une dynamique des sentiments ?

La question n'en reste pas moins posée de savoir si l'on peut sérieusement appliquer des modèles dynamiques aux comportements sociaux et, par là, dériver vers une théorie du « tout ». Comme le suggère l'article de *Nature* concernant la dynamique d'extinction des langages[27], tous les champs de la connaissance (y compris les sciences sociales et

---

[27] Abrams, Strogatz, 2003.

humaines) sont ouverts à l'approche systémique et à la modélisation. Strogatz, l'un des auteurs de cet article, prétend communiquer plus facilement la théorie des oscillateurs harmoniques dans son enseignement depuis qu'il y fait référence à Roméo et Juliette, leurs élans ayant semble-t-il un caractère cyclique. De même, un chercheur italien, Sergio Rinaldi, a analysé[28] l'œuvre de Pétrarque, poète toscan du XIVe siècle, à l'aide de la théorie des bifurcations. Définissant des paramètres globaux de comportement et les inter-relations possibles entre le poète et son égérie Laura, Rinaldi en conclut que la dynamique des sentiments amoureux entre Pétrarque et Laura correspondait à un attracteur du type cycle limite. Les inclinations de la belle auraient été loin d'être en phase avec l'inspiration du poète. Il se serait agi, pour ces raisons, d'un amour impossible, ce qui explique qu'il soit resté à jamais platonique.

L'historien des sciences Giorgio Israel se montre très critique[29] vis-à-vis de telles tentatives de modélisation, argumentant qu'il serait vain « de se torturer l'esprit à bâtir un modèle mathématique laborieux du comportement des assassins, alors qu'on dispose de *Crime* et *Châtiment* de Dostoïevski ». L'analogie est quelque peu spécieuse. Un (bon) modèle du comportement des assassins aura un intérêt (et une utilité !) très différent de celui que procure la lecture de *Crime et Châtiment* ! Quelle torture Rinaldi a-t-il infligé à Pétrarque et à Laura pour devoir mériter une telle vindicte ? Les mathématiques permettent, entre autres fonctionnalités, de quantifier. Ce n'est pas caricaturer la complexité des personnes de Pétrarque et de Laura que d'imaginer que la variable Z puisse mesurer l'inspiration du poète et P l'intensité de ses sentiments pour Laura. Et lorsque l'on quantifie, de nouveaux phénomènes peuvent apparaître. Il faut souvent, au préalable, formuler des hypothèses, qui consistent en particulier à mettre en relation les variables. Mais on procède de la même manière dans le langage naturel, à moins de bannir l'usage du conditionnel. Rinaldi s'est contenté de formuler l'hypothèse selon laquelle l'amour de Pétrarque pour Laura aurait nourri l'inspiration du poète qui, sans cela, se serait évanoui avec le temps (de manière exponentielle, avec une constante de temps $1/\alpha$). Traduit en langage mathématique, l'hypothèse de Rinaldi s'écrit :

$$dZ/dt = -\alpha Z + \beta P$$

On ne peut accuser de sorcellerie un mathématicien qui subodorerait que cette équation est susceptible d'engendrer des comportements dynamiques (et cycliques !) caractéristiques… Il est intéressant de remarquer que le linguiste Frederic Jones a entrepris[30] une analyse stylistique fouillée de l'ensemble des poèmes réunis dans le *Canzoniere*, recueil qui contient les quelque 200 versets, sonnets, ballets et autres madrigaux que Pétrarque adressa à Laura pendant plus de 20 ans, jusqu'à la disparition de la bien-aimée. Ces vers, qui marquent la naissance de la poésie romantique moderne, expriment tour à tour l'ardeur, le détachement feint, l'espoir, la mélancolie et l'angoisse. Le linguiste a conclu de son analyse que les émotions de Pétrarque ont évolué de manière cyclique et régulière pendant ces vingt années, alternant entre l'extase et le désespoir le plus total. Rinaldi dit-il autre chose ? Grâce à cette étude, Jones a pu établir la chronologie de textes non datés.

Les équations différentielles ne sont qu'un outil, nullement une « théorie ». Sans doute y aurait-il quelque chose d'effrayant à penser que la dynamique des sentiments

---

[28] Rinaldi, 1996.

[29] Israel, 1996.

[30] Jones, 1995.

puisse s'interpréter au travers d'une grille de lecture mécaniste. En réalité, ce qui pose implicitement problème dans cette approche, c'est moins cette (éventuelle) théorie du « tout » que l'impression d'une possible forme de déterminisme dans nos comportements. Cette question dépasse largement le cadre de la problématique de la modélisation et chacun aura, sur cette question, son opinion et son libre-arbitre. L'approche des expérimentateurs (et le pensée qu'elle sous-tend) me semble dans ce domaine poser infiniment plus de questions. Est-il neutre de chercher à identifier, comme imaginent pouvoir le faire nombre de molécularistes convaincus, l'hormone dont les sécrétions périodiques gouverneraient la libido (puisque celle-ci a une composante périodique) ! Il ne resterait plus ensuite qu'à cloner le gène codant pour cette hormone et l'on aurait ainsi découvert, après celui de la criminalité par exemple, « le gène de la libido » ! Pourquoi ne pas s'intéresser aussi au patrimoine génétique du chef-pâtissier qui rend ses clafoutis aux pommes inégalables ? Découvrira-t-on un jour le gène du clafoutis ? Les limites de l'absurdité sont, dans le domaine de l'interprétation des résultats de la biologie moléculaire et du délire génétique qui l'ont accompagnée, depuis longtemps dépassées…

Au-delà du respect dû aux grands scientifiques du passé (et en imaginant aussi que leur pensée s'exprimerait aujourd'hui de manière différente), comment ne pas reconnaître que cette proposition de François Jacob contient en germe toutes les dérives de la biologie moléculaire contemporaine :

> « Tout conduit à regarder la séquence contenue dans le matériel génétique comme une série d'instructions spécifiant les architectures moléculaires, donc les propriétés de la cellule, à considérer le plan d'un organisme comme un message transmis de génération en génération ; à voir dans la combinatoire des quatre radicaux chimiques un système de numération à base quatre. Bref, tout invite à assimiler la logique de l'hérédité à celle d'une calculatrice. Rarement modèle imposé par une époque aura trouvé application plus fidèle[31] ».

La dynamique propose de substituer la notion de vitesse d'accomplissement d'événements moléculaires à celle d'expression binaire de l'activité de gènes (ceux-ci sont actifs ou inactifs). L'analyse montre que ces processus entrent alors dans le champ explicatif de la thermodynamique des processus irréversibles et des structures dissipatives qui y sont associées. D'aucuns s'opposent à cette vision en argumentant que le cadre conceptuel de la physique et sa méthodologie, en particulier mathématique, seraient inappropriés à l'étude et à la connaissance des systèmes vivants. Cette position revendique l'autonomie de la biologie par rapport à la physique. Historiquement marginale, elle n'a cessé de gagner du terrain pour devenir aujourd'hui, au moins si l'on s'en tient à la pratique quotidienne de la biologie, majoritaire, souvent même hégémonique. Ce point de vue est par exemple celui de l'évolutionniste Ernst Mayr[32] :

> « Le monde des philosophes et de physiciens a été, pendant des centaines d'années, complètement imperméable aux assertions des naturalistes tels Aristote, selon lesquelles il fallait quelque chose de plus que les lois de la physique pour expliquer qu'un œuf de grenouille puisse donner une grenouille et un œuf de poulet, un poulet. [...] Rien n'a fait perdre plus de temps ni produit plus d'adrénaline que le mythe selon lequel macrocosme et microcosme obéissent exactement aux mêmes lois ».

---

[31] Jacob, 1970, p. 295.
[32] Mayr, 1989, p. 46.

On ne connaît aucun phénomène biologique actuel mettant en défaut les lois physiques. Il n'y a aucune trace, ni aucun argument objectif justifiant l'hypothèse d'une vie primitive qui, pour se développer, se soit affranchie des règles de la physique et de la chimie que nous connaissons. Il est à ce titre intéressant de noter qu'une des rares tentatives cohérentes contemporaines (bien qu'aujourd'hui considérablement vieillie) ayant cherché à démontrer une spécificité des êtres vivants par rapport à la physique, soit celle de Jacques Monod. S'il ne remettait pas en cause les lois de la physique, Monod accommodait cependant à une sauce très particulière le second principe de la thermodynamique pour le rendre compatible avec l'apparition, très improbable selon lui, de la vie sur Terre. Beaucoup a été dit et écrit sur cette controverse ancienne sans qu'il soit obligé d'en rajouter ici, si ce n'est pour rappeler, comme Prigogine l'a par exemple montré, que l'apparition de la vie sur Terre ne viole en rien le second principe de la thermodynamique. Comment l'histoire de la vie longue de plus de 4 milliards d'années pourrait-elle être considérée comme un événement très transitoire dans l'histoire de l'univers dont la durée ne dépasse pas 15 milliards d'années ? La conception unitaire des systèmes physiques et biologiques, loin d'être stérilisante, s'ouvre au contraire sur des champs d'explication encore peu explorés.

Références bibliographiques

ABRAMS D.M., STROGATZ S.H., 2003. Modelling the dynamics of language death. *Nature*, 424, 900.

ALPER T., CRAMP W.A., HAIG D.A., CLARKE M.C., 1967. Does the agent of scrapie replicate without nucleic acid ? *Nature* 214, 764-766.

ALTHUSSER L., 1977. *Philosophie et philosophie spontanée des savants*. La Découverte, Paris, 182 p.

BABLOYANTZ A., SANGLIER M., 1972. Chemical instabilities of "all-or-none" type in β-galactosidase induction and active transport. *FEBS Lett.* 23, 364-366.

BOISSIN J., CANGUILHEM B., 1998. *Les rythmes du vivant. Origine et contrôle des rythmes biologiques*. Nathan Université & Editions du CNRS, 320 p.

COHN M., HORIBATA K., 1959. Analysis of the differentiation and of the heterogeneity within a population of *Escherichia coli* undergoing induced β-galactosidase synthesis. *J. Bacteriol.* 78, 613-623.

DELBRÜCK M., 1949. Discussion. *In : Unités biologiques douées de continuité génétique*. Paris. Éditions du CNRS, 33-34.

ELOWITZ M.B., LEIBLER S., 2000. A synthetic oscillatory network of transcriptional regulators. *Nature* 403, 335-338.

GOLDBERGER A. L., AMARAL L.A., HAUSDORFF J.M., IVANOV P.CH., PENG C.K., STANLEY H. E., 2002. Fractal dynamics in physiology : alterations with disease and aging. *Proc. Natl. Acad. Sci. USA*, 99 Suppl 1, 2466-2472.

GREENWALD B., STIGLITZ J., 1993. New and old Keynesians. *J. econ. perspect.*, vol. 7, n° 1.

GRIFFITH J.S., 1967. Self-replication and scrapie. *Nature* 215, 1043-1044.

ISRAËL G., 1996. *La mathématisation du réel*. Le Seuil, Paris, 366 p.

JACOB F., 1970. *La logique du vivant*. Gallimard, Paris, 352 p.

JONES F., 1995. The structure of Petrarch's « Canzoniere ». Brewer, Cambridge, 120 p.

KACSER H., SMALL J.R., 1996. How many phenotypes from one genotype ? The case of prion diseases. *J. Theor. Biol.* 182, 209-218.

KELLER A.D., 1995a. Model genetic circuits encoding autoregulatory transcription factors. *J. Theor. Biol.* 169-172.

KELLER A.D., 1995b. Fixation of epigenetic states in a population. *J. Theor Biol.* 176, 211.

KELLERSHOHN N., LAURENT M., 2001. Prion diseases : dynamics of the infection and properties of the bistable transition. *Biophys J.* 81, 2517-2529.

KEPLER T.B., 1997. Oligomerization and PrpSc stability in prion propagation : a mathematical analysis. *In* : O. Arino, D. Axelrod, and M. Kimmel (eds.). *Advances in Mathematical Population Dynamics : Molecules, Cells and Man.* World Scientific, Singapore, 657-667.

LAURENT M., 1996. Prion diseases and the 'protein only' hypothesis : a theoretical dynamic study. *Biochem. J.* 318, 35-39.

LAURENT M., CHARVIN G., GUESPIN-MICHEL J., 2005. Bistability and hysteresis in epigenetic regulation of the lactose operon. *Cell. Mol. Biol.* 51, 583-594.

MAYR E., 1989. *Histoire de la biologie.* Fayard, Paris, 894 p.

MORANGE M., 1994. *Histoire de la biologie moléculaire.* Éditions la Découverte, 320 p.

NICOLIS G., PRIGOGINE I., 1997. *Self-organization in non equilibrium systems. From dissipative structures to order through fluctuations.* John Wiley & Sons, New-York, 491 p.

NOVAK B., TYSON J.J., 2003. Modelling the controls of the eukaryotic cell cycle. *Biochem. Soc. Trans.* 31,1526-1529.

NOVICK A., WEINER M., 1957. Enzyme induction as an all-or-none phenomenon. *Proc. Natl. Acad. Sci. USA* 43, 553-566.

RINALDI S.,1996. *Laura and Petrarch. An intriguing case of cyclical love dynamics.* International Institute for Applied Systems Analysis, Laxenburg.

SCHRÖDINGER E., 1944. *Qu'est-ce que la vie ? L'aspect physique de la cellule vivante.* Traduction française : Éditions de la Paix, Bruxelles-Genève, 1951, 92 p.

SERFLING E.,1989. Autoregulation a common property of eukaryotic transcription factors ? *Trends Genet.* 5, 131.

YILDIRIM N., MACKEY M.C., 2003. Feedback regulation in the lactose operon : a mathematical modeling study and comparison with experimental data. *Biophys J.* 84, 2841-2851.

Morphogenèse des structures arborisées et conditions physiques d'une croissance biologique auto-organisée

V. Fleury

Des progrès récents en physique des formes de croissance ont apporté un éclairage nouveau sur la formation des systèmes vivants. Des aspects importants, souvent cruciaux, de la morphogenèse de ces systèmes échappent à une description purement génétique. Si la génétique impose un certain nombre de conditions aux processus de croissance, comme la valeur des paramètres élastiques ou plastiques des tissus, c'est l'ensemble des déplacements et des déformations dans les tissus qui détermine les formes finalement observées. Or il n'y a ni déformation ni déplacement sans l'exercice d'une force physique. Les champs de forces et les champs de déformation sont reliés par des lois exactes, qu'on appelle loi constitutives des matériaux. Ces lois sont l'incarnation de la loi de Newton dans un matériau donné, qu'il soit vivant ou pas. Il n'est donc pas possible de décrire la croissance d'un être quel qu'il soit sans faire intervenir ce type de loi. Les formes finales, bien entendu, conditionneront en retour le fonctionnement du système vivant, comme c'est le cas, par exemple, pour les systèmes vasculaires. Ces faits militent donc en faveur d'un rapprochement entre la biologie et la physique ; de fait, ce mouvement n'a pas cessé d'être observé, depuis quelques années, en particulier dans le domaine de l'étude des systèmes arborisés. Ce n'est qu'un juste retour aux sources puisque, dans les temps anciens, les premiers physiciens furent bien souvent des médecins ou des anatomistes (Sténon, Bartholin, etc.).

Je présenterai donc ci-après tout d'abord une introduction historique au problème de la morphogenèse des systèmes arborisés physiques. Rapidement, je décrirai un aspect *matériel* de la croissance des formes qui montrera comment la simple expression des propriétés physiques moléculaires peut déterminer ensuite les formes observées au niveau macroscopique. Ceci illustrera, d'une part, comment la génétique peut, en profondeur, conditionner les champs physiques, et d'autre part, comment les champs physiques se développent, ou « s'arrangent » avec les paramètres biochimiques sous-jacents.

J'aborderai ensuite la question de l'auto-organisation et de l'adaptation des structures vivantes, en particulier celle des vaisseaux sanguins. Je finirai en évoquant une différence essentielle entre les systèmes animaux et végétaux : le mouvement. En prenant ce mouvement en compte, on peut expliquer des différences radicales de propriétés entre le végétal et l'animal, en particulier, la différence des formes observées dans ces deux règnes.

Une petite introduction à l'histoire des formes

L'intérêt pour l'origine des formes est très ancien[1], il remonte probablement à la préhistoire. Ses premières manifestations écrites apparaissent dès l'Antiquité. Dans la Bible, plus exactement dans l'Apocalypse, on trouve des réflexions sur les formes cristallines. Depuis l'origine, et jusqu'à récemment, les savants ne faisaient guère de distinction entre les croissances en physique et les croissances en biologie. Dans la mesure où les naturalistes des temps anciens ne comprenaient pas comment « ça poussait » le fait qu'on trouve, par exemple, des branches en physique et qu'on en trouve aussi en biologie était un fait admis comme « naturel ». On avait reconnu, sans a priori disciplinaire, une structure commune, l'arborescence, qui était considérée comme une forme « naturelle » de croissance aussi bien minérale que vivante. Il existe ainsi des catalogues de formes datant du XVIIe ou du XVIIIe siècle dans lesquels figurent côte à côte des végétaux et des minéraux arborisés : la catégorie *arbusculatum* de Cappeller, géologue suisse qui décrit les dendrites minérales (1711), en est un exemple.

Le livre de Cappeller (fig. 4.1) est le tout premier traité où le mot cristallographie apparaît. Ainsi, dès que commence l'identification des cristaux, apparaît dans le même temps la notion d'universalité de l'arborescence, en tant que mode de croissance commun

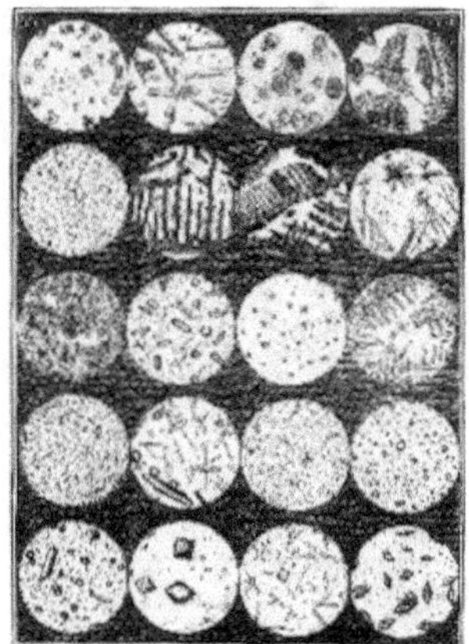

Figure 4.1. Extrait du livre de Cappeller. Les cristaux apparaissent dans des cercles : c'est la convention de l'époque pour représenter des objets vus au microscope. Cette planche décrit donc des expériences de cristallisation en solution. (Vincent Fleury, 1998 ; avec l'autorisation de Flammarion éditions).

---

[1] Fleury, 1998.

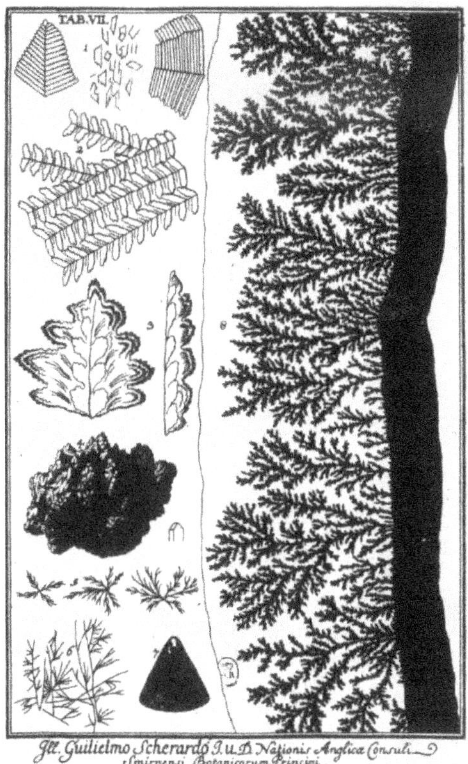

Figure 4.2. Expérience de Scheuchzer (à droite), fossiles (à gauche). Planche extraite de l'Herbier du déluge (Vincent Fleury, 1998 ; avec l'autorisation de Flammarion éditions).

à de nombreux solides, de même que le cristal est un mode de croissance commun à de nombreux corps purs ou composés. A la même époque, Jean-Jacques Scheuchzer fait devant l'Académie des Sciences des expériences de croissances artificielles, pour montrer que rien n'est plus facile que d'obtenir des arborescences minérales, par des moyens physiques. Mais dans les mêmes planches où sont décrites ces expériences, on trouve, associés aux dendrites minérales, de véritables fossiles de plantes (fig. 4.2).

Les premières expériences réelles de morphogenèse datent à vrai dire de 1670. On les découvre avec émerveillement dans des livres tout à fait remarquables du point de vue de la mise en page. Dans le *China Illustrata*, Athanase Kircher décrit très systématiquement des expériences, faites dans un esprit « moderne », presque contemporain dans leur enchaînement (!) : expérience 1, expérience 2, expérience 3, jusqu'à 9.

Il s'agit d'expériences de morphogenèse de cristaux arborisés tels qu'on les obtient dans des mélanges de sels produisant des réactions qualifiées aujourd'hui d'oxydo-réduction (fig. 4.3). Des naturalistes avaient observé que le dépôt qui apparaît spontanément dans des solutions de sels d'argent, quand on introduit une goutte de mercure, forme des arborisations. C'était une des bases de la croyance en la transmutation des métaux, puisque l'on peut effectivement obtenir de l'argent quand on met du mercure

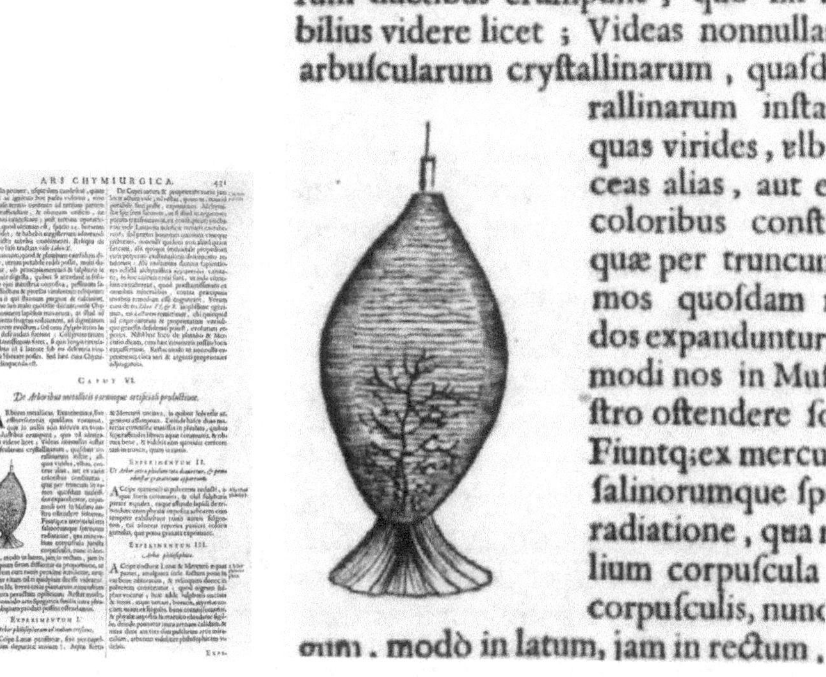

Figure 4.3. Expériences de Kircher : croissance dendritique obtenue par oxydo-réduction. A gauche une page complète, à droite un détail montrant le dispositif expérimental. (Vincent Fleury, 1998 ; avec l'autorisation de Flammarion éditions).

dans une solution de nitrate d'argent. Les naturalistes savaient faire cette « manip » et ils obtenaient des formes arborisées très rapidement. Ces arborisations sont très belles, elles évoquent irrésistiblement les végétaux, et les naturalistes se demandaient donc s'il y avait un lien entre la croissance des plantes et la croissance des minéraux.

L'émergence de la science moderne, à partir de la Renaissance et puis surtout au XVIIIe siècle fait progressivement disparaître un certain nombre de croyances mystiques, astrologiques, analogiques. Une croyance, en particulier, qui disparaît, est celle de la *végétation des pierres*. Jusqu'alors, certains naturalistes pensaient en effet, que les pierres poussaient comme des plantes. Certes, ces naturalistes ne savaient pas exactement comment poussaient les plantes, mais, pour eux, les pierres avaient des petits canaux à l'intérieur et une sève y montait comme dans les végétaux ; ainsi, les pierres poussaient *de l'intérieur*, comme les plantes. Cette idée s'est éteinte vers le milieu du XVIIIe siècle. On peut lire vers la fin du XVIIe siècle cette phrase exquise de Tournefort, un des derniers partisans de la « végétation des pierres » : « Les truffes sont aux plantes ce que les cailloux sont aux pierres ».

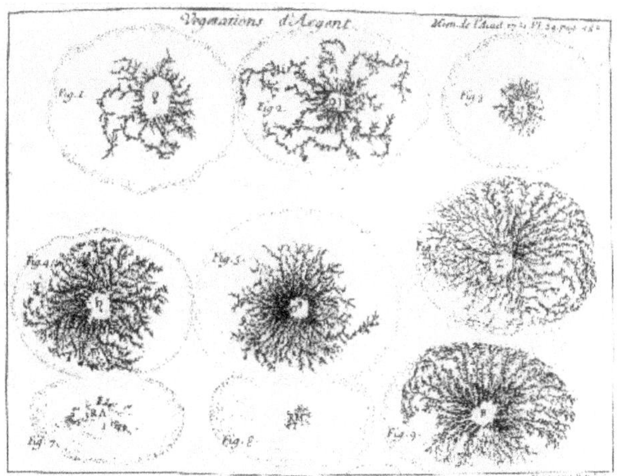

Figure 4.4. Planche de dendrites électrochimiques, d'après La Condamine (1731). (Vincent Fleury, 1998 ; avec l'autorisation de Flammarion éditions).

La disparition des croyances analogiques, et l'avènement de la méthode cartésienne ne font aucun tort aux expériences systématiques de morphogenèse, qui se poursuivent comme avec les expériences de La Condamine (1731).

Il s'agit de véritables expériences de laboratoire, de formation de dendrites de cuivre et d'argent. La Condamine est un savant très connu, c'est lui qui a démontré (avec Maupertuis) que la terre est renflée à l'équateur et plate aux pôles. Il a également démontré que les montagnes modifient le champ de gravité, en étudiant la variation de période des pendules, ce qui n'est pas une découverte mineure. Ses expériences d'électrochimie, très minutieuses, ne sont pas non plus des amusements d'amateur (fig. 4.4).

Ainsi, jusqu'à l'émergence de la science contemporaine, l'idée que toutes les formes arborisées ont la même origine est assez banale, elle figure déjà chez Léonard de Vinci ! Pourtant, les disciplines, comme la botanique et la géologie[2], se séparent peu à peu, et l'idée que l'on puisse appliquer les mêmes concepts à des systèmes différents se perd. Elle sombre, définitivement, avec le triomphe de la génétique. Ce n'est que depuis une vingtaine d'années que reviennent en force des idées ou concepts plus universels, dépassant les frontières disciplinaires, dont la valeur est réellement explicative. Des modèles simples (mariant la biomécanique et la physique des systèmes auto-organisés) permettent désormais d'expliquer l'émergence de branches, l'alignement de fibres, les angles de branchement, la forme des fruits et légumes, l'auto-organisation des systèmes vasculaires, la phyllotaxie (l'agencement successif et ordonné des feuilles autour d'une tige), etc. dont la génétique fixe les paramètres et les conditions aux limites (temporelles par exemple), sans être réellement la cause de l'organisation.

---

[2] Le premier géologue, Sténon, était médecin. L'idée de l'origine sédimentaire des roches lui était venue en comparant les strates de la Toscane aux couches de « sédiments » laissées dans les fioles d'urine désséchée.

L'aspect matériel des formes

Toutes choses égales d'ailleurs, différents matériaux présentent des formes de croissance différentes. Les mécanismes de croissance d'une pâte quelconque, de matière vivante ou non, utilisent, ou « sont sensibles » aux propriétés microscopiques, matérielles de la matière qui croît, en sorte qu'il existe un aspect « matériel » aux formes de croissance. Je vais montrer ici comment le simple fait que le constituant de base d'un tissu vivant est un polymère a des conséquences physiques sur la forme globale.

Pour un physicien, la forme la plus simple, c'est la bulle de savon, qui est sphérique. Quelle est l'origine de cette sphéricité ? Elle provient de la distribution de forces le long du contour. Ces forces tiennent les particules de savon entre elles. Si ces forces sont identiques, homogènes et isotropes le long du contour, l'équilibre des forces est tel que le contour ne peut qu'être *rond*.

Avec le même type de physique on peut obtenir des formes qui ne sont pas rondes, par exemple des cubes. C'est ce qui se passe lorsque les forces ne sont pas homogènes le long du contour.

Pour aborder cette distribution de forces anisotropes, il existe un certain nombre d'outils mathématiques qui permettent de calculer la forme d'équilibre associée (construction de Wulff, par exemple). Si, comme dans la figure 4.5, le contour exhibe des forces plus grandes vers 3-6-9-12 heures, et plus faibles à 45° de ces directions, alors le contour n'est pas rond, il est carré. Ce type de physique est à l'origine d'un certain nombre de formes carrées ou angulaires (hexagonales par exemple) dans la nature. Pourquoi les quartz, les améthystes ont-ils des angles ? Parce que les énergies de liaison le long du contour dépendent de l'orientation dans l'espace, c'est-à-dire de l'angle que fait un élément de surface par rapport aux directions du réseau atomique sous-jacent (comme dans la figure 4.5 ; Fleury et Watanabe, 2004). Ces énergies de liaison relient les atomes et dépendent donc de leur configuration. Les atomes sont rangés dans des réseaux et les écartements entre atomes sont conditionnés par la direction suivant laquelle la surface traverse ces réseaux. Comme l'écartement entre deux atomes dépend de la direction de leur liaison atomique, la force entre atomes de la surface dépend de la direction de cette surface par rapport au réseau.

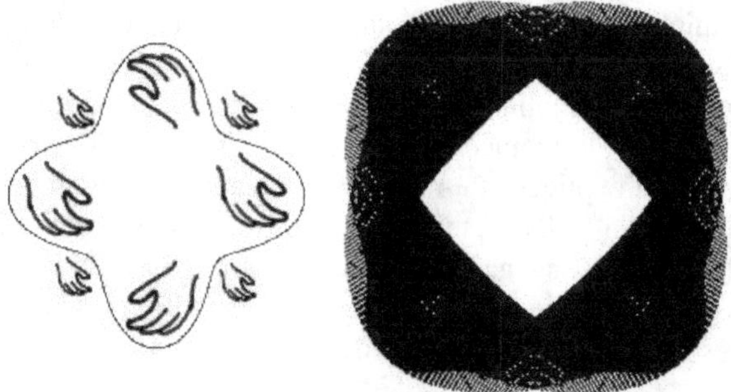

Figure 4.5. Cas de forces anisotropes le long du contour, dans ce cas un carré. Énergie de liaison représentée par de grandes et petites mains (grandes à 3-6-9-12 h et petites à 45° de ces axes) (à gauche). Construction de la forme d'équilibre selon Wulff (à droite). (Simulation : Vincent Fleury et Tomoko Watanabe).

Pour cette raison, le cristal a des facettes et des pointes, car la surface du cristal tend à s'aligner sur certaines directions, et cet alignement est « forcé » par la physique vers les faces qui ont plus de force et qui savent faire tourner le contour (au sens propre : ceci crée un « couple » de rotation). Ceci illustre l'aspect *matériel* de la forme. Si une structure est faite *matériellement* d'atomes, elle aura tendance à avoir des facettes avec des coins, toutes choses égales d'ailleurs.

Au même niveau de description, la structure de base du vivant n'est pas l'atome. La particularité matérielle du vivant, du point de vue structurel, est d'être fibré, filandreux, tissé. Sur le plan matériel cela signifie qu'un ordre existe dans le vivant, qui est un ordre *d'alignement*. Ce n'est pas un ordre de petites boules disposées sur un réseau, suivant toutes les directions, comme pour les atomes dans un cristal. Par exemple, l'oignon ou l'échalote, comme chacun sait, sont fibrés dans deux directions, en cercles concentriques suivant les plans équatoriaux et en fuseaux plus ou moins tendus suivant les plans méridiens. On peut traiter, avec les outils évoqués plus haut, le cas d'un « cristal » ou d'une « bulle de savon » qui seraient faits de petites fibres, des fibres formant des cercles autour des pôles, ou bien bobinées en méridiennes, comme les méridiens terrestres (fig. 4.6) (Fleury et Watanabe, 2004).

Dans ce type de sphère fibrée, les forces le long de la surface sont proportionnelles à la quantité de fibres. Dans le cas des fibres méridiennes, les forces de surface sont plus grandes aux pôles parce que les fibres y convergent. Ce fait intuitif se prête à un calcul exact qui génère « instantanément » une forme ressemblant, au moins vaguement, à quelque chose comme un citron, un navet, ou un oignon.

Ainsi l'aspect matériel fibré du végétal conditionne sa forme. Le type d'« oignon théorique » de la figure 4.7a est obtenu avec des cercles disposés en « méridiens ». La forme dans la figure 4.7b est obtenue avec des cercles parallèles. Suivant les paramètres et la nature du bobinage, on produit des facettes sur les côtés, et la forme évoque plutôt celle d'un kiwi. Pour explorer un peu plus ce modèle, on dispose d'un paramètre qui est la densité des fibres. C'est le préfacteur qui mesure l'équilibre absolu des forces. En faisant varier ce préfacteur, on obtient toutes les formes intermédiaires entre une sphère et quelque chose de très pointu, comme une épine, dont l'extrémité est un cône. En effet, dans ce type de calcul les extrémités – pôle sud et pôle nord – sont des cônes, et non des coins « carrés » comme dans un cristal. On obtient donc à peu près tous les intermédiaires entre une sphère et une épine. Ce formalisme, sans doute trop général, ne permet guère de

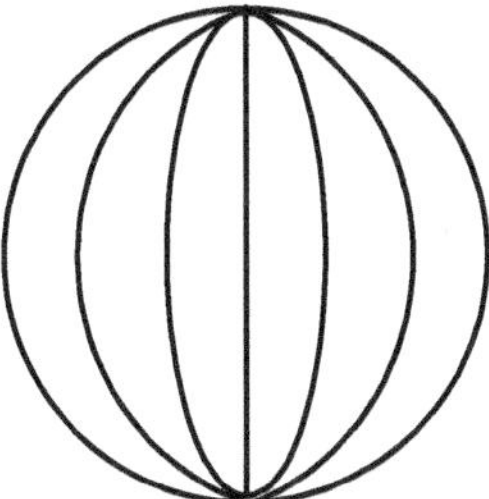 

Figure 4.6. Deux bobinages de fibres possibles sur une sphère, à gauche fibres méridiennes, à droite fibres parallèles. Vers les pôles, la distribution est plus raide, car plus dense, ou plus courbée.

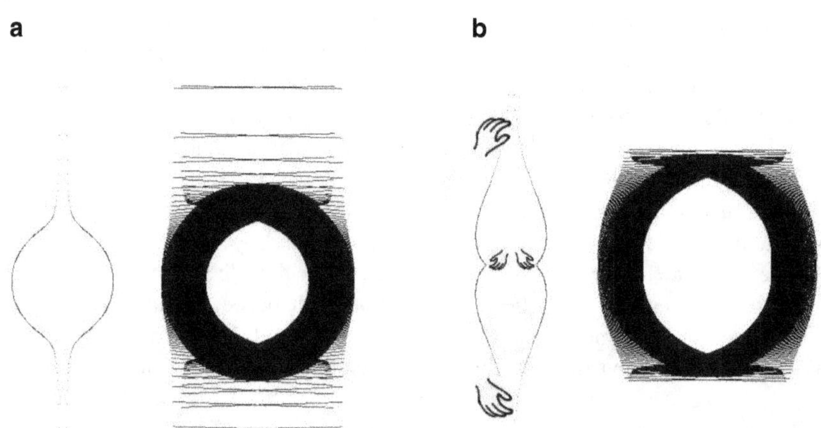

Figure 4.7 a. Oignon théorique obtenu avec des fibres méridiennes. b. Kiwi théorique obtenu avec des fibres parallèles. Énergie de liaison (à gauche) et construction de la forme d'équilibre (à droite). (Simulation : Vincent Fleury et Tomoko Watanabe).

traiter un végétal précis. Mais il a au moins le mérite d'expliquer et de regrouper sous une même explication un certain nombre de faits empiriques (Fleury et Watanabe, 2004).

Par exemple, une généralité qui ressort de ces calculs est que la forme d'une structure fibrée dépend de la taille. Ce n'est pas le cas pour les cristaux (comme les quartz ou les grenats), pour lesquels la forme est indépendante de la taille. Ceci tient au fait que, dans un cristal, la valeur de la tension de surface ne dépend que de l'orientation des atomes dans le réseau cristallin, notion indépendante de la taille. Si la forme du végétal dépend de sa taille, il est normal que la forme change lorsque ce végétal grandit, toutes choses égales d'ailleurs. Le simple fait qu'il devienne plus grand implique qu'il doit être différent, puisque les rayons de courbure des fibres et la densité des fibres varient avec la taille.

Un autre fait général expliqué « *by the same token* » comme disent les Anglais, est que « plus c'est dur, plus c'est pointu ». Le modèle montre que s'il y a plus de fibres, le matériau est alors plus dur et, s'il est plus dur, alors sa surface est plus pointue. D'un point de vue génétique, cette coïncidence peut sembler fortuite. Mais du point de vue physique, elle s'impose comme une évidence. S'il est avantageux pour un animal ou un végétal d'avoir des choses dures et pointues comme défenses, la nature n'a pas besoin d'évoluer indépendamment « le dur » *et* « le pointu » pour y parvenir. Le dur vient *ensemble* avec le pointu.

Toujours en faisant d'une pierre deux coups, pour essayer de traduire l'expression anglaise, on explique encore un autre phénomène général : « ce qui est dedans est plus dur que ce qui est dehors ». En effet, lorsque des fuseaux sont à l'intérieur, ils correspondent à des diamètres plus petits des distributions de fibres, il est alors normal que les couches qu'ils délimitent soient plus dures. Ainsi, les couches internes sont plus dures au centre que sur les bords, pour la même raison qu'un rond en raphia, ou un chapeau en paille est plus dur au centre et plus mou vers le bord. De même, les fuseaux intérieurs sont plus tendus que les fuseaux extérieurs, comme dans les oignons.

Le modèle présenté ci-dessus montre que la forme « en fuseau » est ordinaire, elle n'est pas une réussite mirobolante due à une extraordinaire inventivité évolutive. Elle

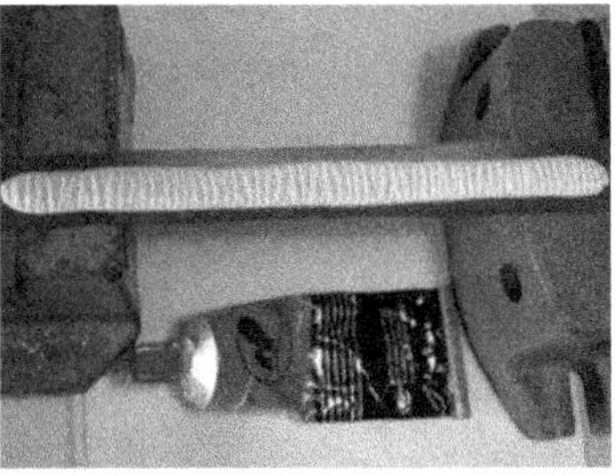

Figure 4.8. Flambage d'un rail de colle sur un élastique tendu. À gauche avant de relâcher l'élastique. À droite, juste après. (Feuille de caoutchouc Tera-band, colle silicone CAF 4, temps de durcissement 30 minutes, allongement 30 %). (Photos Vincent Fleury).

est très répandue et à la base de nombreuses structures biologiques. La génétique fournit, évidemment, les paramètres physiques du bobinage : densité des fibres, rigidité des pontages etc., qui détermineront le préfacteur pour le calcul de la forme, mais la genèse de la forme est en quelque sorte auto-organisée et déterminée par les phénomènes biophysiques. On peut expliquer, également, que, pour les mêmes raisons, le « fuseau mitotique[3] » est un fuseau et non une sphère mitotique ou un tétraèdre mitotique.

Jusqu'ici, je n'ai évoqué que des structures qui avaient soit des anneaux méridiens, soit des anneaux parallèles. Dans ce cas, du point de vue physique, on dira qu'il y a un ordre d'alignement qui présente *deux singularités*, l'une au pôle sud et l'autre au pôle nord. Avec ces deux pôles, on peut décrire complètement la structure, et le champ de lignes associé. Mais une structure ayant un ordre d'alignement peut très bien avoir beaucoup plus de singularités. Les empreintes digitales constituent un exemple typique. Sur nos empreintes digitales, on trouve des défauts d'alignement autour desquels s'organisent les « dessins » des empreintes. Les empreintes digitales ont leur origine dans un mécanisme de flambage[4] de la peau qui se produit vers huit semaines de gestation. On peut reproduire ce flambage en tendant une feuille de caoutchouc, et en déposant de la colle dessus. Après avoir attendu un peu, on relâche le caoutchouc. On obtient alors de belles fronces, très semblables aux empreintes digitales.

Suite à l'apparition du tracé des empreintes digitales, le tissu de la peau n'est plus une « pâte à modeler » uniforme. C'est de la pâte *fibrée* macroscopiquement. On peut l'analyser en considérant un hybride mathématique : une bulle de savon qui serait fibrée comme le montre la figure 4.9 à gauche, qui est une approximation d'une empreinte digitale à 3 dimensions.

Cette sphère fibrée comporte maintenant quatre pôles, certains visibles à l'avant et d'autres à l'arrière, qu'il faut imaginer. C'est un objet exhibant quatre singularités de champ de vecteur, c'est-à-dire quatre points de l'espace où la force, comme la déformation, n'est pas définie. Est-ce qu'une bulle de savon, ou un légume qui serait fibré comme

---

[3] Structure apparaissant dans le noyau cellulaire en cours de division et sur laquelle se rassemblent les chromosomes en train de se diviser. La mitose correspond au mode habituel de division d'une cellule vivante en deux cellules filles.

[4] Flambage : plis apparaissant dans des structures fines comme des tiges, des plaques, des cylindres ou des feuilles lorsqu'on les contraint dans leur plan (penser à une canette qu'on écrase).

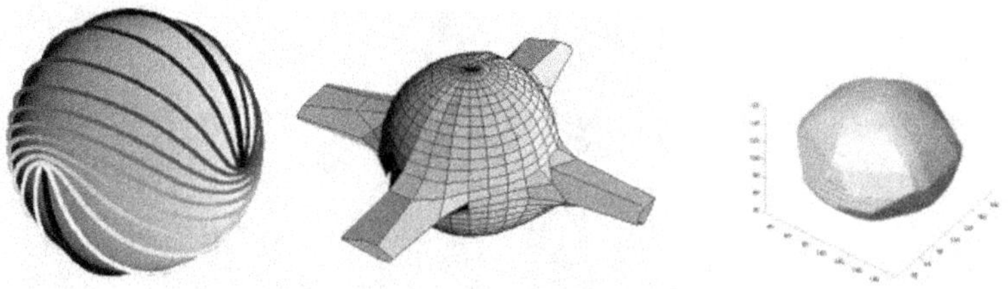

Figure 4.9. Bulle de savon fibrée comme une empreinte digitale (à gauche). Distribution des tensions avec quatre pôles (au milieu). Forme d'équilibre résultante (à droite). (Nguyen *et al.*, 2004, droits réservés).

cela serait sphérique ? La réponse est non : on constate que la « sphère » obtenue est un peu cabossée. On y retrouve un fait anatomique. Le demi-tour au centre des empreintes digitales n'est pas le sommet du relief. Le sommet du relief est plus en avant, du côté où les fibres tournent. Chacun peut le vérifier sur ses propres doigts, il y a en général des singularités, et ces singularités ne sont pas au sommet du relief du doigt. La cause de ce phénomène est une cause matérielle, et non génétique.

La conclusion de ce rapide tour d'horizon est qu'il existe un aspect matériel aux formes, et que la structure intime du matériau joue un rôle déterminant. Par exemple, si un gène intervient dans le pontage de la cellulose, son altération peut changer complètement la forme de la plante sans que cela ne fasse intervenir des gènes de morphogenèse en tant que tels. On peut ainsi expliquer simplement, sur une base physique, pourquoi certains phénotypes mutants ont des épines à la place des feuilles.

Les formes de croissance

Dans la réalité, les formes observées sont des formes *de croissance*, et rarement des formes d'équilibre. « Ça pousse » continuellement grâce à quelque chose qui circule dans le matériau vivant. En outre une forme donnée est rarement isolée de tout contexte et subit en général les influences de son entourage. On observe, pour résumer, deux types d'effets morphogénétiques : des effets de « pointe » c'est-à-dire que certaines régions se mettent à pousser vers l'avant plus vite. Et des effets de « pli » : des couches qui poussent sur les côtés se mettent à flamber ou « boucler », c'est-à-dire à plier. Ces effets morpho-génétiques deviennent très difficiles à traiter du point de vue mathématique, beaucoup plus difficiles que les formes d'équilibre décrites ci-dessus, tout particulièrement en trois dimensions.

En effet, les branchements, les plis, s'influencent les uns les autres. Comme pour la phyllotaxie, il faut prendre en compte l'auto-organisation de l'ensemble des branches, pour trouver la forme finale, par exemple, celle d'une dendrite de cuivre dans la figure 4.10 (échelle 2 mm environ). Chaque branche « suce » en quelque sorte les atomes servant à la faire pousser. La vitesse individuelle de croissance de chaque branche dépend donc des flux en chacun des autres pointes. Tout est lié, et le phénomène doit être traité dans sa globalité.

La description de la morphogenèse doit marier dans ces cas-là les phénomènes microscopiques (ici le caractère microcristallin du cuivre) et les phénomènes macros-

Figure 4.10. Dendrite de cuivre en forme d'arborescence, dans laquelle on voit les cristaux individuels (échelle 2 mm environ à gauche, grossissements croissants à droite). (Photos Vincent Fleury).

copiques (l'auto-organisation entre branches aux échelles supérieures à celle des grains cristallins). En outre, l'aspect matériel invoqué plus haut reste pertinent : en présence d'anisotropie cristalline, on observera, par exemple, de grands et beaux cristaux très réguliers, comme dans le flocon de neige (fig. 4.11). Le flocon, en tant que forme de croissance, est aux formes branchues ce que le quartz facetté des galeries de minéralogie, en tant que forme d'équilibre, est à la bulle de savon.

Figure 4.11. Flocon de neige. (Photo reproduite avec l'aimable autorisation du Professeur U. Furukawa de Sapporo, Japon).

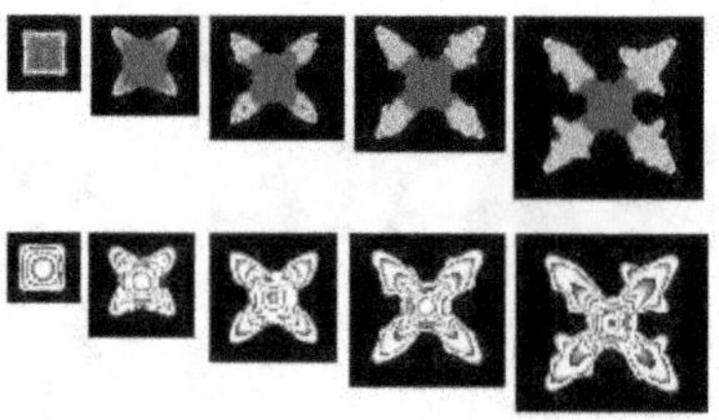

Figure 4.12. Exemple de croissance dans un champ d'inhibiteur interne. Le résultat est un contour denticulé, avec des pointes, et des creux là où la croissance est inhibée. Chez les plantes on constate que les creux sont souvent anti-corrélés à la présence de nervures. En général (mais il y a des exceptions, comme le tulipier de Virginie), les nervures sont associées à une pointe du contour de la feuille. On comprend que la nervure soit un axe d'allongement, puisque la nervure sert à apporter des nutriments (Fleury, 2001, droits réservés).

Dans ce qui vient d'être décrit, le champ de croissance est extérieur à la chose qui pousse. Si on décrit des bulles ou des cristaux, l'intérieur est mort, voire constitué de pur vide. Au contraire, pour les tissus vivants, le champ de croissance opère de l'intérieur. Cependant on peut aussi, en théorie comme en pratique, faire pousser des choses avec des champs de croissance qui sont *internes*, et dans ce cas « le vide » est à l'extérieur, comme pour les plantes. On peut par exemple suivre la croissance d'un « méristème mathématique »[5] en imposant à l'intérieur un champ d'inhibiteur. Les cellules fuient l'inhibiteur le plus vite possible. L'interface se développe, mais elle est retenue aux endroits où les gradients sont plus forts parce que l'inhibiteur y diffuse assez vite pour l'arrêter. Ce mécanisme génère automatiquement des pointes et, en fonction des paramètres, on obtient des choses assez carrées, ou bien assez filamentaires.

Les outils mathématiques offrent donc un support très efficace pour décrire des phénomènes naturels de morphogenèse. Ils montrent que les croissances minérales dans des champs physiques créent spontanément des structures branchées auto-organisées, par effet de pointe ; en outre des phénomènes de contraction dans des couches créent spontanément des plis réguliers, qui peuvent se développer ultérieurement en branches. Ces phénomènes sont très communs, universels, et les physiciens commencent à les pister avec succès en biologie végétale ou animale. Il est ainsi possible d'expliquer la genèse des empreintes digitales, des plis du cerveau, les divers types de croissances dendritiques, sans qu'il soit besoin de connaître le détail des expressions de gènes.

La croissance du système vasculaire

Dans certaines situations, les effets de pointe, les effets de pli, les phénomènes microscopiques, l'auto-organisation macroscopique, et même l'aspect matériel s'entremêlent. C'est le cas dans deux systèmes biologiques importants : les vaisseaux sanguins, et le poumon (et la famille d'organes arborisés qu'il représente, rein, pancréas, etc. ; voir p. 127 et suivantes).

---

[5] Méristème : zone de prolifération cellulaire à partir de laquelle les croissances végétales se perpétuent.

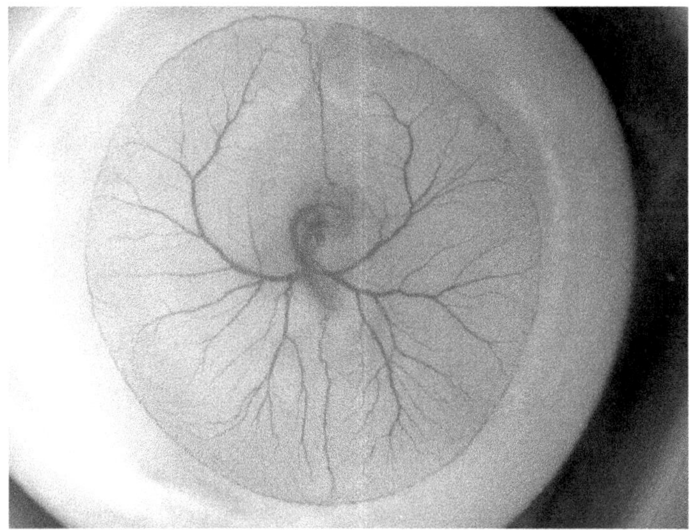

Figure 4.13. Œuf de poulet à 4 jours d'incubation. (Photo Vincent Fleury).

Les vaisseaux sanguins sont ce qui, chez les animaux, ressemble le plus aux nervures des feuilles. La croissance des organes animaux quant à elle évoque la croissance des méristèmes végétaux. Cette ressemblance entre les deux règnes n'est pas purement métaphorique. Les liens sont réels, comme nous allons le voir.

Si l'on examine un œuf de poulet, on voit le sac vitellin, qui est une sorte de feuille de nénuphar posée à la surface du jaune. On en distingue clairement les « nervures », qui sont ici les vaisseaux sanguins de la figure 4.13. Ces vaisseaux permettent à l'embryon de collecter les acides gras qui sont dans le jaune et de les ramener vers l'embryon. Tant qu'il n'y a pas de cœur, on ne voit que des petits îlots de sang disséminés, formant des capillaires ou des précapillaires presque aléatoires (qui reflètent cependant la texture du tissu vivant). Lorsque le cœur se met à battre, en quelques heures, se forme une arborescence qui, petit à petit, se raffine.

Quand la circulation s'établit, l'arborescence qui se forme se développe de façon assez symétrique, les vaisseaux respectant grossièrement la symétrie bilatérale de l'œuf. On devine des différences antéro-postérieures : il y a une tête assez grosse, une taille et une queue assez petite. Ce sont là des observations élémentaires, très classiques. Peu à peu les veines se forment : après une étape de réorganisation, elles suivent progressivement le même parcours que les artères, si bien qu'au final on obtient une juxtaposition pratiquement à l'identique de deux vasculatures, la vasculature artérielle, qui fait sortir, et la vasculature veineuse, qui rapporte le sang vers le cœur (cette structure juxtaposée concerne les gros vaisseaux). Le même phénomène se manifeste dans les végétaux, qui ont eux aussi *deux* vasculatures[6]. Le sang circule dans les deux sens, le long d'arbres très

---

[6] D'une part le xylème qui assure la montée de la sève brute des racines vers les parties aériennes et d'autre part le phloème qui effectue la descente de la sève élaborée dans les parties aériennes vers toutes les parties de la plante.

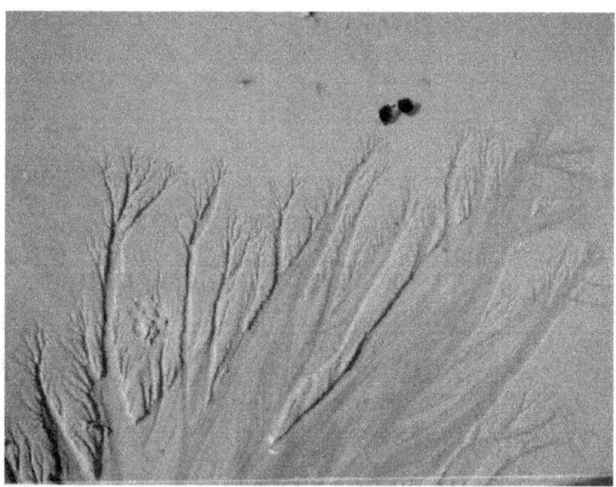

Figure 4.14. Formation de rigoles de sable sur la plage de Granville (Manche). (Photo Vincent Fleury).

voisins. Le système est composite : les points haute ou basse pression sont répartis sur 2 voies anti-parallèles, parfois mitoyennes. L'apparition du double système vasculaire est entièrement conditionnée par la mise en circulation du sang par le cœur : s'il n'y a pas de cœur, aucun vaisseau ne se forme.

Du point de vue physique, le processus de formation des vaisseaux est proche de la formation des rigoles dans le sable, sur une plage à marée descendante. Quand la mer se retire, elle entraîne des grains de sable qui laissent des creux, des canaux qui remontent dans le sens opposé à la descente de la mer. Sous l'effet de l'écoulement de l'eau, la plage de sable est érodée. Plus l'écoulement est fort et plus « ça creuse », ce qui aboutit à une formation *auto-organisée* de rigoles.

Dans le cas du sang, la situation peut être décrite de façon analogue. On reconnaît effectivement dans la situation initiale une sorte de « sable » qui est la structure poreuse, capillaire, du sac vitellin. À l'intérieur de cette structure (qui est un disque) passe l'écoulement sanguin pulsé par le cœur. Les cellules sont « rabotées » par le sang, ce qui se traduit par un phénomène de *cisaillement,* c'est-à-dire une traction sur les cellules. Les cellules endothéliales[7] réagissent à ce cisaillement en proliférant et se réorganisant. Le résultat net en est l'agrandissement des « tuyaux », qui se produit dans les directions où il y a le plus d'écoulement. Formellement, le problème est presque identique au problème de croissance dendritique évoqué précédemment. Cependant il s'avère nécessaire d'ajouter des éléments de description. Par rapport au problème du sable sur la plage, il se produit en outre un *déplacement* des vaisseaux en cours de morphogenèse. Les vaisseaux s'écartent les uns des autres, en tous sens. En effet, le tissu n'est pas simplement statique : il croît, ce qui se traduit par une dilatation. Une expansion de tout le système se produit, c'est-à-dire une croissance-dilatation auto-organisée. Quelles sont les forces qui s'exercent dans le tissu quand « ça pousse » ? Ce sont à la fois les forces internes

---

[7] Cellules de la paroi vasculaire. Dans le jeune embryon, il y a surtout de la réorganisation.

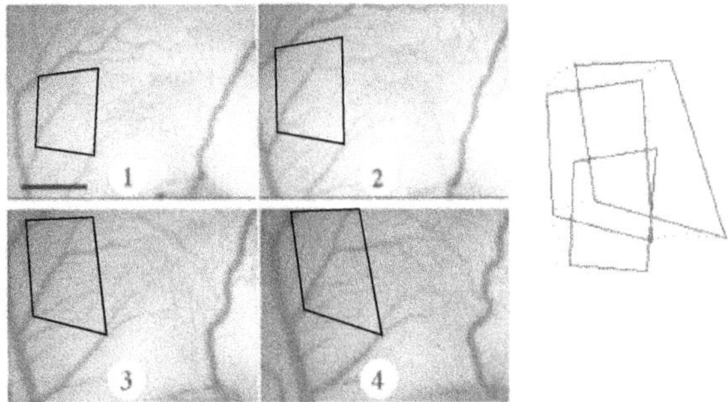

Figure 4.15. Évolution au cours du temps (de 1 à 4) de quatre points de référence sur le sac vitellin formant ensemble un quadrilatère. (Nguyen *et al.*, 2006).

produites par les cellules (chaque cellule exerce une force), et celles produites dans le cœur qui sont à l'origine des écoulements qui passent (le liquide aussi exerce une force). Suivons quatre points de référence sur la vasculature (figure 4.15) : on observe que le quadrilatère formé par ces points se déforme d'une façon qui n'est pas du tout triviale, qui est complètement auto-organisée par la structure même qui pousse.

À l'échelle microscopique, les cellules endothéliales traduisent le cisaillement visqueux par un élargissement des vaisseaux. Mais à toutes les échelles supérieures, la croissance des vaisseaux est doublement auto-organisée, d'une part par le problème de « plomberie » très complexe engendré par la circulation dans l'arborescence, et d'autre part par le phénomène de poussée et de traction de tous les tuyaux les uns contre les autres. Sur le plan des modèles physiques, si on rajoute au phénomène de croissance dendritique (l'équivalent de ce qui génère les dendrites de cuivre de la figure 4.10, ou bien les rigoles de sable de la figure 4.14), des forces de répulsion auto-organisées, on peut formellement simuler des vasculatures qui commencent à ressembler très fortement à la vasculature réelle (figure 4.16)[8]. On retrouve bien cette structure « en crabe » du sac vitellin, avec des segments droits à la sortie du corps (« nombril » du poulet), des concavités où il y a très peu de vaisseaux, des convexités sur lesquelles apparaissent davantage de vaisseaux collatéraux, et un grand vaisseau circulaire dont le périmètre augmente spontanément. Cette forme n'est pas introduite a priori dans le calcul. Elle découle de l'écriture de la circulation et de la répulsion, lorsqu'on laisse les particules agir d'elles-mêmes selon les forces précédemment décrites. C'est peut-être le premier exemple de « vie artificielle » qui soit basé sur des règles de construction authentiquement biophysiques.

D'autres phénomènes s'ajoutent à ceux qui viennent d'être décrits. Ainsi, les petits vaisseaux se déconnectent des gros. Ce phénomène, très important, est totalement inattendu pour un physicien. Si l'on suit un gros vaisseau, on s'aperçoit au bout d'un certain temps que la plupart des petits vaisseaux se détachent. Les « nervures principales » n'ont donc pas de petits vaisseaux collatéraux, elles sont devenues des tuyaux bien « nets ». On pourrait penser qu'il y a un gène de la déconnexion associé à une biochimie très fine. Mais en examinant de plus près le système, on trouve une explication de physicien, assez simple, qui consiste en l'adaptation élasto-plastique des bifurcations. Si l'on effectue

---

[8] Thi-Hanh Nguyen, thèse de doctorat, laboratoire PMC, École polytechnique.

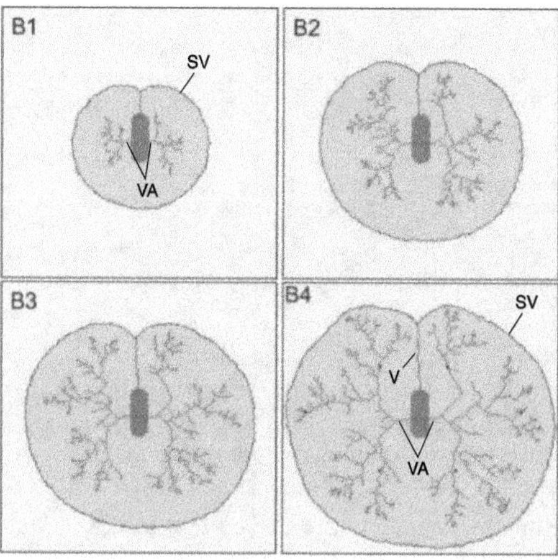

Figure 4.16. Simulation numérique de l'apparition de vaisseaux dans un sac vitellin, par auto-organisation. V = Veine, SV = Veine sinus-cardinal, VA = Artère vitelline. (Nguyen *et al.*, 2006).

le calcul de l'interaction entre le fluide et les « nervures » au niveau des bifurcations (raccords de plomberie en quelque sorte élastiques) on s'aperçoit que le comportement des nervures au niveau des raccordements entre elles dépend de la répartition des écoulements (fig. 4.17). Par exemple, si un courant fort arrive par une grosse artère et se divise en un courant principal, et un courant plus faible qui prend le virage pour emprunter un petit vaisseau latéral, alors apparaît spontanément un *étranglement* sur le petit tuyau. Cet étranglement tend à *déconnecter* le petit vaisseau du gros. Du côté veineux, c'est le contraire : on observe une tendance à la multiplication des petites ramifications Ces fermetures/ouvertures sont dues au sens et à l'intensité de la traction exercée par le fluide sur la paroi. Il est probable qu'on obtiendrait des phénomènes analogues simplement en tirant sur les tuyaux par traction mécanique, comme c'est probablement le cas dans le tissu végétal du fait de la circulation de la sève et de la turgescence des cellules.

Ainsi, suivant que l'on est du côté artériel ou du côté veineux, la même situation géométrique induit des effets morphogénétiques différents du type fermeture/ouverture du vaisseau collatéral, simplement du fait que dans un cas le flux vient de l'amont, et dans l'autre de l'aval.

Ce phénomène fournirait une explication physique au fait que le système veineux tend à accroître sa ramification, alors que le système artériel tend à la réduire au niveau des petits vaisseaux. Il est sans doute impliqué, également, dans les dégâts causés par l'hypertension. Évidemment, ce type de théorie ne prétend pas expliquer la *cause* de l'hypertension, qui peut-être un déséquilibre osmotique d'origine génétique ou autre. Mais pour ce qui est des conséquences, il est physiquement naturel qu'un accroissement de pression aboutisse à la fermeture de vaisseaux et donc à l'apparition d'une ischémie (mort des tissus par manque d'oxygène).

Un autre phénomène partagé par les plantes et les animaux est celui de la ré-entrance, c'est-à-dire d'invaginations causées par la confluence des vaisseaux. Dans les

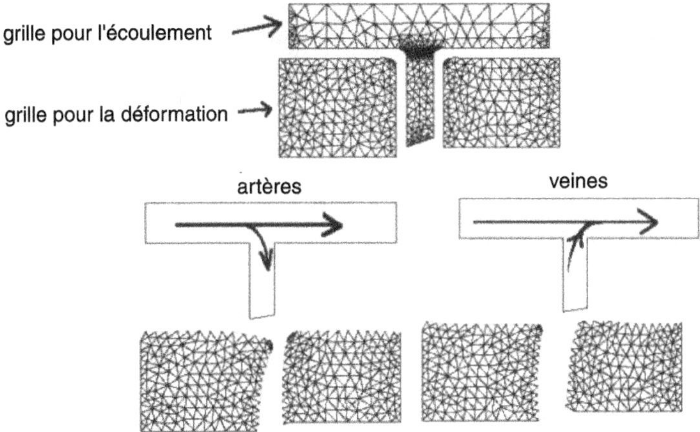

Figure 4.17. Écoulement artériel et veineux. Écoulement du côté artériel (en bas à gauche), écoulement du côté veineux (en bas à droite), et déformation associée des tuyaux. Ces images sont obtenues en partant de la grille indiquée en haut, en résolvant les équations de Navier-Stokes à l'intérieur des tuyaux (calcul des flux), puis en calculant l'interaction avec la structure (déformation élastique des tuyaux où passe le liquide). (Simulation Vincent Fleury).

figures 4.13 et 4.16 : la grande veine antérieure crânienne retient la grande veine circulaire. Au fur et à mesure que « ça croît », un phénomène de ré-entrance se produit en raison de la connectivité de ces vaisseaux (les trois brins font un Y). Cela pourrait aussi parfaitement expliquer des formes comme celle d'une citrouille. Parce que les nervures des végétaux retiennent, en quelque sorte, le tissu, un équilibre apparaît dans la région ré-entrante de la citrouille qui se traduit par un creux. Aussi banale que puisse sembler cette observation, ce phénomène a-t-il jamais été modélisé chez les plantes ?

La morphogenèse des systèmes vasculaires peut donc en grande partie s'expliquer par la physique d'écoulement et d'expansion des systèmes, sans qu'il soit besoin d'invoquer un quelconque déterminisme biochimique. Si les forces physiques jouent un si grand rôle, il doit être possible de changer les vaisseaux simplement en agissant physiquement sur eux. C'est ce que nous faisons couramment au laboratoire, avec des effets très importants, qui évoquent certaines situations pathologiques.

La croissance des organes

Si le système vasculaire montre des analogies frappantes avec les plantes, la ressemblance est encore plus forte pour les organes arborisés. Un grand nombre d'organes humains et animaux sont des édifices arborescents qui évoquent bien sûr l'architecture développée par de nombreux végétaux.

Il existe des modèles fractals de croissance arborescente. On peut sur ce thème consulter de très beaux livres comme « The algorithm beauty of plants »[9]. Dans ces

---

[9] Prusinkiewicz, Lindenmayer, 1990.

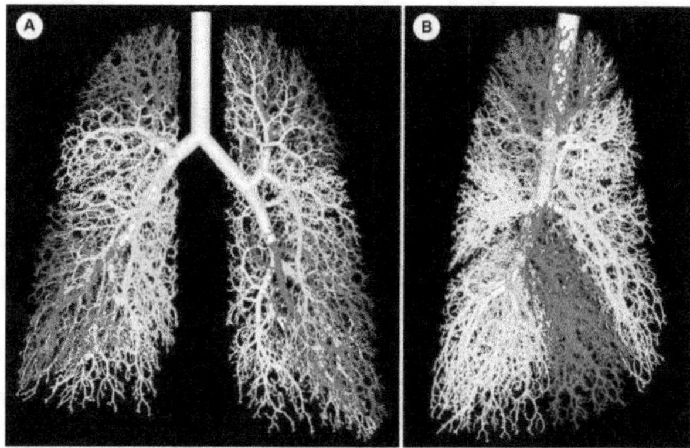

Figure 4.18. Poumon obtenu par des règles itératives. A : face. B : profil (Simulation reproduite avec l'aimable autorisation de Hiroko Kitaoka).

livres, les arbres sont construits avec des lois itératives. À première vue, ils peuvent paraître ressemblants, mais en général, ces arbres ne sont pas très réalistes.

C'est le cas par exemple du poumon présenté sur la figure 4.18, malgré les apparences. En effet, si on regarde dans le détail la structure des branches terminales, on s'aperçoit que, bien que parfaitement déterminée, celle-ci est anarchique. Les branches se croisent dans tous les sens d'une façon aberrante, non physiologique. Pour les rendre plus réalistes, et éviter ces croisements, l'auteur a pourtant introduit des règles arbitraires (jusqu'à 9 règles). Pourquoi les règles itératives donnent-elles un mauvais résultat ? Pour trouver ces règles itératives, on fait une étude statistique de l'arbre, et on trouve, que, par exemple, un arbre donné est hiérarchique, avec 5 fois plus de branches 3 fois plus petites, de génération en génération (nombres choisis arbitrairement pour illustration). Ces données sont obtenues en mesurant des fréquences de nombres, de longueurs, de largeurs, d'angles, de branches en fonction de la génération. Les histogrammes correspondant à ces mesures donnent des valeurs moyennes, et des « ailes » sur les côtés de la distribution. Il est fondamental de noter que ces distributions ne sont pas des gaussiennes[10], elles reflètent la structure *réelle* de l'arbre. Dans le cas d'une distribution gaussienne, les chiffres 3 et 5 seraient les valeurs exactes, et les ailes des distributions un « bruit », inhérent au système, aux erreurs de calculs et de mesures. En fait, il n'en est rien. Les branches ne sont *jamais* positionnées au hasard. En effet, les systèmes vivants poussent très lentement, de sorte que leur morphologie n'est pas sensible à des fluctuations aléatoires, thermodynamiques par exemple. Tout est déterminé : les orientations des branches se succèdent de façon précise, éventuellement perturbée par des événements épigénétiques, mais donnant lieu à un choix précis de la position.

Physiquement, le phénomène suivant se produit : lorsqu'une bifurcation provoque une évolution d'une branche vers un coin, vers une autre branche, ou même un retour de la branche vers elle-même, le tissu s'adapte à son contexte, et, soit s'arrête, soit « fait le tour », soit va se diviser d'une façon inattendue, qui n'est inscrite dans aucune règle. Les

---

[10] La distribution des branches n'est pas aléatoire, positionnée par des jeux de pile ou face autour de moyennes précises ; les branches sont corrélées les unes aux autres, et les « erreurs » sont des ajustements fins.

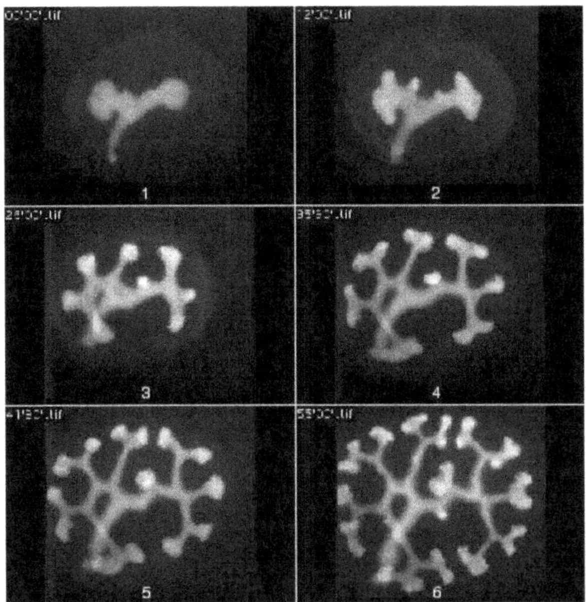

Figure 4.19. Image de croissance de rein de souris, pendant 24 heures. Marquage par fluorescence GFP des cellules épithéliales. (Photos Tomoko Watanabe, en collaboration avec Frank Constantini, Université de Columbia).

ailes des distributions contiennent tout le répertoire de réactions, continu, que le tissu est capable de fournir en réponse à une situation donnée, ce qui n'a rien à voir avec un bruit. Le tissu ne croît pas en appliquant « bêtement » une règle itérative avec bruit, car une telle règle ne permet pas une adaptation au micro-contexte, elle conduit à des croisements aberrants ; ce sont justement les petites modifications déterminées, qui semblent être du bruit, qui rendent la construction possible et cohérente. Si on fait une mesure statistique, on trouve un éventail de valeurs, mais si on construit un arbre avec les valeurs moyennes données par cette même statistique, on obtient des arbres tout simplement absurdes (en général, ils se traversent eux-mêmes).

Ainsi il n'y a pas vraiment de règle générale permettant la description exacte de ce type d'arborescence biologique, ce qui rend le travail des physiciens très difficile. On est ici confronté à la complexité des systèmes vivants : des structures élasto-visco-plastiques qui se développent.

Considérons maintenant l'exemple du rein. Un rein contient typiquement 30 000 branches terminales chez l'homme. C'est une sorte de « sac » qui pousse. En 2 jours, quelques dizaines ou centaines de branches se forment (fig. 4.19). Les nouvelles branches apparaissent par division (dichotomie). En fait, il n'y a pas de règle absolue de ramification. La croissance d'une extrémité de branche, appelons la « dôme apical », s'adapte au contexte. Par exemple, ce dôme peut tourner sans se diviser (fig. 4.20a). Il peut se cogner contre le bord (la capsule qui enferme l'organe) et se diviser en deux, en faisant une sorte de T (fig. 4.20b). Au lieu de rencontrer le bord de la capsule, la branche peut « tomber » face à face avec une autre branche. Dans un tel cas, les deux se divisent en T et ont tendance à pivoter pour s'éviter (figure 4.20c).

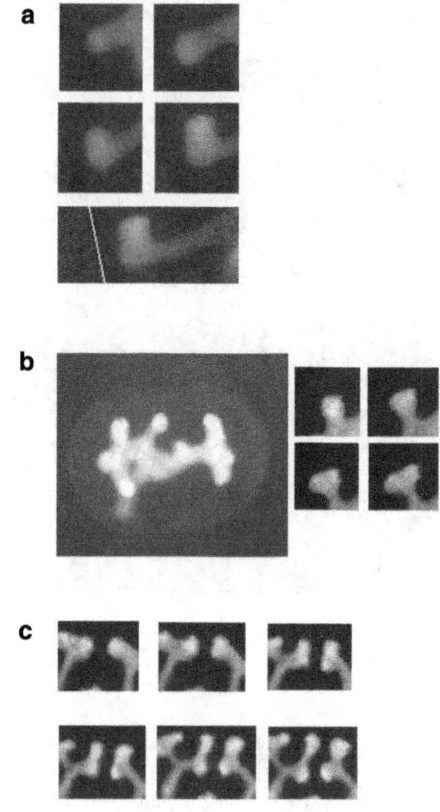

Figure 4.20 :
a. Exemple de rotation d'une branche.
b. Exemple de division par effet de contact.
c. Exemple de collision entre branches.
(Photos Tomoko Watanabe, en collaboration avec Frank Constantini, Université de Columbia).

Bien qu'il n'y ait pas de règle absolue et que le micro-contexte impose les choix, il existe malgré tout des « sortes » de règles de croissance. Mais ces règles utilisent la mécanique de façon « pragmatique », comme des racines dans un pot. Par exemple, s'il y a un obstacle, *on va tourner un peu*. Cela signifie que le fait de sentir un obstacle et d'être capable de « tourner un peu » pour l'éviter est déjà inscrit dans la physique du système biologique. Ces règles sont fixées par la mécanique du tissu vivant. Même si le rein, le poumon ou la plante poussaient seuls, pour ainsi dire « dans le vide », les forces physiques seraient toujours partie intégrante de leur croissance.

La mécanique du tissu fait en particulier jouer un grand rôle aux forces de pression. La structure d'un organe en croissance est semblable à une poche qui gonfle. À l'intérieur, une couche de cellules forme un feuillet appelé épithélium. Autour de celui-ci, on trouve une épaisseur moins organisée de cellules variées appelée mésenchyme. Le tout est enfermé dans une capsule, une sorte de sac. L'espace délimité par l'intérieur de l'épithélium, est creux, cette cavité s'appelle la « lumière » dans le domaine biomédical.

L'épithélium produit un liquide, et ce faisant il exerce une pression dans le liquide qui remplit la lumière, par quoi il se pousse lui-même et avance. S'il n'y avait pas de pression interne, l'organe ne pousserait pas.

En fait, si on se limite à faire des calculs élasto-plastiques de poches qui gonflent, on trouve des sphères plutôt que des tubes. C'est la situation d'un ballon de baudruche, qu'on gonflerait un jour d'anniversaire pour les enfants. Au passage, il faut attirer l'attention sur le fait que beaucoup de maladies chez l'homme sont associées, justement, à un excès de ballons. Dans nombre de pathologies comme l'emphysème ou la polykystose rénale il y a trop de petits sacs. Les organes fonctionnent de plus en plus mal si les parties terminales des arborescences sont remplacées par des sacs dilatés. Mais comment faire des tubes avec une croissance élasto-plastique ?

Je vais proposer ici un modèle (il y en a peut-être d'autres). C'est une localisation des zones de croissance par seuil élasto-plastique. L'idée est celle d'un tuyau qui se pousse lui-même, comme le baron de Münchausen qui se tire lui-même par les lacets pour s'envoler. Mais la déformation que le tuyau s'impose à lui-même n'est définitive que si la contrainte dépasse un seuil – un seuil de plasticité en botanique, le *yield* de la cellulose, qui est bien connu depuis les travaux de Lockhart, et plus récemment de Green et Dumais[11]. La région au-dessus du seuil est considérée, en quelque sorte, comme plus liquide que la région qui est en dessous du seuil. Cette dernière est supposée élastique : si elle est déformée, elle revient à sa position initiale. En d'autres termes, si on gonfle, ça se dilate, mais il n'y a qu'une seule partie du tissu qui est vraiment dilatée pour de bon, c'est la partie qui a été la plus tendue. Maintenant, la région où ce mécanisme est possible dépend de la forme elle-même qui est en train de pousser. En physique, les contraintes autour des pointes sont plus grandes que les contraintes sur les zones plates. On se retrouve alors avec une navigation de tubes dans un champ de contraintes, auto-organisé, présentant une anisotropie spontanée. Ce champ crée un tube qui s'auto-reproduit en avançant.

On peut ainsi simuler la croissance d'un tuyau au voisinage d'un plan, analogue à la croissance d'une racine dans un pot (fig. 4.21). Le tuyau s'étale, mais il s'agit d'un étalement élasto-plastique, comportant une croissance de matière vivante correspondant à l'allongement observé. Dans ce phénomène, la zone proche du plan est davantage cisaillée. Comme le seuil de plasticité est fonction surtout du cisaillement, le tuyau tend à suivre le bord. On peut dire que le tuyau « aime » être au bord, où il est davantage cisaillé. Ceci peut expliquer l'affinité des racines pour les surfaces (pierres, pots, etc.). Ce type de physique contribue sans doute aussi à la croissance des tuyaux bronchiques ou rénaux, qui s'aplatissent les uns contre les autres[12]. Cependant, dans le type de simulation montré ci-dessus, les tuyaux sont faits d'une pâte presque homogène, seules les pointes sont un peu plus molles.

Nous avons insisté au début de ce chapitre sur le fait que le tissu vivant n'est pas une masse homogène, ce n'est pas une pâte à modeler, il est fibré. Chez l'animal, on trouve des fibroblastes, qui produisent du collagène, et des cellules musculaires lisses. Le poumon quant à lui est comme couvert d'empreintes digitales, si on peut se permettre cette image. Il présente des anneaux cartilages ayant une structure très particulière, qui le rend

---

[11] Lockhart, 1965 ; Green, 1999 ; Dumais, Kwiatkowska, 2002.

[12] D'autres facteurs jouent également un rôle, que la thèse de Mathieu Unbekandt (laboratoire PMC, École polytechnique) contribue à élucider.

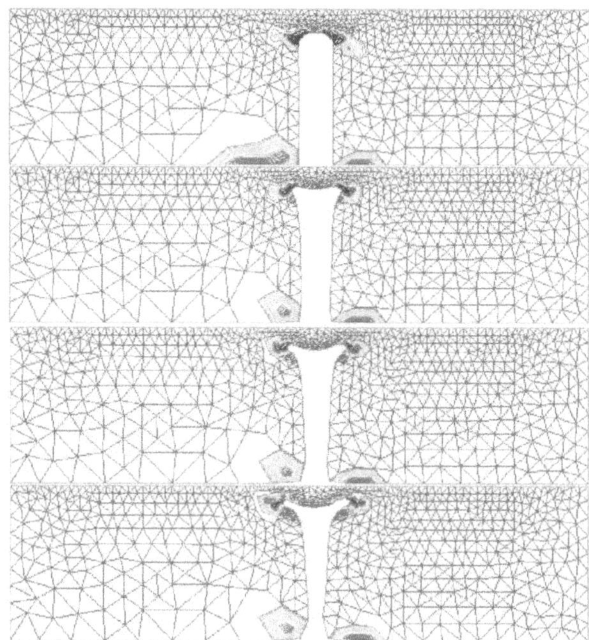

Figure 4.21. Navigation d'un tube au voisinage d'un obstacle. Au cours du temps (de haut en bas), le tube se divise, et chaque nouvelle pointe part explorer les côtés, comme une racine dans un pot. Dans ce modèle mécanique, le tuyau est progressivement étranglé à l'autre extrémité, mais il s'agit là d'un artefact de la simulation. (Calcul effectué avec le solveur Freefem, en résolvant les équations de Hooke de façon itérative avec un seuil sur la somme des modules carrés des contraintes normales, simulation Vincent Fleury).

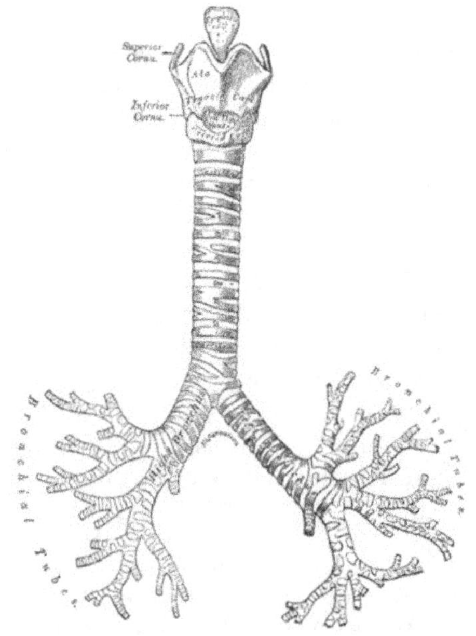

Figure 4.22. Image d'anneaux cartilages dans les poumons (Gray, 1918. Il existe des dessins équivalents, bien plus anciens, dus à Léonard de Vinci).

rigide (fig. 4.22). Cette structure en anneaux autour des tuyaux ne peut pas ne pas jouer de rôle dans la forme globale. L'entortillement des fibres est tri-dimensionnel, ce qui requiert des outils mathématiques qui dépassent le cadre de ce chapitre. Ces outils commencent tout juste à être développés, et ils ne permettent de traiter que les cas les plus simples.

Ces entortillements à trois dimensions de fibres ne sont pas sans rappeler, évidemment, les branchements dans les arbres. Aucun modèle, à ma connaissance, ne décrit un arbre comme la croissance d'un ensemble de fibres arborisées, ce qui semble pourtant correspondre à la réalité. L'équilibre des champs de fibres participe à la forme des branchements d'une façon subtile, comme il participe à celle des formes sphéroïdales traitées en détail plus haut.

La croissance par écoulement cellulaire

Avant de conclure, je vais traiter un cas précis, important, qui est celui de la formation des embryons de vertébrés. Ce cas illustrera une différence importante entre végétaux et animaux, et montrera comment, sur le plan morphogénétique passer de l'un à l'autre. Pour cela on peut considérer que les arbres sont en gros des cylindres avec une structure radiale et les animaux sont, en quelque sorte, des têtards. La question à laquelle je vais répondre pour finir est donc : comment passe-t-on d'un tronc d'arbre à un têtard ?

Il existe de toute évidence une très grande différence entre le règne animal et le règne végétal : dans le règne animal, au cours de la morphogenèse, les cellules bougent, elles se déplacent, elles glissent les unes par rapport aux autres. Par contre, dans le domaine végétal ce n'est pas du tout le cas. Une fois que les cellules se sont divisées, elles ne subissent plus que des modifications de forme, comme des élongations.

Ce constat m'a conduit à aborder le rôle du mouvement dans la croissance et le « fonctionnement » des animaux, et à montrer comment, sans aucun gène, on peut produire un têtard, ou une grenouille. Cependant, notons qu'il existe aussi une sorte de « mouvement » chez les plantes, dû à l'ensemble des déformations, que les films en accéléré montrent souvent de façon spectaculaire. En quoi le mouvement introduit-il une différence entre les deux règnes, et comment en comprendre les conséquences morpho-génétiques ?

Mes travaux ont montré récemment[13] que l'on peut traiter un tissu vivant, dans certains cas, strictement comme un liquide. La cause de cette analogie est la suivante. Lorsqu'on s'intéresse à un solide confiné dans un petit espace, les forces de cisaillement jouent un rôle très important. Si l'on pousse un feuillet élastique, comme une couche de cellules, entre deux matrices extracellulaires plus rigides, la déformation dans la direction perpendiculaire est parabolique, et dominée par le cisaillement.

Ainsi, lorsqu'un solide élastique est poussé entre deux plaques rigides (fig. 4.23), il subit une déformation parabolique, semblable au profil parabolique bien connu de l'écoulement de Poiseuille[14]. Si le solide s'adapte de façon plastique, alors le solide peut « couler » comme l'écoulement de Poiseuille. Cette élasto-plasticité fait jouer un grand rôle au cisaillement. La déformation est proportionnelle au gradient de pression,

---

[13] Fleury, 2005.

[14] L'écoulement de Poiseuille est l'écoulement d'un fluide visqueux, à faible vitesse, dans un tube ou entre deux plaques : la vitesse est nulle aux parois, maximale au centre, et le profil de vitesse est parabolique.

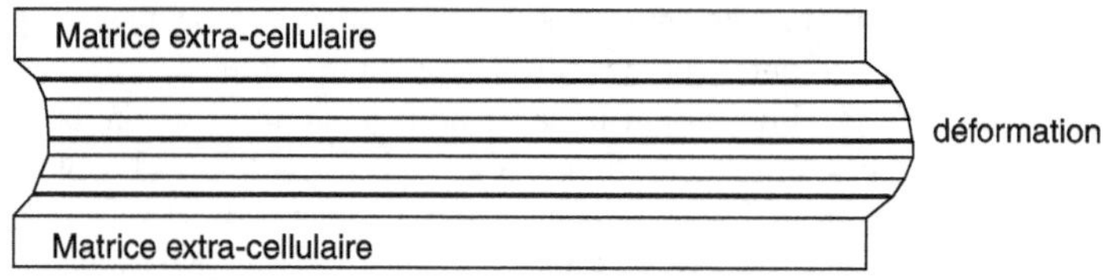

Figure 4.23. L'écoulement d'un solide entre deux plaques a un profil parabolique (la déformation est maximale au milieu entre les deux plaques).

et maximale à mi-chemin entre les deux plaques. Les plaques peuvent être simplement la matrice extra-cellulaire.

Ainsi, on peut envisager un tissu végétal, particulièrement un méristème, comme un composite « matrice extra-cellulaire/cellules/matrice extra-cellulaire » dans lequel la matrice extra-cellulaire est la paroi rigide, et les cellules le solide élastique. En première approximation, la déformation de la partie vivante a un profil parabolique dans la coupe. La croissance élasto-plastique d'une couche, dans ce cas, s'apparente à un écoulement de Poiseuille très lent, où la viscosité est remplacée par le rapport entre l'élasticité du solide et le temps d'adaptation à la déformation.

C'est ici qu'intervient la différence entre végétal et animal : dans le cas du végétal, le champ de déformation créé par une source ponctuelle de pression due à une expansion est radial, c'est un puits ou une source. En revanche, dans le cas de l'animal, le champ de déformation créé par une impulsion due à un déplacement est un dipôle, il est constitué de deux faisceaux de cercles tournant comme des ronds de fumée (fig. 4.24).

Une cellule qui se déplace crée au sein des autres cellules une paire de tourbillons (dipôle) qui tournent dans le sens où la cellule avance, alors qu'une cellule qui grandit ou rétrécit créé un foyer, attractif ou répulsif (monopôle). Le comportement de l'ensemble du tissu est la somme de tous les comportements des cellules individuelles. Une propriété physique due à l'additivité des sources est que l'effet sur une cellule est la somme des effets conjoints de toutes les autres. Par ailleurs, la paire de tourbillons créée par une cellule motile est en fait analogue exactement au champ magnétique engendré par une spire de courant, ou une aiguille aimantée. Une conséquence amusante pour la biologie animale est qu'on peut considérer un tuyau (un vaisseau) comme une succession de spires, et le cisaillement induit dans son voisinage comme le champ magnétique créé par un solénoïde. Les interactions entre ces vaisseaux sont comparables à l'interaction magnétique entre aiguilles. Par ailleurs, le mouvement d'ensemble d'un grand nombre de cellules se calcule en recherchant le champ magnétique équivalent.

On se trouve devant un fait curieux, presque *magique* : dans le cas des végétaux, les cellules ne peuvent que se dilater ou se contracter. Les masses qui se contractent ou se dilatent se comportent comme des monopôles, et non comme des dipôles (fig. 4.24a). Leur interaction est celle de charges magnétiques : les charges de même signe se repoussent, et le mouvement d'une charge est égal au mouvement induit par toutes les autres, une charge ne s'infligeant pas de mouvement à elle-même. Ainsi, des amas de cellules végétales qui croissent se repoussent. Ceci donne un éclairage nouveau à l'expérience célèbre de Couder et Douady[15] reproduisant une phyllotaxie spirale avec des champs

---

[15] Douady, Couder, 1996.

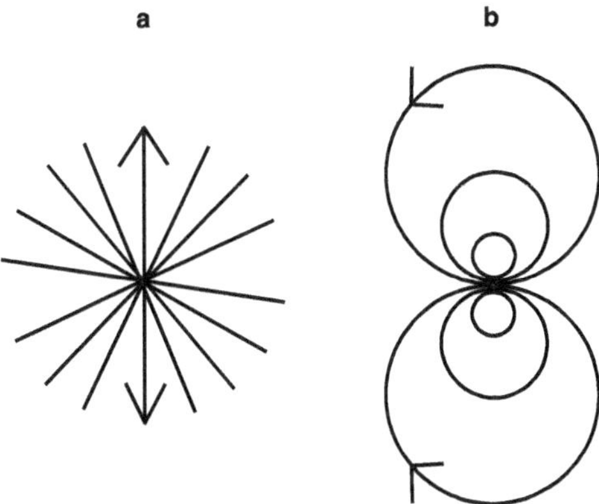

Figure 4.24. Champ de déformation induit par une expansion (a) et par un déplacement (b) d'un solide élasto-plastique confiné, comme une cellule. En présence de charges (points haute ou basse pression) dans le premier cas, le champ de déformation est radial (monopôle). En présence d'une impulsion (force ponctuelle, gradient de pression localisé) dans le second cas, le champ de déformation est constitué de lignes formant des cercles tangents au point d'exercice de la force (dipôle).

magnétiques en utilisant des gouttes de ferrofluides. Ces gouttes en effet se repoussent. Leur champ, vertical, donc perpendiculaire au plan de l'arrangement phyllotaxique, se comporte dans ce plan comme un monopôle (le champ d'un solénoïde, vu de face, vers le trou de la spire, fig. 4.24b). La conséquence de cela est que le champ de force induit par l'expérience de Couder et Douady est sans doute *identique* au champ de force présent chez beaucoup de plantes, ou en tout cas, très voisin. Et, si cette expérience réussit à reproduire la phyllotaxie, ce n'est peut-être pas parce que ce phénomène est *générique*, mais parce qu'on a fait usage du *même* champ de force.

Chez les animaux, la motilité cellulaire a des conséquences fascinantes. En particulier, au moment de la gastrulation. La gastrulation est ce mouvement de l'ensemble de l'embryon qui, d'un coup d'un seul, crée le « plan d'ensemble » de l'embryon, en allemand le *Bauplan*. L'établissement de la forme du petit embryon est réellement une question de mouvement de l'ensemble des cellules qui migrent pour occuper leur place finale. Mais comment les cellules se positionnent-elles dans le mouvement créé par toutes les autres ? Seule une théorie de champ physique, comme un champ hydrodynamique peut traiter cette question dans sa globalité.

La blastula, c'est-à-dire la masse de cellules précédant la gastrulation, est un disque ou une sphère. Nous allons traiter le cas du disque[16]. À la surface de ce disque, on assiste à un écoulement cellulaire en direction du pôle sud. Le calcul de cet écoulement montre qu'il a la forme de quatre tourbillons se rencontrant au niveau du point attracteur, autour duquel les lignes de courant forment une distribution hyperbolique de lignes (fig. 4.25).

---

[16] Le cas de la sphère n'est pas très différent, mais plus long à expliquer : la situation dans le blastodisque des ovipares est obtenue par un aplatissement de la blastula sphérique des autres vertébrés, depuis le « pôle animal » (sommet de la sphère). La différence entre les ovipares et les autres animaux ressemble aux deux états de ces abats-jours chinois en papier de riz, qui s'affaissent suivant leur pôle nord-sud.

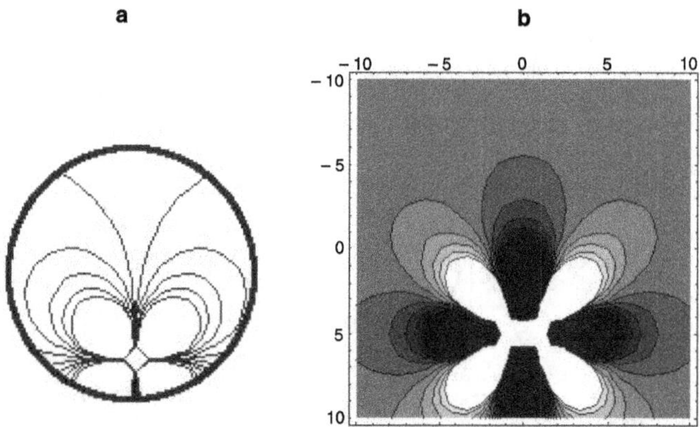

Figure 4.25. Écoulement dans une blastula de poulet (a). Champ de contrainte (σ_{xx}), c'est-à-dire la composante de la force le long de l'axe x, s'exerçant en chaque point à la surface de la blastula de poulet (blastodisque, b). Les lobes noirs correspondent à l'axe du corps et à l'axe des artères vitellines. (Calcul Vincent Fleury).

Ces quatre tourbillons sont identiques au champ magnétique qui serait produit par deux aimants tête-bêche. À ces tourbillons est associé un champ de contraintes particulier en croix.

Cette croix trace, avant toute morphogenèse, les axes du futur corps et des futures artères vitellines (voir fig. 4.13 montrant un jeune embryon de poulet). Ainsi, les axes vasculaires et l'axe du corps sont induits par des contraintes, un peu comme les nervures des feuilles, mais le fait particulier aux animaux, à savoir qu'il existe un écoulement avec un centre attracteur, engendre une brisure de symétrie en croix centrée sur le point attracteur. Le corps des animaux n'est donc sans doute que l'évolution d'une sorte de grande nervure, unique, traversant la blastula. Le cordon ombilical est l'autre nervure du sac vitellin, à angle droit de la précédente. Le nombril est le centre hyperbolique du mouvement, correspondant au point attracteur.

Mais ceci va encore plus loin. On peut suivre au cours du temps l'évolution du disque dans l'écoulement, et montrer qu'il s'étire, pour acquérir une queue, exactement conforme à ce qui est observé à ce stade de développement chez l'embryon. Cette queue n'a aucune cause génétique (fig. 4.26) à proprement parler, elle est le résultat des lois de conservation hydrodynamiques dans un disque qui s'écoule vers le « bas ».

On peut même montrer que les articulations, qui présentent des enroulements complexes de fibres (ligaments, tendons, muscles) découlent de l'enroulement des fibres

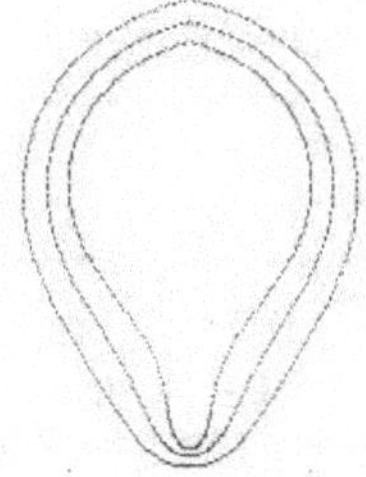

Figure 4.26. Extension d'un embryon numérique dans les tourbillons, formant la queue (têtard). (Simulation Vincent Fleury).

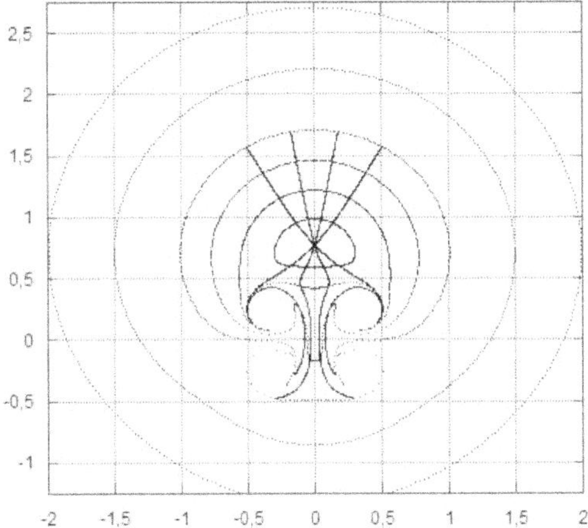

Figure 4.27. Plan d'ensemble de tétrapode obtenu en suivant la mosaïque de cellules dans l'écoulement. Les parties de la blastula retournées par l'écoulement vont sortir en relief car, avec la rotation des tissus, les directions de croissance deviennent antagonistes. (Calcul numérique Vincent Fleury).

de la blastula dans l'écoulement à travers les tourbillons. On peut à partir de ces principes hydrodynamiques former des « grenouilles » primitives en suivant dans l'écoulement l'évolution de la forme de la blastula (fig. 4.27).

Ainsi, la forme des embryons animaux est une conséquence directe et simple de la capacité de mouvement des cellules. Cette capacité individuelle de mouvement se traduit par des solutions collectives de déplacement qui sont des tourbillons, et ces tourbillons positionnent les différentes parties du corps, que des plis font sortir en trois dimensions. Une croissance qui aurait pu être strictement radiale (comme un cerne d'arbre) se transforme en têtard sous l'effet d'un mouvement de nature hyperbolique.

Conclusion

J'ai tenté de montrer, au travers de divers exemples, qu'*aucune* morphogenèse biologique ne peut être comprise réellement sans prendre en compte la physique du problème. Les lois de la nature imposent qu'un déplacement de matière ou bien une dilatation soient associés à une force. Il est strictement impossible que la description en terme d'enchaînements génétiques permette de rendre compte de la morphogenèse d'une plante, ou d'un animal, si cette description n'aboutit pas à une description claire du rôle des forces. Cette affirmation n'est pas le fait d'un physicien péremptoire : c'est la simple conséquence de la structure même du monde. La matière vivante n'échappe pas aux lois de Newton, et, si un bout de tissu s'accroît, se tord, se déplace, ce ne peut être que par l'exercice d'une force.

En outre ces forces sont largement conditionnées par l'aspect matériel du tissu (et *vice versa*), c'est-à-dire par les propriétés microscopiques, chimiques, des matériaux de construction du vivant, essentiellement des biopolymères. Les vitesses de croissance, les couples de torsion, les tensions de surface, présenteront tous des propriétés anisotropes suivant les directions déterminées par les champs de fibres. Il est très rare que de tels champs puissent se décrire simplement, et, pour des raisons profondes reliées à cette même complexité, il est très difficile de mesurer les paramètres en question à l'échelle microscopique.

On voit souvent dans les textes de biologie, de petites flèches indiquant le mouvement, la dilatation, le changement de conformation des cellules, en regard de tel ou tel champ de diffusion de molécules. Dans l'esprit des biologistes, ces petites flèches symbolisent des transformations supposées simples une fois connue la molécule qui les produit. Dans cette description, les cellules semblent agir sans contraintes dans les champs de diffusion. Ces champs, par ailleurs, sont le plus souvent supposés produire des gradients linéaires. Cette vision des champs physico-chimiques est erronée. Les champs de diffusion ne varient jamais linéairement, dans un espace à trois dimensions ; en outre les mouvements ou les changements de conformation ne peuvent avoir lieu sans une redistribution des forces ou des positions dans tout le solide. Les champs de déformation ne sont pas des nombres ordinaires : ce sont des tenseurs, c'est-à-dire des objets mathématiques définis en tout point par les réactions dans chaque direction à des sollicitations dans toutes les autres directions (par exemple : j'appuie sur une pâte, elle s'aplatit dans une direction, mais s'étale dans l'autre). La forme d'un vaisseau sanguin, par exemple, dépend de son orientation. Au même endroit les vaisseaux partant dans une direction peuvent être droits, et ceux partant dans une autre peuvent être sinueux : cette différence *ne peut pas* être causée par une molécule, car les champs de concentrations sont scalaires. Ce sont des nombres ordinaires, qui ne dépendent pas de l'orientation : en un point donné, la concentration en facteurs de croissance (par exemple) est la même dans toutes les directions. Une quantité tensorielle, comme le champ de contrainte, est nécessaire pour expliquer pourquoi en un même point la morphogenèse d'un tuyau peut être différente, suivant la direction vers laquelle on « regarde ». En un point donné, le champ de contrainte, et les déformations associées, dépendent de l'orientation. Dans les directions tendues, les vaisseaux sont droits, dans les directions plus comprimées, les vaisseaux font des méandres, à contenu moléculaire rigoureusement égal. Il n'y a pas de « gène » du méandre.

La représentation du mouvement d'une cellule ou d'un groupe de cellules par une petite flèche au sein d'un solide explique peu de choses sur le plan physique, si elle ne s'accompagne pas d'une description de *toutes* les flèches, en *tout* point : les déformations et les contraintes.

La chimie opérant dans le génome fixe évidemment les paramètres matériels du matériau vivant, tel que la viscosité, les paramètres élastiques, la plasticité de cette matière, ainsi que l'intensité, voire la durée d'exercice, des forces de poussée, de traction, etc. Cependant, aucune forme n'est gravée dans le génome en tant que telle. Cela est impossible, puisqu'aucune forme n'échappe aux lois de la physique. Contrairement à une idée répandue, il n'existe pas à proprement parler de « code » génétique, c'est-à-dire qu'il n'existe aucun algorithme de déchiffrement des « lettres » du « code » génétique, qui permettrait de lire directement dans le génome la forme ou le fonctionnement d'un organisme vivant. À y bien regarder, les expressions « code génétique », « décryptage du génome » n'ont pas de sens, sauf comme de simples tables de correspondances entre les paires de bases et les acides aminés. En effet, pour trouver le fonctionnement (physiologie) comme la formation (morphogenèse) d'un organisme, plusieurs étages chimiques et physiques interviennent, qui ne sont pas présents dans le génome lui-même, au contraire d'un texte codé, dont le sens entier s'éclaire après « décryptage ».

La recherche à tout prix de molécules remplissant tel ou tel rôle est une erreur de méthode inspirée par une lecture à rebours de l'ADN, qui n'est pas fondée. Évidemment, la correspondance gènes/protéines justifie que l'on recherche le rôle singulier joué par telle ou telle protéine fabriquée par le génome, quand on a la certitude qu'elle existe. Mais l'inverse est faux : toute singularité observée dans la nature n'a pas pour cause un gène. Sur le plan de la logique, le gène n'est ni nécessaire, ni suffisant pour expliquer une forme, alors qu'il est au moins nécessaire pour expliquer une fonction, comme la production d'insuline. La recherche d'une explication génétique à tous les phénomènes est une pure erreur de logique. Cependant, si l'on cherche à tout prix un gène, on trouve toujours des molécules liées au problème, que l'on croit de bonne foi être les causes de la singularité observée. Par exemple : il n'existe pas de gène de la queue d'un animal, la queue d'un animal est le résultat d'un écoulement et d'un pli de matière ; pourtant de très nombreux gènes concourent à la formation de la queue.

On peut penser que la biologie du développement deviendra intégralement une branche de la physique, pour la raison simple que les séquences des protéines n'ont aucun rôle morphogénétique en elles-mêmes, et qu'elles ne sont que les paramètres dans un problème de physique. Les gènes du développement, par définition, sont *tous* soit mécano-sensibles, soit actifs mécaniquement, et plus probablement les deux, en raison du principe de Le Châtellier[17]. Je suis bien conscient de la brutalité de ces propos, mais il faut dire franchement qu'un château de cartes est peut-être en train de se construire sous nos yeux. En effet, un très grand nombre de publications en biologie décrivent des expériences qui marchent dans moins de 50 % des cas. C'est particulièrement vrai en biologie du développement où beaucoup de travaux reposent sur des incisions, des greffes et des transplantations effectuées sur des tissus. Or le simple fait de couper et de remplacer un morceau de tissu implique un bouleversement des champs de contraintes qui en lui-même n'est pas, ou rarement, pris en compte.

Enfin, une quantité impressionnante de travaux en biologie consistent en l'étude de l'impact d'une modification moléculaire sur un processus de développement. Ces travaux aboutissent à des conclusions du type « la molécule X est nécessaire », « la molécule X est impliquée », « la molécule X contrôle », « la molécule X régule », qui ne contribuent pas à clarifier le sujet. Il est bien évident que cette discipline est difficile, et que l'on ne saurait reprocher aux chercheurs d'explorer l'inconnu. Le problème est que le champ scholastique lui-même génère des exigences de publications et des modes de pensée qui finissent par étouffer la discipline elle-même. Je suis étonné de constater au fil de mes conférences l'accueil positif des explications bio-mécaniques de la morphogenèse, qui provoquent en général des soupirs de soulagement dans l'audience. J'en déduis qu'un certain nombre de biologistes vivent le paradigme de la biologie moléculaire comme une sorte de tyrannie. Je m'excuse auprès de ceux que ces propos pourraient blesser.

---

[17] Le principe de Le Châtellier peut être ainsi énoncé : autour des équilibres, un déplacement de la concentration d'un réactif dans un sens provoque une production, ou consommation dans l'autre sens, de la part des autres réactifs. Appliqué aux forces, qui sont produites par des réactions chimiques, ce principe stipulerait que les réactions biochimiques peuvent aussi bien produire ou sentir des forces, en fonction des déplacements chimiques des autres réactifs.

Remerciements – Beaucoup de chercheurs jeunes et/ou enthousiastes ont participé à ce qui vient d'être décrit. Les images de simulation de vaisseaux sanguins ont pour une large part été effectuées par Thi-Hanh Nguyen, doctorante ; les calculs élasto-plastiques essentiellement par Mathieu Unbekandt, doctorant ; les balles de tennis fibrées par Minh Binh Nguyen, élève de seconde année à Polytechnique et Jean-François Gouyet, directeur de recherches au laboratoire de Physique de la Matière Condensée (PMC) ; les expériences de biologie sur les vaisseaux sanguins sont pour certaines le fait de Ferdinand Lenoble, biologiste hollandais, celles sur le rein de Tomoko Watanabe (élève de Frank Constantini à Columbia) ; je remercie, pour certains calculs numériques, Frédéric Hecht, Marcel Filoche et Mathis Plapp, tous trois chercheurs théoriciens ; les expériences sur le poumon sont menées en collaboration avec un pédiatre, David Warburton et son équipe à Los Angeles (Children's hospital).

Références bibliographiques

DOUADY S., COUDER Y., 1996. Phyllotaxis as a dynamical self organizing process (Parts I, II, III). *J. theor. Biol.* 178, 255-312.

DUMAIS J., KWIATKOWSKA D., 2002. Analysis of surface growth in shoot apices. *Plant J.* 31, 229-241.

FLEURY V., 1998. *Arbres de pierre, la croissance fractale de la matière*. Flammarion, Paris. 336 p.

FLEURY V., 2001. Two symmetries linking biological and physical branching morphogenesis. *In :* V. Fleury, J.F. Gouyet, M. Leonetti (eds.). *Branching in Nature*. Springer Verlag/EDP Sciences, 73-85.

FLEURY V., 2005. An elasto-plastic model of avian gastrulation. *Organogenesis*, vol. 2, 6-15.

FLEURY V., WATANABE T., 2004. Sur la forme d'équilibre des structures fibrées. *CRAS série Biol.* 327, 663-677.

GREEN P., B., 1999. Expression of pattern in plants : combining molecular and calculus-based biophysical paradigms. *Am. J. Bot.* 86, 1059-1076.

LOCKHART J., A., 1965. Cell extension *In :* J. Bonner, J. Varner (eds.). *Plant biochem.*, Academic Press, New York, 826-849.

NGUYEN M., B., GOUYET J., F., FLEURY V., 2004. Position information coded in an orientational field. *In :* M. M. Novak (ed). *Thinking in Patterns*, World Scientific Publishing, Singapore, 279-290.

NGUYEN T.H., EICHMANN A., LE NOBLE F., FLEURY V., 2006. Dynamics of vascular branching morphogenesis : the effect of blood and tissue flow. *Phys. Rev. E* 73, (6), 14 p.

PRUSINKIEWICZ P., LINDENMAYER A.,1990. *The algorithm beauty of plants*. New York, Springer Verlag, 228 p.

Glossaire
Des concepts autour de quelques mots*

S. Pouteau

Autour des questions et des notions évoquées dans cet ouvrage gravitent un certain nombre de termes, considérés comme significatifs tout en ayant parfois des contours difficiles à cerner. De fait, l'évolution des concepts se heurte continuellement aux contraintes du langage. Ceci peut conduire à l'invention de nouveaux termes entièrement dédiés à de nouvelles notions, par exemple connectance ou transcriptome. Mais on a le plus souvent recours à des termes déjà existants en leur conférant une nouvelle signification, par exemple canalisation ou émergence. Les nuances de sens se multipliant au fil du temps, les termes plus anciens comme adaptation, plasticité ou variabilité, deviennent de plus en plus réfractaires à une définition simple et uniforme.
Ce chapitre n'a pas pour objectif d'établir un glossaire exhaustif des termes importants pour la compréhension de cet ouvrage ni de couvrir l'ensemble des points de vue sur les notions qu'ils recouvrent. La tâche serait trop vaste. Il vise plutôt sur le mode discursif à fournir des repères et susciter la réflexion du lecteur. Dans un souci d'unité et de coordination de l'ouvrage, il tente en particulier d'amener les différents termes traités en résonance les uns avec les autres et de mettre ainsi en relief les convergences de notions entre les différents chapitres.

Adaptation – L'adaptation est une notion relative qui ne décrit pas un état ou un comportement d'un organisme vivant en isolement, mais une adéquation, un ajustement de ceux-ci à des conditions extérieures, ce qui suppose l'existence d'un rapport dynamique d'échanges entre le milieu et le système biologique. Partant de cette définition, ce terme peut prendre un grand nombre de significations biologiques.
Tout d'abord, l'adaptation qualifie aussi bien un état que le(s) processus conduisant à cet état. *A minima,* on peut définir l'état adapté comme étant celui qui autorise

---

* Les termes faisant l'objet d'une description (ou leurs dérivés) sont indiqués par un astérisque (*).

l'existence d'un organisme, c'est-à-dire sa survie et éventuellement sa pérennité, c'est-à-dire sa fécondité. Plus largement, cet état peut être regardé comme une optimisation d'un ensemble de performances, modes de fonctionnement, de croissance, etc., relativement à un environnement donné. Cette optimisation, *fitness* en anglais, n'est pas nécessairement quantitative, c'est-à-dire une maximisation (taille plus élevée, temps de reproduction plus court, etc.), mais peut correspondre à un rapport d'échanges équilibré et/ou admettant des fluctuations du milieu considéré sans engendrer de stress. Il n'est pas surprenant que la première interprétation soit la plus répandue : un maximum est plus facile à apprécier qu'un juste équilibre ou une robustesse*. Toutefois, la prise en compte de la corrélativité interne (voir connectance*) et de la distribution des interactions (voir organisation distribuée*) peut constituer une voie d'approche pour la seconde interprétation.

Si l'on s'intéresse maintenant à l'adaptation en tant que processus, il faut bien sûr admettre que le système biologique considéré est adaptable, c'est-à-dire qu'il a une capacité de transformation, de malléabilité, plasticité*, flexibilité, qui s'oppose à une organisation figée et rigide. L'adaptation est donc une composante essentielle des théories transformistes ou évolutionnistes, selon lesquelles les espèces vivantes évoluent par transformation d'une forme en une autre. À cette capacité de transformation doit s'ajouter une faculté de fixation, d'assimilation, de mémorisation qui pérennise la transformation et la rend durable, et non transitoire, instable, et simplement contingente. L'adaptabilité ne se réduit donc pas à une élasticité, comme c'est le cas pour une accommodation, par exemple de l'œil aux variations d'intensité lumineuse. Telle une élasto-plasticité*, elle permet au système biologique de conserver un état ou comportement une fois disparues les conditions extérieures associées à son apparition. Selon les cas, cette pérennité ne s'exerce qu'au cours d'une même génération, l'adaptation disparaissant lors du passage à la génération suivante, ou bien s'étend sur plusieurs générations, l'adaptation étant devenue héritable. L'acclimatation et dans une certaine mesure la domestication en sont des exemples typiques.

Selon la théorie néo-darwinienne, l'adaptation se définirait comme un processus aléatoire consistant dans la rencontre entre des variations pré-existantes, c'est-à-dire engendrées indépendamment de l'influence du milieu, et un certain état du milieu. Le système biologique est simplement le théâtre où se déroule l'action, celle-ci faisant appel aux forces de sélection qui opèrent un tri parmi les variants et choisit les plus avantageux. Il n'y a donc ni cause* initiale, ni cause finale, mais une cause opérante de médiation appelée hasard*. La capacité de transformation et la faculté de fixation sont assurées par un seul et même principe, la mutabilité qui conduit à l'apparition aléatoire de mutations inscrites dans l'ADN et héritables. Si les forces de sélection s'appliquent en permanence, l'adaptation doit faire intervenir une simultanéité des apparitions de mutations avantageuses et du nouveau milieu, ce qui présente une probabilité extrêmement faible. Mais les mutations peuvent pré-exister au changement de milieu parce qu'elles étaient neutres dans le milieu antérieur, ou rendues neutres, c'est-à-dire masquées et stockées de façon non visible. Dans ce cas, il faut invoquer l'existence de processus de neutralisation, en particulier la canalisation* génétique, et de processus de démasquage, en particulier la capacitation évolutive (voir canalisation*).

Dans une vision plus proche du transformisme lamarckiste, l'adaptation peut aussi être considérée comme une réponse non aléatoire, qui fait intervenir la plasticité* phénotypique, c'est-à-dire une réaction coordonnée et prédictible des systèmes vivants au milieu. On parle de plasticité adaptative pour qualifier cette manifestation de propriétés de transformation et d'ajustement entraînant une réponse durable à un changement des conditions extérieures. Dans ce cas, le système biologique n'est plus seulement un théâtre où se déroule l'action, mais aussi un acteur qui entre en scène. Il faut d'ailleurs noter que même selon l'explication néo-darwinienne, l'idée de l'organisme acteur de son adaptation reste sous-jacente, comme le montre le recours permanent dans la littérature à des métaphores telles que : « ...les organismes ont développé des stratégies de survie... ».

La participation de l'organisme vivant peut se manifester à différents niveaux, ce qui est constant toutefois, c'est qu'elle est consécutive aux variations du milieu et non indépendante de celles-ci. Les assimilations de nouveaux caractères, souvent regardées comme des cas d'hérédité maternelle, restent des phénomènes encore mal compris. Elles peuvent faire intervenir un certain nombre de mécanismes : la flexibilité du génome entraînant des remaniements plus ou moins aléatoires tels le déplacement et/ou la multiplications de séquences d'ADN (en particulier les transposons) ; le remodelage de la chromatine par des modifications épigénétiques* (par exemple des méthylations de l'ADN ou acétylations des histones) dont au moins certaines se révèlent héritables (empreintes parentales par exemple) ; la transconfiguration d'architectures moléculaires pouvant s'avérer stable en descendance (protéines de type prion par exemple, voir chapitre 3) ; la reconfiguration des réseaux de communication et d'interactions moléculaires, cellulaires, tissulaires, etc. (réseaux distribués sur de multiples fonctions).

Contrairement à l'adaptation par variation-sélection, la plasticité adaptative ne requiert pas nécessairement de transformation ni de fixation au niveau de l'ADN. Elle peut faire appel aux propriétés structurales et thermodynamiques de l'ensemble des constituants biologiques aux différents niveaux d'échelle (moléculaire, cellulaire, tissulaire) : du fait de la multistabilité* des systèmes dynamiques, différents états stables (attracteurs ponctuels ou oscillants) peuvent être atteints en fonction des conditions initiales et des caractéristiques physico-chimiques par individuation* ou auto-organisation*.

Anisotropie – On qualifie d'isotrope un système dont les propriétés physiques sont identiques dans toutes les directions. Pris au sens large, ceci n'exclut pas l'existence de variations, mais celles-ci sont distribuées aléatoirement en sorte que statistiquement il y a une homogénéité des propriétés et une absence de formes. L'anisotropie correspond à l'apparition d'une direction, d'une orientation, qui se situe à la fois dans le temps et dans l'espace. Elle n'est pas une organisation à proprement parler, mais une condition à son apparition. Elle implique l'existence de forces qui poussent ou qui tirent le système dans une direction donnée, c'est-à-dire un tropisme. Dans le monde vivant, le tropisme qualifie une croissance orientée dans l'espace d'organismes fixés, en particulier les plantes mais aussi certains animaux tels les coraux. Cette orientation peut être suscitée par des facteurs physiques tels que la lumière (phototropisme) ou l'axe terre-soleil (géotropisme, héliotropisme). En dehors d'une excitation extérieure, un tropisme peut être l'expression d'une affinité intrinsèque de composants du système qui instaure une polarité ou un gradient.

Dans un état inerte, ou en condition stationnaire* stable, il est difficile de concevoir comment une anisotropie pourrait s'établir sans une intervention extérieure introduisant une perturbation ou une hétérogénéité. Mais en réalité du fait de l'agitation thermique ou mouvement brownien*, il existe toujours localement des micro-variations susceptibles d'être amplifiées en instaurant une polarité. Dans ce cas, on admet en fait que l'état isotrope n'est pas stationnaire mais instable et que les propriétés du système contiennent les conditions nécessaires à l'établissement d'une anisotropie.

Chez les organismes vivants, le principal facteur d'anisotropie et de tropisme, ce sont les forces de croissance. La notion de forces reste vague et on ne sait pas trop si elles poussent ou si elles tirent, tout au plus peut-on considérer qu'elles sont inclusives, endogènes au système auquel elles impriment une dynamique. L'apparition d'une d'anisotropie par croissance se rencontre au cours de l'embryogenèse lorsqu'à partir d'un certain nombre de divisions non orientées, l'embryon commence à développer une polarité autour d'un point attracteur*. On retrouve ici des conditions propres à l'émergence*, caractérisées par l'atteinte d'un seuil de taille au-delà duquel une discontinuité se produit par rupture d'isotropie. Réciproquement, le passage à un état anisotrope est une condition de croissance liée à la notion d'écoulement*, de déroulement, d'histoire. Si la flèche du temps imprime une direction, étape initiale de la mise en place d'une trajectoire*, c'est parce qu'il y a d'abord eu rupture dans l'espace, anisotropie, et passage d'un état informe à un état orienté, préalable à l'apparition d'une forme ou d'une organisation (voir chap. 4).

Arborescence – Ce terme désigne un agencement d'éléments ordonnés dans l'espace et le temps et dans un rapport de subordination les uns par rapport aux autres, par analogie avec l'architecture ramifiée ou dendritique rencontrée chez les arbres. Cette structure s'organise à partir d'un tronc, ou zone de nucléation, ou noyau qui se divise et bifurque, en donnant des branches avec une plus ou moins grande régularité. La ramification procède de façon itérative selon un ordre primaire, puis secondaire, ternaire, etc., reproduisant les caractéristiques des ordres supérieurs. Elle constitue un exemple d'organisation fractale* et peut être caractérisée par les angles au niveau des bifurcations entre branches, la densité des ramifications, leur régularité, et le nombre de niveaux d'itération.

Pour qu'un ordre inférieur apparaisse, il faut bien sûr que l'ordre immédiatement au-dessus soit présent et pour passer d'une branche à une autre du même ordre, il faut remonter au niveau supérieur et éventuellement aux niveaux encore au-dessus. C'est l'image d'une structure hiérarchique pyramidale par excellence, celle que l'on retrouve en généalogie et qui est utilisée en informatique pour ordonner les données.

Il existe donc un parallèle entre les dispositions matérielles et spatiales (arbres, neurones) et les rapports de filiation au sein de ces différentes formes. Cette analogie n'implique pas l'existence de règles communes entre genèse des formes et filiation. Par contre, l'homologie des formes minérales, végétales, et animales, peut s'expliquer par l'existence de champs de forces physiques similaires. Toutefois, les formes vivantes ont ceci de plus par rapport aux formes minérales et aux simulations obtenues par calcul numérique : au cours de la croissance, l'ensemble des branches maintient un rapport de relations équilibré et dynamique, permettant d'assurer une distribution spatiale cohérente et harmonieuse (voir chap. 4).

Attracteur – La notion d'attracteur est liée aux systèmes dynamiques non linéaires*, dont l'évolution dans le temps est décrite par des équations différentielles. Elle obéit aux caractéristiques d'un système dissipatif, c'est-à-dire qui est le siège d'une perte d'énergie et produit de l'entropie. Un attracteur définit un état d'équilibre correspondant à une entropie minimale.

L'évolution du système est prévisible dans le cas simple où l'attracteur correspond à une dimension entière, un point, une ligne, une surface, ou un volume. Dans ce cas, toutes les trajectoires* convergent vers l'attracteur. L'état d'équilibre le plus simple est celui de l'attracteur ponctuel qui est atteint par une trajectoire unique et correspond à un état stationnaire*. Si l'état d'équilibre est périodique, alors l'attracteur n'est plus un point, mais une ligne décrivant une courbe fermée et appelée cycle limite.

Dans le cas plus complexe correspondant à une dimension fractionnaire, non entière, par exemple intermédiaire entre 2 et 3, les systèmes évoluent de façon désordonnée et présentent un comportement chaotique* et fractal*. Les arborescences* en sont un exemple. De tels systèmes sont sensibles aux conditions initiales et toute variation, aussi subtile soit-elle, engendre des évolutions divergentes au cours du temps. Il n'existe pas une seule, mais une multitude de trajectoires non périodiques qui définissent des attracteurs particuliers, dits attracteurs étranges. Au-delà de l'horizon temporel défini par les critères d'exigences choisis, l'évolution de tels systèmes n'est plus prévisible bien qu'il soit possible de définir l'ensemble des devenirs possibles, situation qualifiée de chaos* déterministe.

Un même système peut admettre plusieurs attracteurs, par exemple deux états stationnaires* (bistabilité) ou deux cycles limites (birythmicité) ou encore un état stationnaire et un cycle limite. En prenant pour référence la dimension thermodynamique, la notion d'attracteur inverse la charge de la cause de l'évolution des phénomènes par rapport à l'idée d'un programme* directeur. Au lieu d'être dirigé, poussé dans une direction imposée par un programme*, le système est en fait attiré, « aspiré » thermodynamiquement dans cette direction. Ce qui intervient en amont et se substitue à l'idée de programme, ce sont les conditions initiales, les paramètres qui influencent la trajectoire d'atteinte d'un état stationnaire, périodique, ou chaotique.

Tant que l'attracteur est ponctuel, la situation reste peut différente de celle décrite à l'aide d'un programme génétique, le déterminisme* pouvant paraître linéaire dans les deux cas. En première approche seulement (voir chap. 3), seule diffère la force agissante invoquée comme moteur dans l'évolution du système. Dans les cas d'attracteurs périodiques, on peut retrouver certains modèles de régulation génétique par rétro-action. Mais les cas plus complexes résistent le plus souvent à une description par de simple opérateurs génétiques. Si un certains nombre d'attracteurs simples ont pu être identifiés dans les processus biologiques, en particulier dans le cas des phénomènes oscillants, nombreux et facilement identifiables, il est probable qu'une multitude d'attracteurs étranges, ou même ponctuels, restent encore insoupçonnés.

Auto-catalyse – Le terme catalyse fait référence à l'activation d'une réaction chimique en présence d'un catalyseur, facteur ne subissant lui-même aucune modification au cours de la réaction, par exemple la lumière dans le cas de réactions photosensibles. L'auto-catalyse s'apparente à l'effet « boule de neige ». À partir d'un événement singulier* survenant soit en réponse à une stimulation soit par émergence*, elle correspond à une cascade de processus découlant les uns des autres et se propageant spontanément, sans intervention extérieure.

Auto-organisation – Le terme organisation désigne de façon large l'apparition d'un agencement ordonné, concrétisé par l'édification, la construction de structures reconnaissables dans l'espace (formes et architectures décrites par la cytologie, l'histologie, la morphologie) et dans le temps (successions et enchaînements décrivant l'ontogenèse, le développement). La racine *auto* qui s'y rattache a une portée plus large que l'adjectif grec qui veut dire soi-même, propre à soi. Il implique une idée d'autonomie. Au sens littéral, autonome ne signifie pas libre, c'est-à-dire indépendant de toute loi et mû par une volonté propre, sens qu'on lui attribue le plus souvent aujourd'hui, mais ce qui est gouverné par ses lois propres. Avec autodidacte, c'est l'un des rares termes présentant la racine *auto* qui soit dérivé directement du grec et non d'une construction plus récente, c'est dire l'importance qu'il a pu prendre dans le développement de la pensée occidentale.

Le postulat d'autonomie est en effet un pilier de l'édifice scientifique moderne : le monde naturel est régi par des lois internes qui lui sont propres, et non par une intelligence extérieure transcendante et c'est à ce titre qu'il devient intelligible et connaissable pour la pensée humaine. Encore faut-il y adjoindre l'hypothèse d'universalité et de permanence de ces lois internes, qui ont donc un caractère contraignant pour les objets du monde. Dans tout ceci, le statut d'autonomie (au sens commun) est en fait relatif à l'exercice de l'activité cognitive humaine, les phénomènes étant quant à eux soumis à des règles générales et immuables (autonomes au sens littéral).

La notion d'auto-organisation ne remet pas en cause ces postulats de départ en attribuant aux organismes ou processus vivants une faculté de liberté, qui reste communément considérée comme un attribut de l'esprit humain. Mais elle s'oppose à l'idée d'un enchaînement causal* régi par une instance supérieure, tel le programme* génétique. Bien qu'interne à l'organisme, le programme opérerait selon un mode hiérarchique* tel une intelligence extérieure, interposant sa volonté entre l'esprit humain et les phénomènes naturels. L'auto-organisation s'oppose surtout à la téléologie ou au finalisme que véhicule intrinsèquement la notion de programme. Selon l'hypothèse auto-organisationnelle, les phénomènes surviennent spontanément, de façon auto-catalytique*, du fait des propriétés physico-chimiques constitutives des substances biologiques.

On peut bien sûr considérer que cette hypothèse ne fait que déplacer le problème en attribuant les causes initiales et finales aux molécules, dont elles seraient porteuses par essence. Elle ne dirait rien d'autre qu'un système biologique contient les conditions nécessaires et suffisantes à son développement, sans expliquer pourquoi tel œuf deviendra un coq ou un cochon, ni pourquoi les mammifères ont émergé soudainement au cours de l'évolution. Mais elle a le mérite de rendre justice aux propriétés physico-chimiques des différents constituants cellulaires (et non seulement l'ADN et sa cohorte de facteurs) selon un mode distribué et non hiérarchique (voir organisation distribuée/hiérarchique*), aux champs de forces permettant une circulation de la matière, des auto-assemblages, des formes solides ou plastiques, etc. et au déroulement temporel et dynamique des événements comme force formatrice dans la genèse des formes, la stabilité* d'états successifs, etc. En d'autres termes, elle permet de reprendre pied avec la réalité des phénomènes avec laquelle la métaphore cybernétique du programme génétique avait pris une certaine distance, parfois même contre toute évidence thermodynamique ou structurale.

Mais on n'aura pas épuisé pour autant la question de l'identité biologique, en tant que forme organisée, reconnaissable, reproductible, et prédictible, qui reste inexpliquée. Au moins s'épargne-t-on l'illusion de la trouver dans tel constituant particulier comme une étiquette ou un timbre qu'il suffirait de coller. Selon une organisation distribuée*, corrollaire à la notion d'auto-organisation, l'identité n'est pas dans les parties isolées, elle est une propriété émergente* de l'ensemble des constituants en interaction. C'est pourquoi le renard qui mange une poule ne devient pas poule et la fraise à laquelle on incorpore un gène de poisson ne devient pas poisson. Pour autant, chaque constituant est porteur d'une signature susceptible d'influencer l'ensemble auquel il est rapporté, c'est-à-dire les caractéristiques de son auto-organisation. Un domaine particulièrement adapté aux signatures serait l'ADN, support persistant et semi-minéral, où est en quelque sorte « fossilisée » l'histoire biologique comme dans un registre.

Si l'auto-organisation ne qualifie pas la capacité d'autonomie ou liberté des organismes vivants – mais celle de l'activité cognitive humaine seule susceptible d'exercer une libre volonté – le monde physique naturel est-il pour autant dénué de volonté propre, ou bien possède-t-il une faculté équivalente ? Dans le cadre d'une mécanique universelle, les lois opèrent telles des volontés contraignantes, assimilables à des entités extérieures agissant sur le monde, mais de façon compulsive et non modulable, ce qui les rend permanentes et donc prédictibles. Or, dès lors que se manifeste une multistabilité*, c'est-à-dire que deux ou plusieurs états sont possibles pour une condition physique donnée – ce que l'on peut qualifier d'allotropie biologique – sans que l'on puisse prédire *a priori* avec certitude lequel sera adopté, on est forcé d'admettre qu'il existe un espace de liberté ou d'autonomie relative, certes restreinte mais réelle, dans le devenir des systèmes biologiques.

Bifurcation – Au sens littéral, il y a bifurcation lorsqu'une direction se divise en deux autres, soit que les deux nouvelles directions soient présentes simultanément, l'une pouvant correspondre à la direction initiale, soit qu'une seule nouvelle direction soit apparente, la seconde correspondant à la direction initiale qui n'a pas été poursuivie s'effaçant au profit de la nouvelle. Dans le premier cas, on aboutit à une ramification (voir arborescence*) ou à une bimodalité (voir plurimodalité*), et dans le second cas à une déviation, une inflexion. Dans les deux cas, la bifurcation exprime une rupture, une discontinuité, une non linéarité*. Il y a interruption d'une trajectoire, un déroulement, un écoulement dans l'espace et le temps et passage d'un premier état à un second.

L'origine de la discontinuité peut être externe au système et peut alors être considérée comme accidentelle, par exemple la rencontre d'un obstacle ou une blessure par un prédateur. Elle peut être interne et résulter des propriétés inhérentes au système qui sont liées à leur nature physique, mais aussi au fait qu'il existe une dynamique, que le système est en croissance. Il peut ainsi y avoir par exemple une accumulation de tensions, l'atteinte d'un seuil de taille, de densité, d'élasticité, de concentration au-delà duquel se produit une rupture, une déformation, un basculement vers un autre état. On retrouve ici les caractéristiques de l'émergence* (voir chap. 3 et 4).

Bruit – voir désordre et stochasticité.

Canalisation[2] – De façon générale, la canalisation est l'action qui permet de maintenir un écoulement*, un déroulement, un acheminement, dans une orientation ou direction donnée, selon un parcours ou trajectoire* défini, avec un débit régulier, en empêchant dispersion, éparpillement, débordement, ou déviation. La canalisation n'est pas en soi un déterminant causal de l'écoulement, ou de l'existence d'un enchaînement d'étapes,

---

[2] Conrad Waddington, 1942.

mais seulement un effecteur qui s'oppose aux variations, irrégularités de trajectoire, ces variations pouvant avoir une cause interne liée aux propriétés de l'écoulement, ou bien externe due à des perturbations ou une hétérogénéité du milieu.

De manière analogue, l'organisation, le développement, le fonctionnement d'un organisme ou d'une cellule sont canalisés dans un parcours ordonné, selon une succession, un enchaînement d'étapes cohérent dans l'espace et le temps. Le recours à cette analogie suppose qu'en absence de canalisation, d'autres routes ou parcours auraient pu être empruntés, conduisant à une dispersion, un éparpillement, voire une perte de direction et de repère, une désorientation du système. Liée à l'idée de robustesse*, la canalisation biologique se définit comme le maintien d'une organisation dans l'espace et le temps en dépit de variations du milieu, génétiques, ou stochastiques* (accidentelles). Elle permet d'amortir, neutraliser, tamponner, masquer ces variations en les compensant ou en les atténuant.

De même que le déroulement ordonné du développement ontogénique dans un milieu homogène et un contexte génétique stable est supposé résulter de l'exécution d'un programme* génétique, la canalisation est en général qualifiée de génétique. Ceci s'accorde avec l'autre signification du terme canalisation, celle d'une conduite ou tuyauterie assurant l'écoulement, la circulation, la diffusion d'un fluide. Il est ainsi communément admis qu'il existe des mécanismes moléculaires de neutralisation dédiés à cette fonction de « tuyau » et que des gènes de canalisation la dirigent et la contrôlent. Certains facteurs, comme les protéines chaperones Hsp90, seraient affectés à cette fonction.

Les mécanismes de canalisation servent alors de support à la notion de capacitation évolutive, en fournissant une explication à l'adaptation* par sélection naturelle : lorsque les processus de canalisation sont invalidés par des perturbations qui excèdent les limites de leur bon fonctionnement, la variabilité* génétique pré-existante et jusqu'alors masquée est rendue visible et accessible à la sélection. Cette interprétation permet de concilier l'idée de programme génétique (canalisation d'une trajectoire développementale) avec celle de robustesse (canalisation par rapport à des perturbations), qui serait elle-même programmée par des instructions génétiques.

Alternativement, la canalisation peut également être envisagée comme une propriété émergente*.Selon l'image d'un bassin versant, d'un réseau hydraulique, elle peut être décrite comme une propriété inhérente au système en croissance donc en écoulement* (gravité, débit, nature du milieu, etc.), rendant aussi bien compte de la canalisation développementale que de l'atténuation des perturbations. De fait, la robustesse repose avant tout sur les propriétés constitutives du système biologique – redondance*, distribution* par compensation, ubiquité/dégénérescence, etc. En fonction de ses constituants, de son histoire, de ses propriétés thermodynamique, le système biologique évolue de façon auto-catalytique* dans une direction donnée et dans les limites d'un certain degré de perturbations internes ou externes. La canalisation serait ainsi un effet « boule de neige », lié aux propriétés physiques et dynamiques du système. Dans ce cas, la capacitation évolutive pourrait s'interpréter comme le résultat de reconfigurations spontanées, déviations ou bifurcations*, suscitées *de novo* et non pré-existantes, par un processus d'individuation*.

Causalité – La notion de cause met l'accent sur la recherche de l'origine d'une chose ou d'un événement plutôt que sur la manière dont ceux-ci se manifestent ou se présentent à l'observation. Elle prend nécessairement une dimension opératoire et sous-tend la démarche expérimentale qui consiste à produire des phénomènes en agissant sur des facteurs qui les précèdent. Elle est ancrée dans l'idée que l'on ne peut accéder à une connaissance authentique par la seule ressource d'une démarche d'observation et qu'il est nécessaire d'identifier les liens qui régissent la succession et l'enchaînement des événements entre eux. La notion de causalité s'inscrit donc dans l'espace et le temps et ne considère que la façon dont les phénomènes sont en rapport les uns avec les autres, et non en eux-mêmes. Elle offre ainsi un cadre approprié à l'idée de mécanique universelle au sein de laquelle les lois font office d'explication causale.

L'idée antique d'une cause finale ou finalité, c'est-à-dire ce en vue de quoi une chose se manifeste, a été évacuée par la pensée scientifique moderne qui lui a substitué la notion de hasard* (laquelle lui est en fait antérieure, le débat n'est pas récent !). Le langage métaphorique des scientifiques reste cependant imprégné de finalisme, ou téléologie, ce qui montre qu'il n'est pas si aisé de proposer une vision du monde sans finalité ! Dans l'enchaînement des événements, la cause initiale ou première, identifiée à une/des divinité(s) dans l'antiquité, demeure insaisissable dans la pensée moderne, qui ne remonte le cours des événements que pour autant qu'ils restent donnés comme existant en l'état.

Dès lors qu'on admet l'existence d'un enchaînement nécessaire entre les événements, décrit par une loi, la question se pose de savoir si la connaissance d'un événement comme cause ne suffit pas à connaître un autre événement comme effet. Dans ce cas, la connaissance de la cause initiale suffirait à couvrir l'ensemble des connaissances. La physique quantique, les principes d'indétermination et d'incertitude sont là pour y répondre par la négative, du moins en ce qui concerne le comportement de particules élémentaires. En biologie, l'émergence* et la multistabilité* des systèmes non linéaires* viennent leur faire écho. Ce n'est qu'en s'affranchissant du modèle de la mécanique universelle qu'il devient possible de repenser la question de la causalité autrement. L'existence d'un rapport nécessaire de cause à effet peut être contestée, ce rapport pouvant n'être que le reflet d'une corrélation de faits. Dans bien des cas, l'invocation d'une nécessité causale constitue plus un obstacle à la connaissance qu'un réel acquis.

Pour autant, il n'est pas certain que les principes de la physique moderne soient directement transposables en biologie. Pour repenser la causalité autrement dans ce domaine, il reste avant tout nécessaire d'élaborer des concepts appropriés à l'échelle et à la nature de la réalité étudiée.

Chaos – voir désordre et stochasticité.

Connectance[3] – La connectivité ou corrélativité qualifie le degré de relation, de mise en rapport, de liaison globale d'un ensemble complexe en interaction, assurant sa cohérence et sa cohésion, c'est-à-dire un rapport, une union intime, une organisation logique et harmonieuse. Dans un système dynamique, en évolution, le degré de liaison ne peut être absolu et rigide, il doit permettre une flexibilité, une plasticité* nécessaire à la croissance, à des échanges, etc. Selon le degré de liaison, le système est donc plus ou moins flexible et capable de transformation. Il peut se trouver dans un état plus ou moins tendu, ou fermé, un état plus ou moins relâché, ou ouvert.

---

[3] Amzallag, 2000.

Des phases de transformation intense, telles la germination, la floraison, la pupaison, la métamorphose, nécessitent un relâchement important des réseaux d'interaction. On peut les qualifier de fenêtres développementales, de phases critiques, de changements de phases. Si le relâchement est important, on peut s'attendre à ce que la configuration de l'ensemble soit plus versatile et fluctuante, d'où une variabilité plus élevée.

Dans tous les cas, le fait même qu'il y ait croissance implique que les interactions et connections doivent continuellement se reconfigurer, se ré-ajuster, ce qui se traduit par l'existence de variations. Du fait de ce continuel ré-agencement, il serait vain de mesurer la connectivité de l'ensemble par un inventaire exhaustif des éléments, des caractères, des parties constitutives et des interactions existant entre eux. Un élément peut être alternativement marginal ou étroitement intégré. De plus, la nature des éléments à prendre en compte dans un organisme vivant est hétérogène. Il peut s'agir d'éléments matériels à différents niveaux d'échelle, incluant des molécules, des cellules, des organes. À ceux-ci s'ajoutent des éléments fonctionnels tels des propriétés (tolérance au froid par exemple), des flux (échanges de matières, gradients), des taux de croissance, etc. Dans cette liste difficilement exhaustive, c'est l'observation, l'expérience que l'on a du processus, qui permettra d'établir des choix et de sélectionner un ensemble de facteurs pertinents.

Pour un élément donné, l'intégration à l'ensemble peut être reflétée par sa variance comparée à la variance des autres éléments. Cette comparaison peut constituer une évaluation de la plasticité relative à l'élément considéré. L'intégration à l'ensemble peut aussi être mesurée par le degré de corrélation avec d'autres éléments. La corrélation évalue la dépendance réciproque existant entre deux caractères ou phénomènes qui varient simultanément. Elle ne permet pas de conclure à l'existence d'un lien de cause* à effet, mais suggère que celui-ci est possible, ou du moins que les deux facteurs mesurés sont fonctions l'un de l'autre.

La connectance représente la moyenne des corrélations d'un facteur par rapport à un ensemble d'autres facteurs. La moyenne des connectances par facteur constitue la connectance globale du système. Celle-ci donne donc une estimation du degré de corrélativité, de connectivité du système, soit une mesure de son degré de fermeture, de resserrement sur lui-même, et peut ainsi fournir une évaluation de sa canalisation* (voir chap. 1).

Désordre – Par construction, le désordre se définit en creux, c'est-à-dire par ce qu'il n'est pas, en référence à un ordre. C'est que pour la raison, l'ordre – le *cosmos* grec – exerce une préséance. Sans ordre, la science est sans objet et doit s'en remettre à l'art divinatoire. Par nature, l'ordre-*cosmos* est une notion normative qui se définit selon des critères de régularités. Il renvoie à l'idée d'organisation, de disposition, d'arrangement, d'agencement, de succession logique et cohérente.

Selon que l'on adopte un point de vue mécaniste ou auto-organisationnel, une absence d'ordre peut recouvrir des significations biologiques contrastées. Dans le premier cas, l'ordre est conçu comme un ensemble de règles et de lois qui garantissent une organisation et régissent l'enchaînement des causes* et des effets. Il suppose une autorité responsable de l'exécution de ces lois, d'une nécessité qui impose des directives et commandements. L'idée sous-jacente est celle d'un mécanisme déterministe*, d'un programme*. L'ordre est alors communément admis comme étant l'état par défaut et tout désordre comme une transgression de cet état, une défaillance. L'irrégularité n'est que l'expression d'un bruit, d'une stochasticité* dénuée de portée biologique. Dans le deuxième cas, c'est le désordre qui est l'état par défaut, duquel un ordre ne peut émerger que par auto-organisation*. Phénomène dérangeant pour une logique causale linéaire, un désordre à un niveau d'échelle inférieur peut conduire à l'expression d'un ordre à un niveau d'échelle supérieur. L'ordre peut alors correspondre à un état singulier*, celui d'un attracteur* stable, d'un état stationnaire* ou périodique. Dans un chaos* déterministe, ordre et désordre en viennent à se confondre : sous une apparence de désordre, de bruit, se dissimulent en fait des comportements cycliques dont l'ensemble des trajectoires peuvent être décrites.

Dans la mythologie antique, l'ordre-*cosmos* naissait du chaos. Ce passage quasi-miraculeux reste un défi pour la raison, même si les notions d'émergence* et d'auto-organisation* reconstituent aujourd'hui un cadre rassurant pour l'esprit rationnel, laissant présager l'existence de lois encore mal comprises. À ce stade, on peut du moins considérer que les conditions nécessaires et suffisantes à l'apparition d'un ordre, selon un enchaînement déterminé, sont constitutives des processus désordonnés. En d'autres termes, l'ordre serait inscrit à la base dans le désordre (voir chap. 2).

Déterminisme – Un enchaînement de cause à effet entre des phénomènes, dont on peut dire que A est la cause de B, qui en la conséquence, se définit comme un déterminisme. Ceci suppose qu'il existe plus qu'une corrélation de fait entre ces phénomènes, c'est-à-dire qu'un principe de causalité* peut être identifié. L'exemple type est celui d'une horloge ou tout autre mécanisme construit selon des enchaînements linéaires*. Il existe de fait un lien étroit entre mécanisme et déterminisme. La doctrine déterministe, trait dominant de la révolution copernicienne, affirme que l'ensemble du monde naturel peut s'expliquer par des rapports de cause à effet entre phénomènes, selon l'hypothèse d'une gigantesque mécanique universelle.

La théorie quantique, et le principe d'incertitude d'Heisenberg qui montre que toute mesure influe sur ce qui est mesuré, contribuent à rendre cette doctrine obsolète. On pourrait s'attendre à ce que les développements de la physique du XXe siècle redonnent une place naturelle à la possibilité de libre vouloir, de liberté, d'auto-détermination, qu'il était difficile d'intégrer à un ordre déterministe soumis à des lois nécessaires, sans avoir recours à une rhétorique laborieuse. Les phénomènes naturels, et non seulement l'esprit humain, ont une faculté d'autonomie et d'expression spontanée.

Avec la notion de bifurcation*, on retrouve en quelque sorte le concept épicurien de déviation[4], qui postulait que les atomes ont la capacité d'infléchir spontanément leur direction propre en rompant la chaîne des causalités. Deux millénaires plus tard, les notions d'émergence* et d'auto-organisation* offrent de nouveaux appuis pour reconsidérer des phénomènes réfractaires à la détermination linéaire, qui abondent en biologie.

Encore faut-il pour cela éviter l'écueil toujours latent d'un physicalisme trop radical. Ce que la théorie déterministe – et en particulier l'idée de programme* génétique dirigeant l'agencement des systèmes vivants selon un plan de construction avait le mérite de faire

---

[4] Épicure s'inscrit dans la continuité des philosophies des corpuscules, en particulier l'atomisme. En réaction contre le déterminisme matérialiste d'un atomisme rigide, il tenta – de même que son successeur Lucrèce – de trouver un fondement physique à la possibilité de libre-vouloir et du hasard. C'est donc pour assouplir l'idée d'un déterminisme strict – appliquée indistinctement aux phénomènes physiques et psychiques – qu'il fit appel au concept de déviation.

valoir, c'est la remarquable cohérence et la stéréotypie des organismes biologiques. Une cohérence d'autant plus remarquable qu'elle s'exprime en dépit des contingences les plus variées. On peut ainsi songer par exemple à la couronne des arbres : plusieurs arbres grandissant côte à côte adopteront le plus souvent la même forme d'ensemble que leurs congénères isolés. Que l'on abandonne une vision finaliste portée par la théorie déterministe, il n'en reste pas moins que la cohérence du vivant le distingue des phénomènes inanimés et que des principes spécifiques à la biologie doivent être reconnus. C'est tout l'enjeu d'une compréhension de ce qu'est le vivant. Non seulement, le tout est plus que la somme de ses parties – principe de base d'une émergence, mais il informe aussi chaque partie de sorte qu'on peut dire qu'un système biologique tient par le tout. Il reste à apprécier ce qu'un tel constat peut avoir comme implication pour la biologie.

Différenciation – La différenciation des organismes vivants consiste en l'acquisition progressive au cours de leur développement, en particulier de l'embryogenèse mais aussi de la vie adulte, de parties aux propriétés distinctes s'organisant en un tout cohérent. Un état indifférencié, considéré comme l'état par défaut de tout système biologique, n'est cependant pas synonyme d'état amorphe, dénué de spécificités, fonctions et propriétés. Les cellules indifférenciées se distinguent par leur totipotence (ou pluripotence),c'est-à-dire la capacité à adopter tous les (plusieurs) devenirs possibles, et leur faculté proliférative. C'est le cas des cellules souches chez les animaux, des méristèmes chez les plantes, qui renouvellent constamment les stocks de cellules utilisables pour de nouvelles différenciations.

En se différenciant, une cellule acquiert des formes et des fonctions nouvelles et spécifiques. La différenciation coordonnée de différents types cellulaires permet l'émergence d'organes, dont l'organisation présente à son tour des formes et des fonctions spécifiques, mais à un autre niveau d'échelle. À un même niveau d'échelle, les structures itératives, telles que les organes arborisés (reins, poumons), les métamères des animaux (segments, anneaux), les phytomères des végétaux et leurs appendices (feuilles, bractées, organes floraux), font apparaître des transformations, des métamorphoses continues permettant la différenciation d'un type en un autre type, par exemple des feuilles en pétales. Enfin, la différenciation coordonnée d'organes et de tissus conduit à l'émergence de l'organisme vivant, présentant lui aussi des formes et des fonctions spécifiques, à un niveau d'échelle encore plus haut.

La différenciation est donc un processus de complexification croissante et d'émergence*. Elle procède à partir d'événements singuliers*, introduisant une discontinuité, une anisotropie* au sein d'amas de cellules indifférenciées. En se propageant ensuite, ces anisotropies agissent comme des pôles de nucléation qui fédèrent autour d'eux les différents événements de différenciation, qui peuvent s'orienter et se coordonner. Même si elle se produit graduellement, la différenciation constitue une rupture avec un état antérieur, un changement de trajectoire* ou plutôt l'acquisition d'une trajectoire, d'un devenir, d'une fin. Cette fin peut agir comme un attracteur* vers lequel le système en différenciation évolue de façon auto-catalytique*.

Se différencier, c'est devenir autre, acquérir une altérité. C'est en même temps fonder son identité propre, acquérir un soi. La notion de différenciation est ainsi intimement liée à celle d'identité, qu'il s'agisse d'identité cellulaire, identité des organes, identité de l'individu (cf. individuation*). Par extension, les cellules indifférenciées génératrices de types cellulaires spécifiques se sont vus dotés des attributs de celles-ci : on parle ainsi de méristème d'inflorescence, de méristème floral, ce qui reste cependant un abus de langage.

La différenciation conduit à un état le plus souvent définitif, non réversible. Cette caractéristique, manifeste chez les animaux, a conduit à associer le terme détermination à celui de différenciation. Chez les animaux vertébrés, les cas de dé-différenciation se limitent en général à des situations pathologiques, telles l'apparition de cellules tumorales qui recouvrent leur faculté proliférative et leur totipotence. Il en est autrement chez les plantes, pour lesquelles la différenciation n'est que rarement définitive. Tout au long de son existence, une plante conserve la capacité de dé-différencier spontanément, ou en réponse à une stimulation artificielle, une partie de ses cellules et de régénérer à partir de celles-ci de nouvelles plantules. En raison de cette plasticité cellulaire, le terme détermination n'a en général pas cours pour décrire les phénomènes de différenciation végétale (voir chap. 2).

Écoulement – Un écoulement peut qualifier un fluide, un corps visqueux, mais aussi un processus, une succession, un enchaînement d'événements ou d'étapes. Il s'agit d'abord d'un mouvement, un déplacement dans l'espace et le temps, qui suppose une mobilité, une dynamique et s'oppose à ce qui est fixe ou statique. Ce mouvement est en général continu, régulier, constant, il se maintient dans le temps et non transitoirement. Un écoulement suppose au moins trois niveaux d'anisotropie*, dont les propriétés ne sont pas identiques dans toutes les directions. D'abord, il est orienté dans une direction définie entre une source et un puits, de sorte qu'il y a un amont et un aval, et par voie de conséquence un avant et un après. Ensuite, cet écoulement est nécessairement relatif à quelque de chose de fixe, de statique, il y a donc anisotropie du milieu. Même si le constituant est le même à l'intérieur et à l'extérieur de ce qui s'écoule (par exemple un courant d'eau au fond d'un lac ou un flux de cellules dans un amas de cellules), il y a localement une discontinuité des propriétés à l'interface entre intérieur et extérieur. Enfin, l'écoulement ne se fait pas dans le vide, il est relatif à un milieu, un support au contact duquel se créent des forces de tension, de frottement, de cisaillement. Ce qui s'écoule tend à creuser, éroder ou écarter ce qui ne s'écoule pas, de sorte qu'il peut y avoir expansion, élargissement de l'écoulement. Réciproquement, ce qui ne s'écoule pas retient l'écoulement, de sorte que le flux est freiné sur les bords, ce qui établit un gradient entre la périphérie et le centre de l'écoulement.

Tout écoulement entraîne une croissance et toute croissance suscite un écoulement de matière, il est difficile de définir lequel est à l'origine de l'autre ou si les deux sont en réalité synonymes. Du fait de l'existence des différents niveaux d'anisotropie* évoqués, un système en croissance possèderait dès le départ les ressources de sa différenciation*, son (auto-)organisation* et son développement. Les tensions locales en atteignant un seuil finissent par introduire une discontinuité, une bifurcation*, laissant émerger de nouvelles structures ou propriétés. L'écoulement du développement ainsi ponctué de ruptures et d'émergences* se concrétise par le déroulement d'une histoire, ou trajectoire* biologique (voir chap. 4).

Émergence – Est émergent ce qui apparaît *de novo* de façon spontanée et non anticipée. Ceci qualifie un événement soudain, une rupture, une discontinuité avec ce qui précède. Il n'y a pas d'enchaînement logique, ou plutôt linéaire*, dans ce surgissement qui se présente comme un phénomène autonome, non dirigé par une nécessité constitutive inscrite dans des lois, c'est-à-dire non prédictible. L'émergence introduit un saut qualitatif par rapport à ce qui était là auparavant, elle est liée à l'apparition d'une plus grande complexité.

Cette plus grande complexité s'accompagne en particulier de changements d'échelle, c'est-à-dire de passages d'un niveau d'organisation à un niveau supérieur caractérisé par des propriétés totalement différentes et ne pouvant être déduites des propriétés existant au niveau inférieur. En d'autres termes, le tout est plus que la somme de ses constituants, il possède des propriétés, dites propriétés émergentes, que n'ont pas ses constituants. Son fonctionnement ne peut donc être compris par la seule étude de ses parties, par exemple les cellules pour un organisme vivant, ou les édifices moléculaires pour une cellule.

Le changement d'échelle n'est pas le seul type de hiérarchie* où des propriétés émergentes peuvent être décrites. L'apparition d'une plus grande complexité se produit aussi au sein de groupes de plus en plus grands de constituants d'un même niveau d'échelle, par exemple des structures itératives comme les feuilles ou les fleurs des inflorescences chez les plantes, ou les appendices des insectes. Le passage des feuilles aux fleurs, ou des antennes aux pattes, répond à la définition de l'émergence, sans qu'il y ait changement d'échelle.

Épigénétique – L'épigenèse s'oppose à l'origine à la théorie de la préformation selon laquelle toutes les parties d'un organisme sont présentes en germe dans l'œuf et ne font que grandir et se développer ensuite. La théorie de l'épigenèse se démarque en fait très peu de cette vision puisqu'elle aussi considère que le pouvoir de développement des organismes est pré-établi, mais cette fois virtuellement selon un finalisme interne par lequel l'organisme se constitue graduellement dans l'œuf par formation successive de parties nouvelles. Cette version est très proche de la notion de *Bauplan/blueprint* (en allemand/anglais) ou plan de construction qui constitue la cause finale de l'organisme, et donc de l'idée de programme*, de déterminisme* qui gouverne l'enchaînement causal* des étapes de développement.

Paradoxalement, le terme d'épigenèse a plus récemment été utilisé en opposition au tout génétique pour évoquer l'existence de forces formatrices indépendantes des instructions génétiques. L'environnement global contient autant de facteurs susceptibles d'influencer la formation et le fonctionnement des organismes. Au sein du « paysage épigénétique[5], les gènes ne sont qu'un facteur parmi d'autres. Ce paysage permet différentes configurations alternatives ou états du système, lequel peut bifurquer* vers l'un ou l'autre et se trouver plus ou moins canalisé* en direction d'un devenir donné. Cette vision se rapproche de la dynamique des systèmes multistables* (cf. chap. 3) selon laquelle c'est l'état initial du système, c'est-à-dire la configuration des interactions des multiples facteurs en présence, qui prévaut pour le devenir du système.

Au cours des 15 dernières années, les avancées de la biologie moléculaire ont contribué à ré-intégrer la théorie épigénétique dans le cadre dominant de la génétique. Si l'environnement global influence la formation et le fonctionnement des organismes, l'ADN reste le médiateur central des changements d'état. En plus du code génétique

---

[5] Terme que l'on doit à l'embryologiste anglais Conrad Waddington.

identifié depuis longtemps et composé d'un alphabet à 4 lettres (A, T, G, et C), il existe un code secondaire qui permet des modulations dans la lecture du premier code. Ce code secondaire consiste en des modifications chimiques de l'ADN lui-même ou des protéines qui l'enveloppent pour former la chromatine, telles les histones. En fonction de ces modifications, principalement des méthylations et des acétylations (cf. chap. 2), la dynamique de la chromatine varie et rend l'accès des divers facteurs cellulaires à l'ADN plus ou moins possible.

Depuis quelques années, la découverte de petits ARN qui viennent réguler la dégradation des ARN messagers, intermédiaires entre les gènes et les protéines, est venue amplifier la tendance à rechercher une explication génétique aux phénomènes qualifiés d'épigénétiques. Un nombre croissant de gènes interviendrait ainsi dans le contrôle épigénétique du fonctionnement des organismes, que ce soit en régulant la dynamique de la chromatine ou la synthèse des petits ARN. Dans ce contexte, le rôle de l'environnement global, de l'auto-organisation*, de la multistabilité* des systèmes – en tant que facteurs épigénétiques, pris dans leur sens original – reste donc encore peu exploré.

État stationnaire – Un état stationnaire s'établit lorsque la production d'entropie par le système biologique considéré permet de compenser en permanence un apport d'entropie lié aux échanges avec le milieu. Il ne s'agit pas d'un état statique puisqu'il y a une activité permanente de production d'entropie. Cependant, le bilan des échanges d'entropie reste nul. Au sens strict, l'état d'équilibre est un cas particulier de l'état stationnaire, celui où il n'y a pas d'échange avec le milieu et où la production d'entropie est nulle. Les systèmes vivants étant des systèmes ouverts qui échangent continuellement avec leur milieu, il n'existe pas dans ce domaine d'état d'équilibre, mais seulement des états stationnaires. Il faut pour cela des processus de régulation, de compensation des échanges.

L'homéostasie* en est un exemple. Ce terme décrit le maintien à un niveau constant de caractéristiques internes des organismes vivants, par exemple la température, la pression osmotique, la concentration de divers constituants, ce maintien se faisant au prix d'échanges incessants avec le milieu. La référence à une homéostasie concerne le plus souvent des caractéristiques physiques ou chimiques pour lesquels les échanges thermodynamiques peuvent être plus ou moins aisément mesurés.

Lorsque l'on a affaire à des structures complexes, comme des organes, des tissus, on utilise en général les termes de stabilité* développementale ou de canalisation*, qui peuvent en outre faire intervenir d'autres processus que les seuls échanges avec le milieu pour le maintien de caractéristiques au cours du temps et en dépit de perturbations (voir chap. 3).

Fractale[6] – Un objet est fractal si sa forme ou sa formation obéit à des règles itératives d'irrégularité et de fragmentation. C'est le cas des structures ramifiées, arborescences* biologiques ou cristallines, réseaux hydrographiques, etc. La croissance de ces structures ne se fait pas dans une dimension entière d'ordre 1, 2, ou 3, mais dans une dimension fractionnaire. Elle ne se fait pas dans le prolongement d'une structure initiale, mais par fragmentation en reproduisant à des échelles de plus en plus petites le même motif. Elle est associée à l'existence d'attracteurs* étranges ou chaotiques (voir chap. 4).

---

[6] Benoît Mandelbrot, 1995.

Hasard – Dès lors que l'on admet l'idée d'une mécanique universelle régie par des lois internes, la notion de hasard s'impose comme une nécessité. Sans elle, il serait impossible d'expliquer l'apparition de formes nouvelles autrement qu'en invoquant l'intervention d'un pouvoir créateur agissant de l'extérieur sur les choses de la nature en leur conférant une finalité. Mais ce serait alors reconnaître que la nature du monde ne peut être connue dans son ensemble, contrairement à ce qui est postulé dans la démarche cognitive engagée avec la révolution copernicienne. Ce serait aussi subordonner toute création dans la nature à une instance supérieure, déniant ainsi aux êtres vivants et à l'homme en particulier toute possibilité d'autonomie et de liberté. Encore faudrait-il se demander si le hasard offre un espace suffisant pour l'expression d'un libre vouloir face aux contraintes exercées par les lois de la nature…

Le hasard peut désigner un événement dont on ne connaît pas la cause, ce qui ne lui confère pas un grand intérêt explicatif, si ce n'est celui d'indiquer un défaut de connaissance. Plus généralement, le hasard qualifie un événement dénué de cause objective. En réalité, ce deuxième sens n'offre guère plus de possibilités explicatives. Le hasard reste donc une notion aux contours flous, dont la principale fonction est de servir de contrepoids à une vision finaliste supposant l'existence de causes finales (qui furent elles-mêmes invoquées pour contrer l'hypothèse du hasard !).

Le hasard est un axiome, un postulat de départ, il ne peut être démontré. Il s'apparente au dieu *Chaos* de l'Antiquité, qui est antérieur à l'apparition d'un ordre par l'action d'une hiérarchie* de divinités organisant le monde selon des règles et des lois. Le passage du chaos à un ordre implique un saut qualitatif, un changement radical d'état du monde. Ce saut est habituellement expliqué dans le monde vivant par l'existence de forces de sélection qui vont imposer une direction à un état initialement isotrope*, aléatoire, ou indifférencié (voir chap. 2). Si l'on s'affranchit d'une démarche causale* calquée sur l'image d'une mécanique universelle, le hasard peut être rapproché de la notion d'émergence*. Il ne s'agit alors pas tant d'invoquer un événement inopiné et imprédictible que de rechercher une explication par-delà l'usage d'une causalité linéaire* en faisant appel à d'autres concepts. À partir d'un certain seuil (de taille par exemple), l'isotropie bascule dans un état anisotrope*, qui par effet boule de neige se propage et permet l'apparition d'une organisation.

Que l'on se réfère à des forces de sélection ou d'auto-organisation*, il faut en première instance supposer l'existence de lois selon lesquelles ces forces opèrent, il faut que les constituants possèdent intrinsèquement le potentiel de donner naissance à des formes organisées. La cause finale serait donc inclusive, inhérente aux constituants. Il n'y aurait de place pour le hasard que dans la coïncidence, la conjonction des conditions permettant un certain déroulement d'événements. Mais l'ordre est par nécessité préexistant à l'état latent, inséparable de la nature des atomes qui autorisent la formation d'édifices moléculaires.

Ceci ne fait que reculer d'un cran la cause première de l'apparition d'organisations biologiques. Quant à l'origine des propriétés constituantes des atomes, une hiérarchie à part entière si l'on veut, elle fait retour aux origines du monde, au fameux Big Bang, terme où le hasard recouvre sa définition première de cause inconnue, c'est-à-dire dont on en sait rien, à l'instar d'une volonté divine.

Héritabilité – L'héritabilité est synonyme du sens premier d'hérédité, c'est-à-dire ce qui se transmet par voie de succession généalogique, d'une génération aux suivantes. Elle mesure la ressemblance pour un caractère donné entre individus apparentés, ou la fréquence d'individus qui conservent ce caractère d'une génération à l'autre. Ceci ne préjuge pas du mode de transmission, qui peut être génétique, épigénétique* (méthylation de l'ADN, remodelage de la chromatine), ou auto-organisationnel* (transconformation protéique de type prion, re-configuration des réseaux d'interactions).

Mais dès lors que l'on admet l'existence d'une séparation entre phénotype et génotype, l'idée s'impose de décomposer la valeur phénotypique, et donc également sa variance, en une part génétique et une part environnementale, ce qui équivaut à une décomposition en inné/acquis ou stable (transmissible)/contingent (transitoire). C'est sur ce présupposé que l'héritabilité a acquis comme sens principal : ce qui se transmet selon les lois génétiques de l'hérédité, c'est-à-dire avec comme support un ou des gènes portés par l'ADN.

Tant qu'il s'agit de caractères simples, qualitatifs, c'est-à-dire mendéliens (par exemple présence ou absence d'un critère), cette mesure ne pose pas de difficulté. Mais si l'on a affaire à des caractères complexes, quantitatifs, c'est-à-dire des QTL (*quantitative trait loci*), la valeur phénotypique est alors une grandeur dimensionnée dont la variation quantitative vient se superposer aux autres sources de variation (expérimentales, environnementales, ou intrinsèques au système biologique). Par conséquent, il est dans ce cas nécessaire de prendre en compte non seulement la ressemblance transgénérationnelle, mais aussi la variabilité*. L'héritabilité devient ainsi la part de la variabilité phénotypique totale d'une population qui est de nature génétique (variance génétique/ variance totale). En tant qu'indice de variabilité, elle fournit un outil d'évaluation pour le sélectionneur, que vient compléter le coefficient de variation génétique, c'est-à-dire la part de la valeur phénotypique attribuable à la variabilité génétique (racine carré de la variance génétique/moyenne).

Cette définition a l'avantage de se prêter à l'analyse de caractères complexes. Mais elle contribue à négliger la portée biologique de la part de variabilité phénotypique dite « environnementale », qui inclut en fait une variabilité* inhérente au système biologique. Elle ne prend pas non plus en compte la contribution des processus épigénétiques* et auto-organisationnels* dans la transmission durable de caractères. De fait, le champ théorique reste celui d'une approche linéaire*, hiérarchique* des phénomènes vivants. Que la valeur phénotypique soit décomposable en une somme de valeurs indépendantes, simplement additives (génétique, environnementale, interaction génotype × environnement, résiduelle) reste une hypothèse réductrice de la complexité du tout en interaction, que l'usage de l'Anova (analyse de variance) parmi les biologistes (en génétique quantitative et écologie, en particulier) contribue à entretenir (voir chap. 1).

Homéostasie – voir état stationnaire, stabilité.

Hystérèse – Ce terme qualifie un processus dynamique réversible pour lequel la trajectoire retour est différente de la trajectoire aller. Il s'applique en particulier au niveau biochimique où toute réaction est potentiellement réversible. Ainsi, le cycle cellulaire est décomposable en étapes réversibles dont le résultat est cependant non réversible, c'est-à-dire la division en deux cellules matériellement distinctes. En quelque sorte, l'hystérèse peut être considérée comme l'équivalent, au sein d'un système réversible, de l'irréversibilité des phénomènes macroscopiques : elle marque l'empreinte de la flèche du temps, faisant intervenir les notions d'histoire et d'état initial. Dès lors qu'il apparaît une anisotropie*, une bifurcation*, une émergence*, quelque chose d'irréversible s'inscrit, se traduisant *a minima* par une hystérèse, *a maxima* par une non réversibilité.

Toute croissance morphogénétique conduisant à la production de formes matérielles est irréversible. Toutefois, les systèmes qui croissent de façon séquentielle par itération et addition de nouveaux modules au cours du temps peuvent présenter des phénomènes de réversion le long d'une série de modules, par exemple des phytomères[7] chez les végétaux. Une illustration classique de ceci est celle des fleurs prolifères pour lesquelles la transition de formes entre feuilles et organes floraux peut être réversée occasionnellement par un retour vers la production de feuilles. Dans ce cas, la réversion présente des caractéristiques analogues à l'hystérèse, mais de manière distribuée sur une série d'unités morphogénétiques. Il y a alors convergence entre les notions d'hystérèse et d'hétérochronie, c'est-à-dire le fait qu'un événement biologique se produise à un moment inhabituel, soit en avance soit en retard (voir chap. 3).

Individuation – Toute entité biologique est susceptible d'avoir une évolution individuelle, autonome. Cette autonomie se fonde sur l'existence d'une marge de variation pour son expression, définie par sa capacité à varier et manifestée par une variabilité* biologique incompressible et résistante à toute tentative d'uniformisation. L'individuation définit l'individualité d'une entité biologique, à savoir son caractère spécifique, distinct, et différent des autres entités appartenant au même type. Ceci ne remet pas en cause la définition du type qui englobe l'ensemble des manifestations particulières de chaque entité individuelle, mais seulement le caractère fortuit attribué à ces manifestations supposées n'avoir aucune signification biologique propre.

L'individuation désigne aussi le processus par lequel l'individualité se manifeste au cours du développement et de l'adaptation*, en faisant appel à la capacité inhérente à varier de l'entité biologique. Celle-ci lui permet de se différencier spontanément et de façon auto-catalytique* en réponse à une stimulation et de s'engager dans différentes trajectoires* possibles. C'est l'existence d'états stables ou attracteurs* multiples (multistationnarité* ou multistabilité*) qui permet à l'entité de se ré-organiser selon diverses directions, aboutissant à une plurimodalité* des réponses d'adaptation. L'organisation biologique subit des transformations plus ou moins importantes au cours du développement et l'individuation ne serait possible qu'au cours de phases sensibles, ou critiques, pendant lesquelles la cohésion interne est moins intense (voir connectance*) (voir chap. 1).

Linéarité – Est linéaire une fonction dont la représentation a l'aspect continu d'une ligne, décrivant une trajectoire sans interruption dans le temps et l'espace, c'est-à-dire un phénomène invariant et constant dans son évolution. La variation linéaire d'une caractéristique par rapport à une autre est l'indication d'une corrélation entre les deux (voir connectance*), souvent supposée représenter un lien de cause* à effet. La linéarité est donc en général à la fois un révélateur et un moyen de représentation d'un mécanisme causal hiérarchique.

---

[7] Structures composées d'un nœud, d'un entrenœud, et d'un appendice, par exemple une feuille.

Il y a non-linéarité lorsque l'évolution des caractéristiques varie au cours du temps ou dans l'espace, pouvant faire apparaître une discontinuité, interruption ou bifurcation*, c'est-à-dire une singularité* locale ou transitoire. Le calcul différentiel peut permettre de suivre le comportement local de tels systèmes, dits systèmes dynamiques non-linéaires. Il y a aussi non-linéarité lorsque le mode de relation entre caractéristiques n'est pas une hiérarchie* causale, mais une forme distribuée* d'interactions, de communications et d'échanges. Un exemple classique est celui du réseau, non pas considéré comme un ensemble de structures linéaires entrecroisées tel un réseau électrique, mais comme une unité globale émergeant de la répartition de ses éléments constitutifs et des liens de nature variée existant entre eux.

Il peut y avoir continuité et linéarité à l'intérieur d'un intervalle de temps ou de variation de tel ou tel facteur – par exemple la concentration d'un constituant moléculaire, sans que l'évolution du système soit globalement linéaire ni l'objet d'un contrôle hiérarchique. Sur l'ensemble des intervalles de temps ou de variation du facteur considéré, des discontinuités peuvent exister et montrer l'existence de singularités* et de comportements émergents*.

Mouvement brownien – voir stochasticité.

Organisation hiérarchique/distribuée – La première signification du terme hiérarchie se réfère à un ordre et une subordination de nature religieuse et sacrée. Par extension, au niveau social, une hiérarchie est un ensemble de personnes ou d'entités qui occupent des fonctions supérieures et exercent une autorité sur les autres. De façon générale, elle suppose une échelle de valeurs ou de grandeurs selon laquelle des individus ou des choses sont ordonnés et classés, que ce soit dans un rapport de pouvoir et de subordination ou simplement d'organisation selon des critères descriptifs. Un exemple classique est celui d'un arbre et de ses ramifications dont les différents niveaux forment une pyramide. Du point de vue ontogénique, les différents degrés de ramification sont dans un rapport de subordination temporelle, analogue à celui existant au sein d'une généalogie, d'un lignage. Mais sur le plan de l'organisation morphologique, ces différents degrés de ramifications sont en fait dans un rapport d'équilibre mutuel au sein de l'édifice global de l'arbre en interaction avec son environnement (voir arborescence*).

La notion d'organisation hiérarchique est intimement liée à l'idée de programme* et d'enchaînement causal* linéaire* ou déterminisme* liant une cause initiale (instruction) à une cause finale (fonction) par l'intermédiaire d'une cascade d'événements successifs, où A commande B, etc. Dans ce schéma, les communications sont compartimentées. Pour passer d'une chaîne causale à l'autre ou comprendre les interactions entre celles-ci, il est nécessaire de remonter aux postes de commandes situés à l'étage supérieur. On trouve là la définition correspondant au rôle que joueraient les gènes dans les cellules et les organismes vivants. Selon l'hypothèse du programme ou déterminisme génétique, les gènes contrôlent, régulent, déterminent, gouvernent l'ensemble des processus biologiques qui leur sont subordonnés. Le « collège » des gènes seraient ainsi le sommet hiérarchique de la société moléculaire et cellulaire. Dans ce collège, tous les gènes ne sont pas à la même hauteur, il existe une hiérarchie au sein même des commandes génétiques. Il y aurait d'un côté des gènes dits essentiels, ou encore des gènes-maîtres, et de l'autre des gènes non essentiels ou dispensables.

De par son organisation pyramidale, une hiérarchie est vulnérable par nature : si l'on enlève le tronc de l'arbre ou la base de la pyramide, l'ensemble de l'édifice s'écroule. C'est sur ce primat de vulnérabilité que sont en général définies les fonctions des gènes et que se mesure leur importance ou leur valeur. Cette vulnérabilité est définie par l'évaluation des perturbations qu'introduit une inactivation par mutation. En fonction de leur gravité, le gène sera considéré comme plus ou moins élevé dans la hiérarchie et responsable du fonctionnement normal des fonctions invalidées. En leur absence, certaines mutations étant silencieuses, les gènes correspondant sont dits non essentiels. Ce mode de définition aboutit fréquemment à ce que les gènes soient nommés par la déficience résultant de leur invalidation, par exemple on parlera des gènes de la maladie X. Cette démarche est calquée sur la recherche du/des constituant(s) défectueux dans une machine en panne, on parle d'ailleurs de « réparer » une fonction biologique.

À l'inverse d'une hiérarchie, une organisation distribuée introduit la notion de robustesse* qui sera plus ou moins élevée selon le degré de pondération et de répartition des rôles des différents acteurs. Alors qu'une organisation hiérarchique opère selon un axe vertical de haut en bas, une organisation distribuée s'exprime selon un axe horizontal, les deux pouvant se superposer dans une certaine mesure. Dans une organisation globalement hiérarchique (système génocentrique), il peut y avoir une distribution partielle (redondance* génétique) ou globale (réseau de gènes) des instructions contenues dans les gènes. Toutefois, même lorsque l'hypothèse d'un programme* génétique est invoquée, on admet en général l'existence de processus qui ne sont pas gouvernés par des instructions génétiques, mais découlent des propriétés physico-chimiques des constituants biologiques : auto-configuration spatiale et assemblage des édifices moléculaires et sub-cellulaires, etc., c'est-à-dire un certain degré d'auto-organisation*. Qui plus est, l'idée d'une hiérarchie génétique dirigeant l'organisation du vivant doit nécessairement admettre l'existence de forces d'auto-organisation ayant permis son apparition et son évolution, sauf à faire appel à une cause première extérieure (l'ingénieur de la machine vivante).

Au sens littéral, une organisation distribuée se présente comme une alternative à l'hypothèse du programme génétique et s'oppose à l'idée d'enchaînement causal* hiérarchique. Elle fait intervenir les gènes à pied d'égalité avec les autres constituants biologiques, en tant que paramètres d'un système biologique. Les gènes contribueraient ainsi à conditionner l'organisation du système, mais ne constitueraient pas la cause initiale qui commande sa manifestation. Ce ne sont pas des instructions qui sont distribuées ou réparties sur un collège de direction, mais des paramètres de réalisation de l'organisation.

La notion de distribution se trouve alors élargie à l'ensemble des constituants biologiques (système biocentrique) et peut aller jusqu'à inclure l'environnement global (système écocentrique). Dans ce cas, l'organisation n'est plus hiérarchique, mais autonome et spontanée, auto-organisée* en une communauté interactive. Elle constitue une propriété émergente* des constituants en interaction, de leurs propriétés matérielles, des champs de forces en présence, et des conditions initiales du système.

Plasticité – Est plastique ce qui est modelable, ce qui présente une malléabilité, une souplesse, une flexibilité, une aptitude à adopter de nouvelles formes, à se transformer. La plasticité caractérise ainsi la capacité à varier. Contrairement à l'élasticité, elle suppose que le remodelage opéré est durable une fois disparue la force agissante l'ayant causée. Il n'y a élasticité que tant que l'objet déformé est capable de reprendre sa forme ou son volume initial(e), comme le caoutchouc par exemple ou un roseau qui plie sous le vent. Quand la déformation devient irréversible, c'est-à-dire quand la limite d'élasticité est atteinte, elle est qualifiée de plastique : le roseau ou la branche reste courbé(e) une fois le vent tombé. Au sens strict, la plasticité n'est donc pas une accommodation (contingente), mais une adaptation* (durable). La plasticité peut être regardée comme une propriété passive de l'organisme vivant qui se laisse façonner, modeler par le milieu. Elle peut constituer aussi une propriété active de l'organisme qui répond, réagit, se mobilise pour s'adapter. Le plasticien peut donc être à la fois le milieu et l'organisme vivant lui-même.

Une première forme de plasticité, la plasticité développementale, s'exprime au cours du développement ontogénique : la cellule, l'organe, ou l'organisme vivant doit pouvoir se transformer dans l'espace et le temps pour se différencier*, s'organiser*, effectuer une embryogese, etc. Une seconde forme de plasticité, la plasticité phénotypique ou environnementale, se manifeste vis-à-vis du milieu dans lequel le système biologique évolue. La plasticité phénotypique est la capacité de tout organisme à modeler son comportement et sa morphologie en réponse à des variations de l'environnement et à exprimer des normes de réaction spécifiques. Par norme de réaction, on entend l'ensemble des réponses aux variations d'un facteur donné, qui est spécifique et reproductible. La notion de plasticité phénotypique élargit le concept plus étroit de phénotype, en général décrit dans une condition donnée – considérée comme standard bien que n'ayant le plus souvent rien de naturel – et à un stade spécifique – le plus souvent adulte. Le phénotype englobe en fait la somme de toutes les normes de réaction possibles à tous les stades, c'est-à-dire un répertoire dynamique et continu de variations.

La plasticité phénotypique met en relief la capacité de l'organisme à coordonner son développement dans le temps et dans différentes conditions environnementales et génétiques, et donc à fonctionner comme un tout cohérent à l'intérieur d'un registre de variations donné. Elle constitue ainsi une propriété émergente* des systèmes complexes auto-organisés*, associée à leur robustesse* et leur flexibilité. Les composants sub-cellulaires sont eux-mêmes susceptibles de remodelages. Le génome est fluide, flexible, déformable. Il peut se ré-organiser sous l'effet de mouvements de séquences mobiles, ou transposons, d'amplifications de séquences, de modifications épigénétiques*, etc. Tous les édifices macromoléculaires complexes, protéines, chromatine, etc. peuvent changer de conformation et se remodeler. Cette dynamique de plasticité sub-cellulaire reste le plus souvent réversible en deçà d'un seuil, c'est-à-dire élasto-plastique – le cas des transconfigurations de prions (voir chap. 3) étant un exemple rare de plasticité non réversible actuellement connu au niveau moléculaire. Par contre, les phénomènes de différenciation et d'organogenèse à un niveau d'échelle supérieur laissent en général une empreinte définitive. Toutefois, lorsqu'il s'agit de processus itératifs, des retours à des formes initiales, ou réversions, sont parfois possibles, en particulier dans le domaine végétal (voir hystérèse*).

Enfin, de nombreux arguments plaident en faveur d'un rôle adaptatif de la plasticité phénotypique, des adaptations* durables à une modification de l'environnement pouvant se produire simultanément dans des populations entières et en une seule génération (acclimatations altitudinale, latitudinale, au terroir, adaptations aux stress abiotiques, nutritionnels, etc.). Les phénomènes épigénétiques*, dont au moins certains se révèlent héritables (empreintes parentales par exemple), offrent un support d'interprétation à ces assimilations de nouveaux caractères. Celles-ci se produisent vraisemblablement au cours de phases critiques du développement, qui font intervenir des remodelages importants dans l'organisation biologique (voir connectance* et individuation*).

Plurimodalité – Ce terme désigne l'apparition en parallèle de différents phéno-types au cours d'un processus d'individuation*, c'est-à-dire une adaptation par auto-organisation* à une stimulation ou une perturbation du milieu extérieur. Elle est rendue possible par la capacité du système de communications et d'interactions, propre à l'organisme vivant, à se relâcher transitoirement au cours de phases critiques ou fenêtres développementales et à se ré-assembler ensuite selon des agencements alternatifs qui constituent différents états stables du système (voir connectance*). L'apparition d'une plurimodalité suppose que le système est multistable* et sensible aux conditions initiales (voir chap. 1).

Programme – Au sens commun, un programme est d'abord un énoncé, liste ou exposé, qui est en général consigné sur un support écrit et décrit le déroulement chronologique d'une séquence d'événements définis par anticipation (programme scolaire, musical, de loisir, etc.). Ce scénario écrit d'avance suppose l'existence d'une cause* initiale, qui est le concepteur du programme, et d'une cause finale, qui est la fonction du programme. En d'autres termes, il suppose l'intervention de volonté(s) consciente(s) ou d'intelligence(s) qui agissent de l'extérieur ou sur un mode hiérarchique*. L'accomplissement, la réalisation du programme, nécessitent des instructions, une organisation, un contrôle, des exécutants, etc. Enfin, le programme s'adresse à un audi-toire, lecteur ou utilisateur. Dans ce parcours prédéfini, déterministe*, toute déviation au programme est interprétée comme une défaillance, une faute, une erreur.

Au sens cybernétique, qui est celui auquel se réfère la notion de programme génétique, l'énoncé du programme, c'est-à-dire la séquence d'instructions enregistrées sur un sup-port, s'adresse aux commandes de l'ordinateur, et non à l'utilisateur pour lequel il reste crypté. L'utilisateur n'a accès qu'aux produits du programme dont la cause finale est de permettre l'exécution de fonctions opératoires. Pour la théorie du programme génétique, l'énoncé des instructions est inscrit dans l'ADN, qui sert de support au programme, et conditionne l'exécution des fonctions opératoires (organisation*, différenciation*, morphogenèse cellulaires, tissulaires, etc.), lesquelles seraient seules accessibles au jeu des interactions multiples avec l'environnement. Cet énoncé est assimilé à un plan d'architecte ou de construction (*Bauplan* en allemand et *blueprint* en anglais).

Si l'on tente de définir la nature de la cause* initiale, c'est-à-dire l'architecte concepteur du plan de construction, on se heurte à une première contradiction puisqu'il est communément admis qu'il s'agit du hasard* au sens d'une non intentionnalité, d'une non-intelligence. Quant à la cause finale, c'est-à-dire la destination incluse dans les notions de fonction, d'organisation, d'efficience, de stratégie de survie, etc., elle pose par voie de conséquence les mêmes questions. Il est difficile de comprendre pourquoi le développement d'un organisme serait le fruit d'une finalité inscrite par une opération quasi-miraculeuse dans un programme, tandis que l'évolution des espèces serait quant à elle le résultat d'erreurs de programme dues au hasard.

La notion de « capaciteur évolutif » est une tentative pour établir une relation entre les deux. Certains gènes auraient pour fonction de masquer les variations résultant de mutations et d'erreurs de programme dans les limites de conditions extérieures favorables. En dehors de ces limites, lorsque l'organisme se trouve soumis soudainement à des conditions hostiles à sa survie, ces capaciteurs ne pourraient plus assurer leur fonction de stabilisateurs du déroulement du programme, dévoilant ainsi toute une panoplie de variations qui avec un peu de chance recèlerait l'individu capable de fonctionner dans les nouvelles conditions (voir canalisation*). L'intérêt descriptif de la capacitation évolutive et de l'idée de programme en général ne saurait cependant masquer leur incompatibilité constitutive avec l'idée de hasard. En tout état de cause, la question de la cause première ou finale reste irrésolue. C'est pourquoi une notion telle que l'adaptation* est si difficile à cerner et pourquoi le vocabulaire biologique reste finalement empreint d'intentionnalité et de finalisme.

La notion cybernétique de programme maintient *de facto* le vivant dans un cadre mécaniste où l'on procède nécessairement des parties vers le tout comme le ferait un horloger, en droite ligne avec le postulat de l'animal-machine de Descartes[8]. C'est l'horloger qui justifie le tout. À défaut d'horloger, il faut bien reconnaître une capacité d'auto-détermination à la cellule ou à l'organisme pour sa propre organisation, ou bien encore une forme d'intelligence aux constantes physiques des constituants moléculaires (ADN, ARN…) ou atomiques (affinités du carbone, de l'azote, du phosphore, etc.) pour leur association en édifices de complexité croissante.

Dans un monde dénué d'intentionnalité et de finalité, l'apparition première d'un programme – une structure complexe et hautement organisée – ne peut qu'être le résultat d'une auto-organisation*, que celle-ci soit le fruit d'un hasard* ou d'une nécessité physico-chimique. Dans ce cas, le terme de programme n'est pas approprié, il conviendrait plutôt de parler de « complexe émergent » encryptant les propriétés physico-chimiques du tout vers ses parties.

Redondance – La redondance a un premier sens commun dont le caractère est en général péjoratif, celui d'un surnombre, un excès, une répétition, qui suppose l'existence de parties superflues, du moins dans des conditions favorables. De façon plus positive, elle caractérise un énoncé qui réitère sous plusieurs formes différentes, substituables l'une à l'autre, un même contenu de signification. En ce sens, elle constitue un facteur de robustesse* puisqu'elle permet de maintenir la signification de l'énoncé et d'assurer une fonction donnée en cas de perte ou de défaillance d'une partie. C'est la définition même du procédé ingéniérique utilisé dans les technologies complexes, communications, informatique, transports, etc., et consistant à dupliquer volontairement des informations ou des constituants pour pallier d'éventuelles interférences ou déficiences. Selon le modèle ingéniérique, la fonction de robustesse de la redondance est donc le produit d'une intentionnalité de la part de l'ingénieur et constitue une cause* finale.

L'interprétation de la redondance biologique est calquée sur ce modèle. Cette redondance se manifeste par l'existence de chaînes métaboliques parallèles aboutissant au même produit ou bien de voies de régulation alternatives d'un même processus, mais aussi de composés pouvant se substituer l'un à l'autre dans un édifice moléculaire ou cellulaire.

---

[8] Descartes, édition 1998.

Le génome comporte ainsi des versions dupliquées d'un même gène que l'on regroupe en familles ou super familles. Certaines peuvent comprendre plusieurs dizaines voire centaines de représentants, qui diffèrent dans des proportions variables au niveau de leur séquence d'ADN tout en présentant des homologies suffisantes pour qu'on les considère apparentés. Ces duplications se produisent au cours de l'évolution sans qu'on ait le plus souvent d'explication claire à proposer pour en expliquer la genèse. Il existe en général une relation entre le degré de divergence entre deux versions dupliquées et l'ancienneté de l'événement de duplication, mais la vitesse de divergence peut être modulée, freinée ou accélérée, par divers facteurs.

La parenté moléculaire est en général assimilée à une homologie de fonction, les membres d'une même famille étant supposés avoir à la fois des fonctions distinctes et la faculté d'adopter des fonctions similaires – faculté qualifiée de dégénérescence, leur permettant de se substituer l'un à l'autre en cas de défaillance ou d'inactivation par une mutation. Ceci expliquerait l'existence d'une partie des mutations silencieuses, c'est-à-dire sans effet détectable (voir organisation hiérarchique*).

La finalité de robustesse associée à la redondance suppose qu'il existe des mécanismes compensatoires conduisant à l'adoption par un ou plusieurs membres d'une famille multi-génique du rôle précédemment assuré par un membre défaillant ou inactivé. En l'absence d'instructions identifiées, il faut donc considérer que ces compensations se produisent spontanément, de façon autonome. Au sens où elles sont un facteur de robustesse, les familles redondantes représentent des îlots d'organisation distribuée* horizontalement dans un édifice globalement hiérarchisé* verticalement, îlots au sein desquels il n'y a pas de hiérarchie et où les fonctions sont interchangeables sur un mode autonome.

Robustesse – Ce terme décrit la propriété d'un système lui permettant de maintenir son intégrité en dépit de perturbations internes (défaillances) ou externes (agressions, traumatismes). En matière de perturbations externes, on peut aussi parler de résilience, de tolérance ou de résistance. Au niveau interne, on évoquera plutôt les notions de stabilité* et d'homéostasie*.

Le maintien d'une intégrité peut être compris de différentes manières et admettre différents degrés de modifications du système. *A minima*, il peut s'agir d'assurer la survie d'un organisme pouvant supporter un certain nombre de lésions et de mutilations. A l'autre extrême, il peut être synonyme de permanence des caractères et du fonctionnement global de la cellule ou de l'organisme. La plupart des organismes vivants, en particulier les plantes, manifestent une plasticité* phénotypique en réponse à des changements externes et tous subissent des modifications au cours du temps en fonction de leur âge. La permanence des caractères et du fonctionnement reste donc relative à un stade physiologique donné du système biologique.

L'analogie ingéniérique sert ici de repère pour définir la robustesse sur un registre opératoire et fonctionnel. Est robuste un système capable de maintenir sa fonction (cause finale) en cas de défaillance d'une partie constituante. Un modèle commun est celui du réseau pouvant supporter des lésions tout en assurant une fonction grâce à des processus compensatoires. Le processus le plus simple, en accord avec un mécanisme linéaire* d'enchaînement causal*, est la redondance*, c'est-à-dire la duplication des informations ou des constituants. Au niveau biologique, la redondance est largement représentée et facilement identifiable. Un processus plus complexe, reposant sur des processus non-linéaires*, est la distribution* des conditions de fonctionnement sur un système réticulé grâce à l'ubiquité de l'activité des constituants, leur nombre, leur degré d'interaction, etc. On peut considérer que l'ubiquité fonctionnelle est une propriété largement répandue dans la mesure où une majorité de protéines présentent des activités multiples et/ou participent à différents processus biologiques. En outre, nombre d'entre elles sont aussi capables de se substituer à d'autres facteurs auxquels elles ne sont ni homologues ni mêmes apparentées, soit parce ce que ces facteurs sont absents, soit parce que les conditions physiologiques ont changé.

Cette flexibilité des fonctions protéiques, encore appelée dégénérescence, est sans doute un phénomène commun, ne serait-ce que de façon transitoire. Elle est cependant difficile à évaluer en raison de sa complexité et du manque d'outils pour sa détection. Par suite, la robustesse distribuée reste encore peu connue dans les systèmes biologiques.

Singularité – Une singularité est un phénomène particulier remarquable, d'une part par son caractère exceptionnel, non anticipé, voire unique, d'autre part par sa nature originale, voire marginale, distincte des phénomènes antérieurs ou locaux connus. Elle peut n'être qu'anecdotique, mais en général elle correspond à une innovation significative. L'exemple emblématique est celui du Big Bang qui serait à l'origine de tout ce qui constitue notre réalité. Plus généralement, toute création de nouvelles substances, ou apparition de nouvelles organisations, nouvelles formes, espèces, etc. constitue une singularité.

Le caractère singulier marque une discontinuité, une différenciation*. En se démarquant du reste, il fait apparaître une altérité, un autre dans ce qui est par ailleurs conçu comme même ou comme appartenant à une logique causale* continue. La singularité est ainsi porteuse d'identité et peut être synonyme d'individualité. Elle constitue en même temps une irrégularité, ce qui s'écarte de la norme commune ou des lois connues, et peut être conçue comme une anomalie due au hasard*.

Tant qu'elle reste fondue dans un nuage isotrope de variations autour d'un état moyen, l'irrégularité qui se manifeste dans la variabilité* inter-individuelle est ainsi regardée en général comme un simple bruit* dénué de signification biologique (voir chap. 1). Mais elle peut se démarquer de ce fond moyen de variation à la fois en amplitude et en durée, telle une mutation ou une difformité de développement, ce qui ouvre tout le champ de la tératologie. L'irrégularité devient alors à la fois prodige et monstre, ce qu'exprime le terme grec *peloria* employé par Linné pour désigner certains mutants floraux. En d'autres termes, le monstre est la face aussi fascinante qu'effrayante de l'autre, de l'étranger. Il est d'autant plus effrayant qu'il procède de la même nature que le normal et qu'il se dissimule sous ses traits avant de surgir soudainement. C'est la raison pour laquelle la tératologie tient une place si importante en biologie : puisque le monstre (mutant, chimère, etc.) procède du normal, du régulier, il doit pouvoir nous renseigner sur celui-ci.

Les singularités ne sont pas seulement des anomalies, mais correspondent aussi à des phénomènes survenant dans le déroulement normal des processus biologiques, c'est-à-dire des phénomènes d'émergence* qui accompagnent le déroulement de la différenciation* et de la morphogenèse. Ainsi, toute bifurcation* dans une trajectoire* linéaire* est une singularité, qu'il s'agisse d'un point de ramification, d'un point de basculement vers des devenirs divergents, ou d'une transition de phase dans un déroulement ontogénique. Même si une partie de ces phénomènes sont prévisibles de par leur régularité dans le fonctionnement et l'organisation des êtres vivants, ils ne sont pas prédictibles par voie de déduction logique. L'apparition d'une fleur est une singularité, certes familière et attendue, mais en rupture totale avec la croissance végétative qui la précède. La germination qui donne naissance à une plantule à partir d'un graine parfois minuscule, desséchée, presque minérale, est aussi une singularité.

Si la singularité est souvent synonyme de complexification croissante, d'innovation, elle peut également correspondre à une réduction soudaine de complexité, au passage par une phase de chaos* où l'organisation antérieure disparaît, comme c'est le cas lors de la métamorphose des insectes.

La notion d'état singulier est plus particulièrement utilisée pour décrire l'évolution des systèmes dynamiques non linéaires*, c'est-à-dire potentiellement tout système biologique, vers un ou des attracteur(s)*. Le caractère remarquable de ces singularités tient alors à leurs propriétés thermodynamiques stables dont l'existence ne peut être anticipée par une logique linéaire.

Stabilité – Une caractéristique ou un phénomène est stable si elle/il présente un caractère de permanence, durabilité ou constance. Il ne s'agit pas d'un état en soi qui serait statique et sans évolution, mais d'une propriété dynamique. Celle-ci suppose l'existence de processus de stabilisation, d'équilibration assurant continûment le maintien, la conservation des caractéristiques considérées. Selon la référence adoptée pour qualifier ce maintien et cette permanence, la notion de stabilité prend différentes significations.

Lorsque la référence est inter-individuelle, c'est le comportement moyen d'une population qui est considéré, le degré de stéréotypie, d'identité entre individus, de reproductibilité de leurs caractéristiques et de leurs performances. Si la comparaison entre individus est trans-générationnelle, la stabilité renvoie à la notion d'héritabilité*, c'est-à-dire au degré de fixation ou d'assimilation de caractéristiques transmises en descendance ; dans le cas d'une comparaison intra-générationnelle, elle est synonyme d'homogénéité ou de variabilité* réduite.

Lorsque la référence se situe au niveau d'une entité biologique individuelle, c'est l'évolution des caractéristiques dans le temps et relativement au milieu dans lequel cette entité se trouve qui est prise en considération. Dans ce cas, un système est dit stable s'il conserve ses caractéristiques au cours du temps et en dépit de perturbations internes ou externes. Ce maintien peut être assuré par neutralisation ou atténuation des perturbations, ce qui renvoie aux notions de canalisation* et de robustesse*, ou bien par attraction* vers un régime stationnaire*, aboutissant par exemple à une homéostasie*.

Enfin, si la référence englobe l'entité biologique et son environnement, c'est l'ajustement, le rapport mutuel, l'adéquation de l'entité à son milieu qui importe. Dans ce cas, la stabilité n'est pas synonyme d'invariabilité, de maintien à l'identique de caractéristiques. C'est la plasticité* qui devient facteur de stabilité et permet d'assurer une permanence dans la variation.

Selon ces différentes références, la stabilité décrit différents aspects du fonctionnement des systèmes biologiques par lesquels une intégrité et une identité se trouvent maintenues. Ajouté à ces diverses formes de stabilité, il est à noter que cette notion ne décrit pas nécessairement un état unique, mais éventuellement plusieurs états alternatifs d'un même système dans le cas d'une multistabilité*, ou d'une plurimodalité* des comportements.

Stochasticité – La notion de stochasticité est liée à celle de bruit*, c'est-à-dire une manifestation totalement aléatoire, n'obéissant à aucune loi, dénuée de toute régularité, et seulement fruit du hasard*. L'exemple type est celui du mouvement brownien*, à l'origine décrivant le mouvement irrégulier d'une suspension de grains de pollen dans l'eau, et ensuite étroitement associé à la notion d'agitation thermique. La stochasticité est donc l'expression du plus parfait désordre*, d'une agitation, d'une absence de cohérence et d'organisation*.

Si l'on considère que le terme grec d'origine *stochastis* signifie action de viser avec un javelot ou de conjecturer, ce qui suppose une maîtrise du geste ou de la pensée, on pourra s'étonner du sens que ce terme a pu prendre dans le vocabulaire moderne. C'est dire la confiance qui est accordée au lanceur ou archer et à la conjecture, jugement élaboré par supposition ou hypothèse sur la base d'apparences, de probabilités. Paradoxalement, la stochasticité est synonyme de contingence absolue, caractère de ce qui est imprévisible, qui peut se produire ou non, et dont les circonstances sont fortuites.

Au contraire, le chaos* – qui dans le langage familier signifie confusion générale, désordre épouvantable, désigne un phénomène qui, bien que non prévisible, obéit à des lois probabilistes. Un chaos déterministe se distingue d'un bruit, d'une manifestation stochastique, en ce qu'il présente des régularités et bien que soumis au hasard il se caractérise par des épisodes de comportements cycliques prédictibles, décrivant des attracteur*(s) étrange(s).

Dans les systèmes biologiques, la frontière entre bruit et chaos est ténue et tient avant tout à la capacité de l'observateur à mesurer le caractère plus ou moins aléatoire des irrégularités étudiés, plutôt qu'à identifier les régularités susceptibles de révéler un ordre fondé sur des lois régulières (voir chap. 2).

Trajectoire – voir bifurcation, canalisation et écoulement.

Variabilité – Tout organisme vivant est un système fluide et dynamique évoluant selon une trajectoire* ontogénique, c'est-à-dire une succession d'états physiologiques et morphogénétiques bien définis dans le temps et l'espace. Il possède donc par nature la capacité de varier, ce qui suppose qu'il soit flexible et plastique*, et non rigide, et capable de s'écarter continuellement d'un état donné pour se transformer. De même, pour répondre à des stimulations ou perturbations du milieu, l'organisme doit être capable de ré-orienter son devenir et de se développer selon différentes trajectoires possibles. Enfin, il doit pouvoir répondre à des changements de ses constituants internes, tels que des modifications génétiques de la séquence d'ADN ou des transformations épigénétiques* de la structure de la chromatine, de la conformation des protéines, etc.

Il existe ainsi trois principales sources de variation : la trajectoire ontogénique – progression dynamique au travers d'une série d'états différents à génotype et environnement constants, la plasticité* phénotypique – déviation d'une trajectoire vers une autre en réaction à un changement du milieu, et la diversité génétique et épigénétique* – modification exprimée ou silencieuse de l'ADN ou de la chromatine.

À la base, la capacité à varier suppose qu'il y ait « du jeu » dans l'expression biologique, c'est-à-dire un certain degré d'indétermination. Ce jeu peut être plus ou moins masqué par des mécanismes de compensation, comme la canalisation* et la connectivité* du système assurant sa robustesse*. La variabilité inter-individuelle, qualifiée le plus souvent de « bruit* », est en fait la manifestation biologique de cette capacité fondamentale dans l'évolution des systèmes vivants. Plus il y a de jeu, plus le système est susceptible de varier, ce qui peut être une cause de vulnérabilité et d'instabilité*, mais aussi de plasticité* et d'adaptabilité*. À l'inverse, moins il y a de jeu, plus le système est canalisé et s'exprime de façon homogène. La capacité à varier varie elle-même au cours du développement : elle s'accroît au cours de phases critiques, en permettant ainsi des ré-organisations* majeures du système vivant, et peut être mesurée par la variabilité inter-individuelle en conditions normales et en réponse à des stimulations du milieu.

Si un jeu est nécessaire à l'expression d'une capacité à varier, pour qu'il y ait du jeu, il faut que le système puisse s'écarter en permanence de son état d'équilibre et osciller, en quelque sorte, autour d'une succession continue d'états d'équilibre plus ou moins instables. La force agissante à l'origine de toute variation pourrait donc être la croissance, c'est-à-dire un écoulement* ininterrompu de matière et d'énergie introduisant des dynamiques incessantes de communications et d'échanges (voir chap. 1 et 4).

Références bibliographiques

AMZALLAG G.N., 2000. Connectance in sorghum development : beyond the genotype-phenotype duality. *Biosystems* 56, 1-11.

DESCARTES R., édition 1998. *Discours de la méthode*. Nathan, Paris, 143 p.

MANDELBROT B.,1995. *Les objets fractals,* Champs Flammarion, Paris, 204 p.

WADDINGTON C.,1942. Canalization of development and the inheritance of acquired characters. *Nature* 150, 563-565.

Liste des auteurs

Amzallag G. Nissim
The Qedem Institute
Shani-Livna 13
90411 Israel

Fleury Vincent
GMCM
Université de Rennes 1
Campus de Beaulieu
35042 Rennes

Laurent Michel
UMR 8080
Développement et évolution
Université Paris-Sud
91405 Orsay Cedex

Paldi Andràs
École Pratique
des Hautes Études (EPHE)
46, rue de Lille
75007 Paris
Généthon
1 bis, rue de l'International
91002 Évry

Pouteau Sylvie
Laboratoire de Biologie cellulaire
INRA
RD 10
78026 Versailles Cedex

Dépôt légal n° 66349 - janvier 2007

Imprimé pour vous par Books on Demand (Allemagne)